新编项目式培训教材

Ai

U0733462

中文版

Illustrator 2024

基础培训教程

数字艺术教育研究室 编著

人民邮电出版社
北 京

图书在版编目（CIP）数据

中文版 Illustrator 2024 基础培训教程 / 数字艺术
教育研究室编著. -- 北京 : 人民邮电出版社, 2025.
ISBN 978-7-115-66200-2

I. TP391.412

中国国家版本馆 CIP 数据核字第 2025NY5144 号

内 容 提 要

本书全面、系统地介绍 Illustrator 2024 的基本操作方法和矢量图的制作技巧，包括初识 Illustrator 2024、图形的绘制与编辑、路径的绘制与编辑、对象的组织、填充与描边、文本的编辑、图表的编辑、图层和剪切蒙版、混合对象与封套、效果的使用及商业案例实训等内容。

本书主要以"任务实践"为主线，通过对各任务实际操作的讲解，帮助读者快速上手，熟悉软件功能和艺术设计思路。书中的"任务知识"部分能使读者深入了解软件功能；"项目实践"和"课后习题"可以提高读者的实际应用能力，使读者熟练掌握软件使用技巧；"商业案例实训"可以帮助读者快速掌握商业图形的设计理念，顺利达到实战水平。

随书附赠学习资源，包含书中案例的素材文件、效果文件和在线教学视频，并赠送某础素材包和扩展资料。另外，还提供教师资源，包含教学大纲、电子教案、PPT 课件及教学题库等。

本书适合作为相关院校平面设计、电商设计和 UI 设计等艺术类专业和培训机构 Illustrator 课程的教材，也可作为相关人员的参考书。

◆ 编　著　数字艺术教育研究室
  责任编辑　张丹丹
  责任印制　陈　犇

◆ 人民邮电出版社出版发行　　北京市丰台区成寿寺路 11 号
  邮编　100164　电子邮件　315@ptpress.com.cn
  网址　https://www.ptpress.com.cn
  三河市中晟雅豪印务有限公司印刷

◆ 开本：787×1092　1/16
  印张：15.75　　　　　　　　　2025 年 8 月第 1 版
  字数：400 千字　　　　　　　2025 年 8 月河北第 1 次印刷

定价：59.80 元

读者服务热线：(010)81055410　印装质量热线：(010)81055316
反盗版热线：(010)81055315

前 言

软件简介

    Illustrator是由Adobe公司开发的矢量图处理和编辑软件。它在插画设计、字体设计、广告设计、包装设计、界面设计、VI设计、产品设计和服装设计等领域都有广泛的应用，其功能强大、易学易用，深受图形图像处理爱好者和平面设计人员的喜爱。

如何使用本书

01   **精选任务知识点，快速上手 Illustrator**

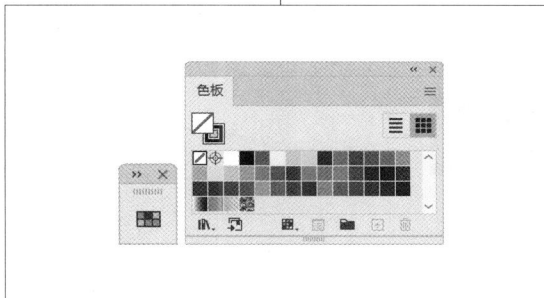

任务实践 + 任务知识，边做边学软件功能，熟悉设计思路

任务2.3 掌握手绘图形工具的使用 绘图 + 文本 + 图表 + 效果 四大核心功能

Illustrator 2024提供了铅笔工具和画笔工具，供用户绘制各种图形和路径；还提供了平滑工具和路径橡皮擦工具，供用户修饰绘制的图形和路径。

精选典型商业案例

任务实践 绘制传统节日端午节龙舟插画

了解任务目标和任务要点

任务目标 学习使用画笔工具、铅笔工具和"画笔"面板绘制端午节龙舟插画。

任务要点 使用椭圆工具、"路径查找器"面板、"画笔"面板、直线段工具和剪切蒙版绘制龙鳞，使用铅笔工具、画笔库绘制龙发。最终效果参看学习资源中的"项目2\效果\绘制传统节日端午节龙舟插画.ai"，效果如图2-127所示。

图2-127

步骤详解

任务操作

01 按Ctrl+O快捷键，弹出"打开"对话框，选择学习资源中的"项目2\素材\绘制传统节日端午节龙舟插画\01"文件，单击"打开"按钮，打开文件，如图2-128所示。

2.3.1 画笔工具

完成案例后深入学习软件功能和制作特色

使用画笔工具可以绘制出各种线条和图形，还可以通过选择不同的刷头实现不同的绘制效果。利用不同的画笔可以绘制出风格迥异的图形。

项目实践 + 课后习题，拓展应用能力

项目实践 绘制卡通动物挂牌

运用课堂所学知识进行实践

项目要点 使用圆角矩形工具、椭圆工具绘制挂环，使用椭圆工具、旋转工具、"路径查找器"面板、"缩放"命令和钢笔工具绘制动物头像。最终效果参看学习资源中的"项目2\效果\绘制卡通动物挂牌.ai"，效果如图2-280所示。

图2-280

课后习题 绘制客厅家居插图

巩固本章所学知识

习题要点 使用圆角矩形工具、镜像工具绘制沙发图形，使用矩形工具、圆角矩形工具、"路径查找器"面板绘制鞋柜图形。最终效果参看学习资源中的"项目2\效果\绘制客厅家居插图.ai"，效果如图2-281所示。

图2-281

插画设计

Banner
设计

海报设计

图书封面
设计

包装设计

教学指导

本书的参考学时为64学时，其中讲授环节为30学时，实训环节为34学时，各项目的参考学时参见下表。

项 目	课程内容	学时分配	
		讲授	实训
项目 1	初识 Illustrator 2024	2	
项目 2	图形的绘制与编辑	4	4
项目 3	路径的绘制与编辑	4	2
项目 4	对象的组织	2	2
项目 5	填充与描边	4	4
项目 6	文本的编辑	2	4
项目 7	图表的编辑	2	2
项目 8	图层和剪切蒙版	2	2
项目 9	混合对象与封套	2	2
项目 10	效果的使用	2	4
项目 11	商业案例实训	4	8
学时总计		30	34

配套资源

● **学习资源**

案例素材文件　最终效果文件　在线教学视频　基础素材包　扩展资料

● **教师资源**

教学大纲　授课计划　电子教案　PPT 课件

教学案例　实训项目　教学视频　教学题库

教辅资源表

本书提供的教辅资源参见下表。

教辅资源类型	数量	教辅资源类型	数量
教学大纲	1 套	任务实践	30 个
电子教案	11 个	项目实践	19 个
PPT 课件	11 个	课后习题	19 个

这些资源文件均可在线获取，扫描封底的"资源获取"二维码，关注我们的微信公众号，即可得到资源文件获取方式，并且可以通过该方式获得"在线视频"的观看地址。

提示：微信扫描二维码关注公众号后，输入第51页左下角的5位数字，可以获得资源获取帮助。

由于作者水平有限，书中难免存在不妥之处，敬请广大读者批评指正。

资源获取

编者

2025年5月

目 录

项目 1

初识Illustrator 2024

本项目的目标是让读者熟悉Illustrator 2024的工作界面，了解矢量图和位图的概念，掌握Illustrator的基本操作和图形的显示操作。通过本项目的学习，读者可以掌握Illustrator 2024的基本功能，为进一步学习Illustrator 2024打下坚实的基础。

学习目标

- 了解Illustrator 2024的工作界面。
- 了解矢量图和位图的区别。
- 掌握新建、打开、保存、关闭文件的操作方法。
- 掌握图形的显示操作。
- 掌握标尺、参考线和网格的使用方法。

技能目标

- 掌握界面的操作方法。
- 掌握文件的操作方法。
- 掌握图形的显示操作方法。
- 掌握标尺和参考线的操作方法。

素养目标

- 培养持续提升Illustrator学习兴趣的能力。
- 培养获取Illustrator新知识的基本能力。
- 培养树立文化自信与职业自信的能力。

任务1.1 熟悉Illustrator 2024的工作界面

Illustrator 2024的工作界面主要由菜单栏、标题栏、工具箱、工具属性栏、面板、页面区域、滚动条、泊槽及状态栏组成，如图1-1所示。

图1-1

菜单栏： 共有9个菜单，包含Illustrator 2024所有的操作命令，选择这些命令可以完成基本操作。

标题栏： 左侧是当前文档的名称、显示比例和颜色模式，右侧是关闭文档的按钮。

工具箱： 包含Illustrator 2024所有的工具，其中大部分为工具组，包含功能类似的工具。

工具属性栏： 选择工具箱中的工具后，Illustrator 2024的工作界面中会出现该工具的属性栏，在其中可设置工具的各项参数。

面板： 这是Illustrator 2024最重要的组件之一。面板可折叠或展开，也可根据需要分离或组合，非常灵活。

页面区域： 工作界面中间以黑色实线表示的矩形区域，这个矩形的大小就是用户设置的页面大小。

滚动条： 当屏幕内不能完全显示出整个文档时，可以通过拖曳滚动条实现对整个文档的浏览。

泊槽： 用来组织和存放面板。

状态栏： 显示当前文档的显示比例及当前正使用的工具等信息。

任务实践　界面操作

任务目标　掌握Illustrator界面及基础操作。

任务要点　通过打开文件和取消编组熟悉菜单栏的操作，通过选取图形掌握工具箱中工具的使用方法，通过改变图形的颜色掌握面板的使用方法。最终效果参看学习资源中的"项目1\效果\界面操作.ai"，效果如图1-2所示。

图1-2

任务操作

01 打开Illustrator 2024，选择"文件"＞"打开"命令，弹出"打开"对话框，选择学习资源中的"项目1\效果\界面操作.ai"文件，单击"打开"按钮，打开文件，如图1-3所示。在左侧工具箱中选择选择工具 ▶，单击选取图形，如图1-4所示。按Ctrl+C快捷键，复制图形。

图1-3

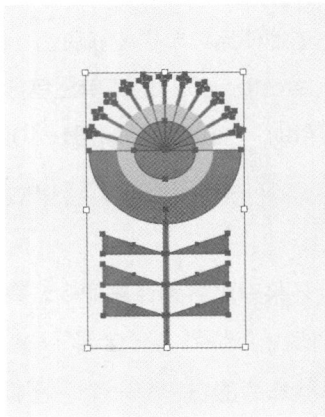

图1-4

02 按Ctrl+N快捷键，弹出"新建文档"对话框，选项的设置如图1-5所示，单击"创建"按钮，新建一个文档。按Ctrl+V快捷键，将复制的图形粘贴到新建的文档中，如图1-6所示。

图1-5

图1-6

03 在上方的菜单栏中选择"对象">"取消编组"命令，取消对象的编组状态。选择选择工具 ▶，选取图形，如图1-7所示。选择"窗口">"色板"命令，弹出"色板"面板，选择需要的颜色，如图1-8所示，图形被填充颜色，效果如图1-9所示。

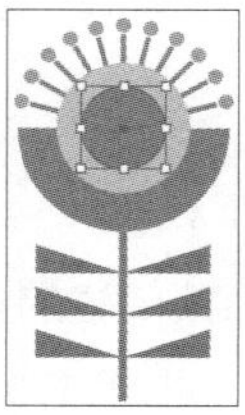

04 按Ctrl+S快捷键，弹出"存储为"对话框，设置文件的名称、类型和保存路径，单击"保存"按钮，保存文件。

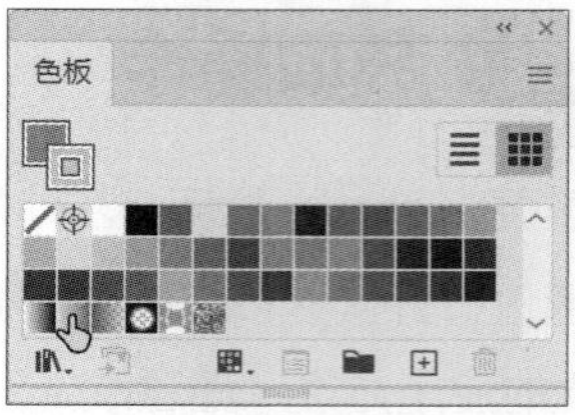

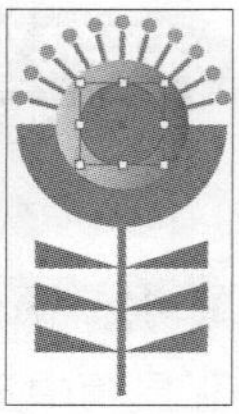

图1-7   图1-8   图1-9

任务知识

1.1.1 菜单栏

熟练地使用菜单栏能够快速、有效地绘制和编辑图形，事半功倍。下面详细讲解菜单栏。

Illustrator 2024的菜单栏包含"文件""编辑""对象""文字""选择""效果""视图""窗口""帮助"9个菜单，如图1-10所示。

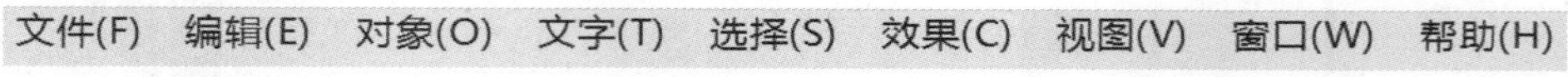

文件(F)　编辑(E)　对象(O)　文字(T)　选择(S)　效果(C)　视图(V)　窗口(W)　帮助(H)

图1-10

打开菜单可看到许多命令，有些命令的右边会显示该命令的快捷键，直接按快捷键可以执行该命令。例如，"选择">"全部"命令的快捷键为Ctrl+A。

有些命令的右边有一个 > 图标，表示该命令还有相应的子菜单，将鼠标指针移至该命令上即可弹出其子菜单。有些命令名的后面有 …，表示选择该命令会弹出相应的对话框，在对话框中可进行更详细的设置。有些命令呈灰色，表示该命令在当前状态下不可用，在选中相应的对象或进行对应的设置时才可用。

1.1.2 工具箱

Illustrator 2024的工具箱含有大量功能强大的工具，使用这些工具可以在绘制和编辑图形的过程中制作出精彩的效果，工具箱如图1-11所示。

工具箱中部分工具按钮的右下角有一个黑色三角形 ◢，表示该工具还有工具组，按住该工具不放，即可展开工具组。例如，按住文字工具 T，将展开文字工具组，如图1-12所示。单击文字工具组右边的黑色三角形 ，如图1-13所示，文字工具组将从工具箱分离出来，成为一个独立的工具栏，如图1-14所示。

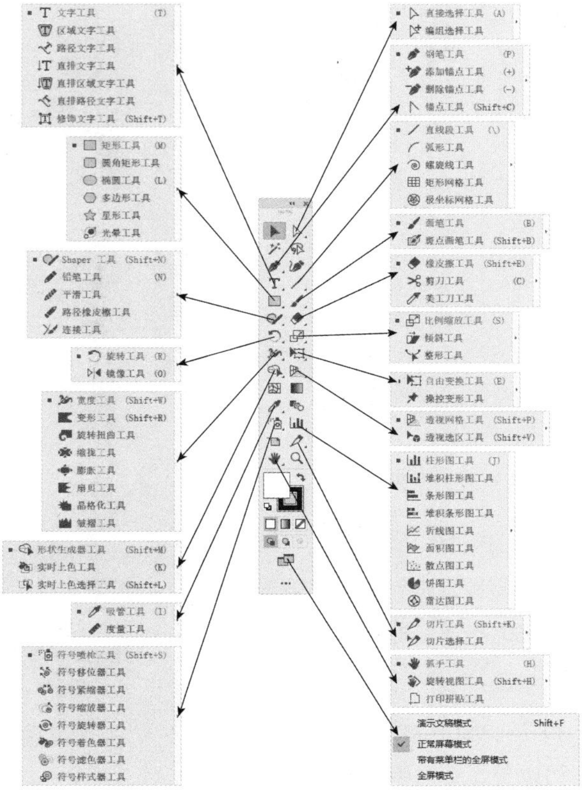

图1-11

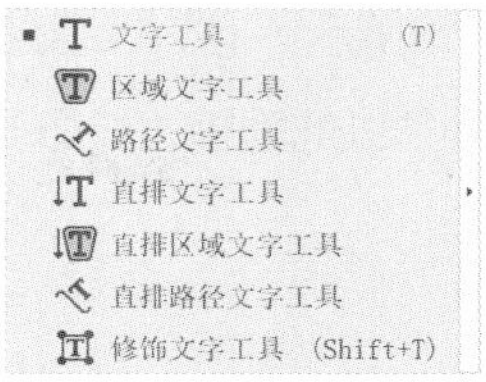

图1-12

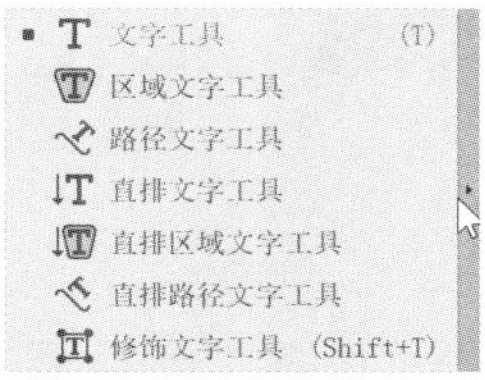

图1-13

图1-14

1.1.3　工具属性栏

Illustrator 2024的工具属性栏用于快捷设置与所选对象相关的选项，它根据所选工具和对象的不同来显示不同的选项。选择路径对象的锚点后，工具属性栏如图1-15所示。选择文字工具 T 后，工具属性栏如图1-16所示。

图1-15

图1-16

1.1.4　面板

Illustrator 2024的面板位于工作界面的右侧，它包括许多实用、快捷的工具和命令。随着Illustrator功能的不断增强，面板也在不断改进，为用户绘制和编辑图形带来了很大的便利。

面板以组的形式出现，图1-17所示为其中的一组面板。按住"色板"面板的标题不放，向右侧拖曳的效果如图1-18所示，向面板组外拖曳的效果如图1-19所示，此时释放鼠标左键，将得到独立的面板，如图1-20所示。

图1-17

图1-18　　　　　　　　　图1-19　　　　　　　　　图1-20

单击面板右上角的"折叠为图标"按钮 « 或"展开面板"按钮 » 来折叠或展开面板，如图1-21所示。将鼠标指针放置在面板右下角，鼠标指针变为 形状，按住鼠标左键不放，拖曳鼠标可放大或缩小面板。

图1-21

绘制图形时，经常需要设置不同的选项，这可以通过面板直接操作。选择"窗口"菜单中的各个命令可以显示或隐藏面板，按相应的快捷键可省去反复选择命令的麻烦。面板为设置数值提供了一个方便、快捷的平台，使软件的交互性更强。

1.1.5　状态栏

状态栏在工作界面的最下面，包括4个部分，如图1-22所示。第1部分的百分比表示当前文档的显示比例；第2部分用于旋转画布视图；第3部分是画板导航，可在画板间进行切换；第4部分显示当前使用的工具，当前的日期、时间，画板名称，文件操作的还原次数和文档颜色配置文件等。

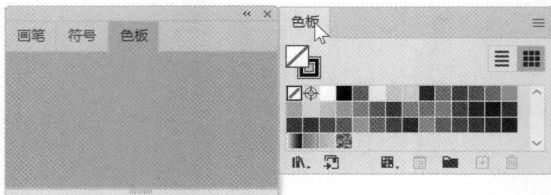

图1-22

任务1.2　了解位图与矢量图

在Illustrator中，大致会应用两种图像，即位图与矢量图。Illustrator 2024不仅可用于制作各式各样的矢量图，还支持导入位图进行编辑。

位图也叫点阵图，如图1-23所示，它是由许多单独的点组成的，这些点称为像素，每个像素都有特定的位置和颜色值。位图的显示效果与像素是紧密联系在一起的，不同排列和着色的像素在一起就组成了一幅色彩丰富的图像。像素越多，图像的分辨率越高，图像文件也会越大。

在Illustrator 2024中对位图进行编辑时，可以使用变形工具对位图进行变形处理，还可以通过复制命令在画面上复制出相同的位图，制作更完美的作品。位图的优点是色彩丰富；不足之处是文件大，而且在放大到一定程度时会失真，边缘会出现锯齿，模糊不清。

矢量图也叫向量图，如图1-24所示，它是一种基于数学方法的绘图方式。矢量图中的各种图形元素称为对象，每一个对象都是独立的个体，具有大小、颜色、形状和轮廓等属性。在移动对象和改变属性时，对象原有的清晰度和弯曲度保持不变。

矢量图的优点是文件较小，显示效果与分辨率无关，在缩放图形时，对象会保持原有的清晰度及弯曲度，不会产生失真的现象，且对象的颜色和形状不会产生任何偏差和变化；不足之处是色彩不够丰富。

图1-23 　　　　　　　图1-24

任务1.3　掌握文件的基本操作

在制作平面作品前，需要掌握一些基本的文件操作方法。下面介绍新建、打开、保存和关闭文件的方法。

任务实践　文件操作

任务目标　掌握Illustrator文件的操作技巧。

任务要点　通过打开效果文件熟练掌握打开文件的方法，通过复制图形熟练掌握新建文件的方法，通过关闭新建的文件掌握保存和关闭文件的方法。最终效果参看学习资源中的"项目1\效果\文件操作.ai"，效果如图1-25所示。

图1-25

任务操作

01 打开Illustrator 2024，选择"文件">"打开"命令，弹出"打开"对话框，如图1-26所示，选择学习资源中的"项目1\效果\文件操作.ai"文件，单击"打开"按钮，打开效果文件，如图1-27所示。

02 按Ctrl+A快捷键全选图形，如图1-28所示。按Ctrl+C快捷键复制图形。选择"文件">"新建"命令，弹出"新建文档"对话框；选项的设置如图1-29所示，单击"创建"按钮，新建一个文档。

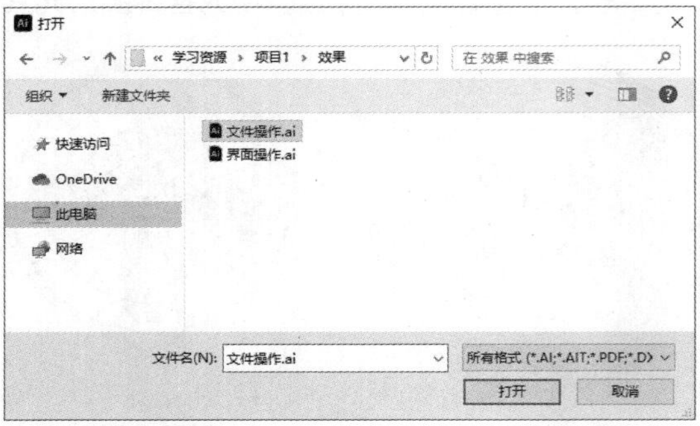

图1-26

图1-27

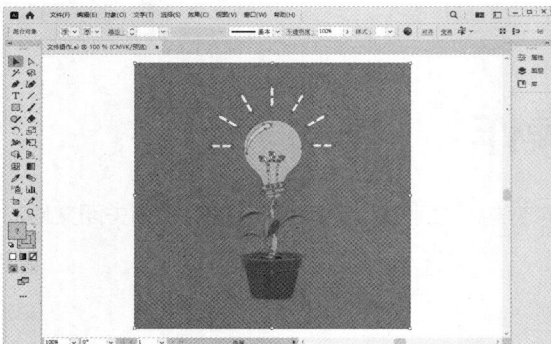

图1-28

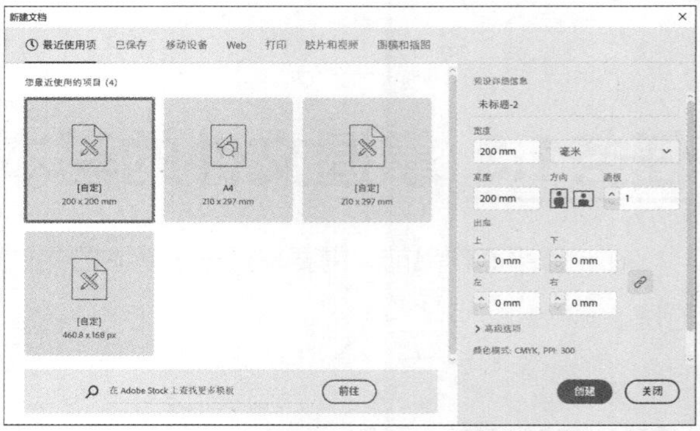

图1-29

03 按Ctrl+V快捷键，将复制的图形粘贴到新建的文档中，并将其拖曳到适当的位置，如图1-30所示。单击绘图窗口标题栏中的 ✕ 按钮，弹出提示对话框，如图1-31所示。单击"是"按钮，弹出"存储为"对话框，选项的设置如图1-32所示。单击"保存"按钮，弹出"Illustrator选项"对话框，选项的设置如图1-33所示，单击"确定"按钮，保存文件。

图1-30

图1-31

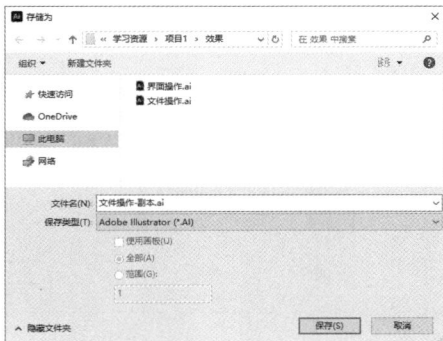

图1-32

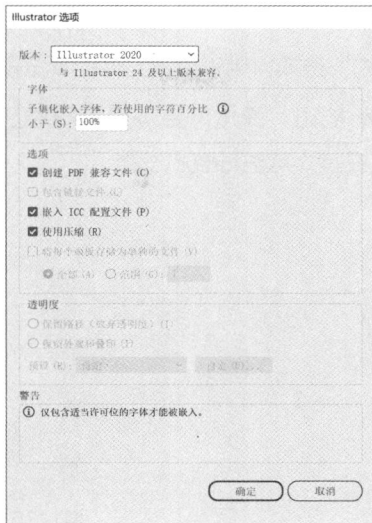

图1-33

04 再次单击绘图窗口标题栏中的 按钮，关闭打开的"文件操作.ai"文件。单击菜单栏右侧的"关闭"按钮 ，关闭软件。

任务知识

1.3.1 新建文件

选择"文件">"新建"命令（快捷键为Ctrl+N），弹出"新建文档"对话框，单击上方的类别选项卡标签，根据需要选择预设新建文件，如图1-34所示。在右侧的"预设详细信息"选项组中可以修改文件的名称、宽度、高度、分辨率和颜色模式等。设置完成后，单击"创建"按钮，即可建立一个新的文件。

"宽度""高度"选项：用于设置文件的宽度和高度。

图1-34

"单位"选项：用于设置文件所采用的单位，默认为"毫米"。

"方向"选项：用于设置新建页面竖向或横向排列。

"画板"选项：用于设置页面中画板的数量。

"出血"选项：用于设置页面上、下、左、右的出血值。默认状态下，右侧的按钮处于锁定 状态，此时可同时设置出血值；单击右侧的按钮，使其处于解锁 状态，可单独设置出血值。

单击"高级选项"左侧的箭头按钮 ＞，可以展开高级选项，如图1-35所示。

"颜色模式"选项：用于设置新建文件的颜色模式。

"光栅效果"选项： 用于设置文件的栅格效果。

"预览模式"选项： 用于设置文件的预览模式。

单击 更多设置 按钮，弹出"更多设置"对话框，如图1-36所示，在其中可进行更多设置。

图1-35

图1-36

1.3.2　打开文件

选择"文件">"打开"命令（快捷键为Ctrl+O），弹出"打开"对话框，如图1-37所示。在对话框中找到并选择要打开的文件，确认文件类型和名称，单击"打开"按钮，即可打开选择的文件。

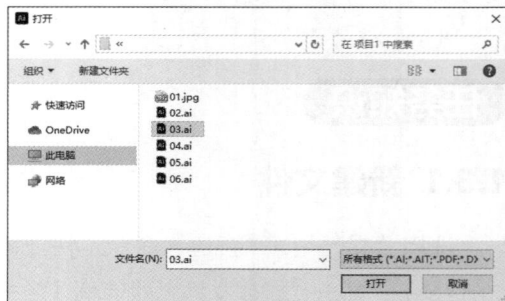

图1-37

1.3.3　保存文件

当用户第一次保存文件时，选择"文件">"存储"命令（快捷键为Ctrl+S），会弹出"存储为"对话框，如图1-38所示，在"文件名"输入框中输入要保存文件的名称，设置文件的保存路径、类型。设置完成后，单击"保存"按钮，即可保存文件。

当用户对图形文件进行编辑操作后需要保存时，选择"存储"命令后，将不会弹出"存储为"对话框，而是直接保存结果，并覆盖原文件。因此，在未确定是否要放弃原文件之前，需慎用此命令。

图1-38

　　若既想保存修改过的文件，又不想覆盖原文件，则可以使用"存储为"命令。选择"文件">"存储为"命令（快捷键为Shift+Ctrl+S），弹出"存储为"对话框，在这个对话框中，可以对修改过的文件进行重命名，并设置文件的保存路径和类型。设置完成后，单击"保存"按钮，可以保留原文件不变，而修改过的文件被另存为一个新的文件。

1.3.4 关闭文件

　　"关闭"命令只有当有文件被打开时才处于可用状态。选择"文件">"关闭"命令（快捷键为Ctrl+W），如图1-39所示，可将当前文件关闭，单击绘图窗口标题栏中的 ✖ 按钮也可以关闭文件。如果当前文件被修改过或文件是新建的，那么在关闭文件时系统会弹出一个提示框，如图1-40所示。单击"是"按钮即可先保存再关闭文件，单击"否"按钮则不保存对文件的更改而直接关闭文件，单击"取消"按钮则取消关闭文件的操作。

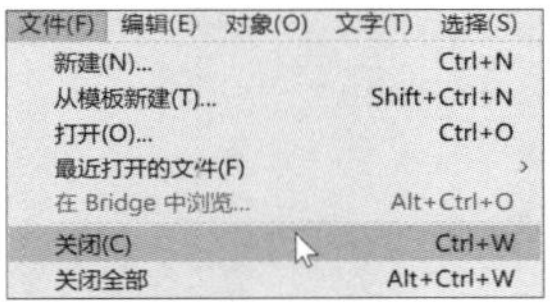

图1-39 　　　　　　　　　　　　　　　图1-40

任务1.4 掌握图形的显示操作

　　用户在使用Illustrator 2024绘制和编辑图形的过程中，可以根据需要随时调整图形的视图模式和显示比例，以便对所绘制和编辑的图形进行观察和操作。

任务实践 图形显示操作

任务目标 掌握Illustrator图形显示的操作技巧。

任务要点 通过打开效果文件熟练掌握"打开"命令，通过放大或缩小图形熟练掌握缩放工具，通过放大现用画板熟练掌握"画板适合窗口大小"命令，通过100%显示图形熟练掌握"实际大小"命令，通过使用快捷键熟练掌握切换演示文稿模式。最终效果参看学习资源中的"项目1\效果\图形显示操作.ai"，效果如图1-41所示。

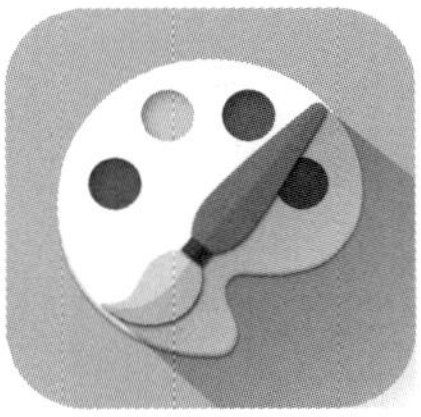

图1-41

任务操作

01 打开Illustrator 2024，选择"文件">"打开"命令，弹出"打开"对话框，选择学习资源中的"项目1\效果\图形显示操作.ai"文件，如图1-42所示，单击"打开"按钮，打开效果文件，如图1-43所示。

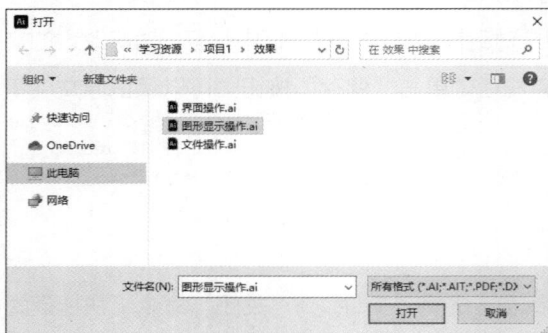

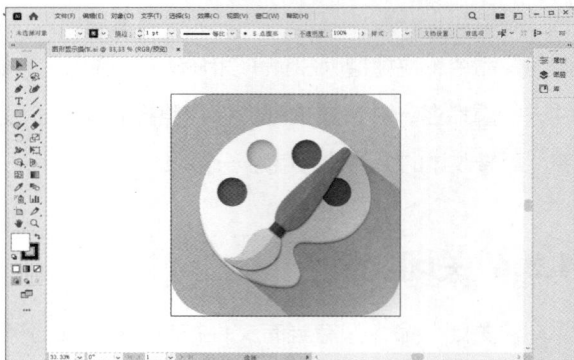

图1-42   图1-43

02 选择缩放工具 🔍 ，将鼠标指针放置在页面上，鼠标指针变为放大工具 🔍 形状，单击，图形放大一级显示，如图1-44所示。

03 按住Alt键，鼠标指针变为缩小工具 🔍 形状，单击，图形缩小一级显示，如图1-45所示。

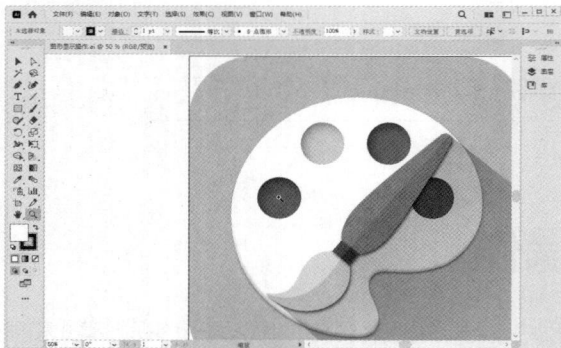

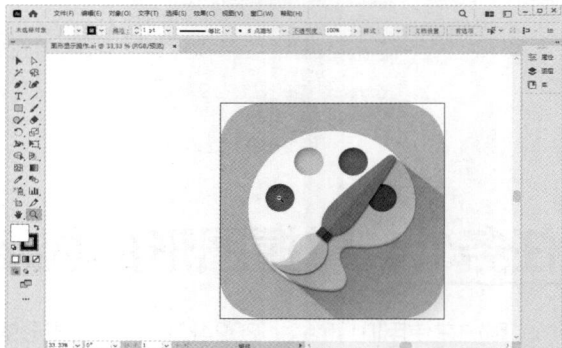

图1-44   图1-45

04 选择"视图">"画板适合窗口大小"命令，画板将最大限度地适合界面窗口显示，如图1-46所示。选择"视图">"实际大小"命令，图形将按100%的效果显示，如图1-47所示。

图1-46   图1-47

05 双击抓手工具 👋 ，将画板调整为适合窗口大小显示，如图1-48所示。选择"视图">"轮廓"命令，预览轮廓图稿，如图1-49所示。

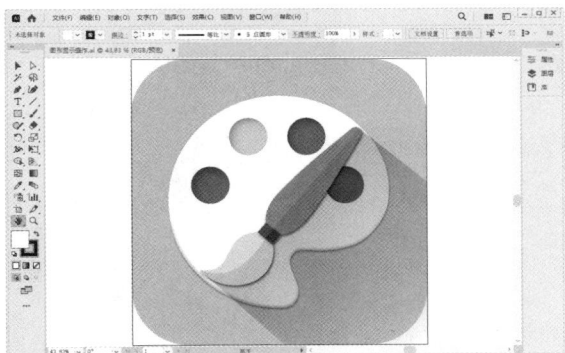

图1-48

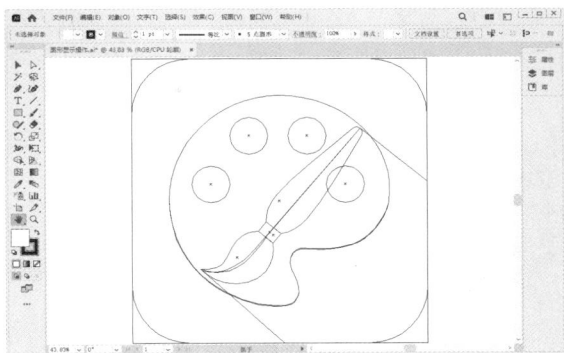

图1-49

06 选择"视图">"在CPU上预览"命令，预览彩色图稿，如图1-50所示。按Shift+F快捷键，切换至演示文稿模式，如图1-51所示。按Esc键，退出演示文稿模式。

图1-50

图1-51

任务知识

1.4.1 视图模式

Illustrator 2024包括6种视图模式，即"在CPU上预览""GPU预览""轮廓""叠印预览""像素预览""裁切视图"，绘制图形时，可根据需要选择不同的视图模式。

"在CPU上预览"模式是系统默认的模式，在此模式下，图形的显示效果如图1-52所示。

选择"视图">"GPU预览"命令（快捷键为Ctrl+E），可以切换到"GPU预览"模式。在此模式下，轮廓的路径会更平滑，且可以缩短重新绘制图稿的时间。当屏幕的高度或宽度大于2000像素时，适合按轮廓查看图稿。

选择"视图">"轮廓"命令（快捷键为Ctrl+Y），可以切换到"轮廓"模式，如图1-53所示。"轮廓"模式隐藏了图形的颜色信息，用轮廓来表现图形，极大地加快了图形运算的速度，可提高工作效率。

选择"视图">"叠印预览"命令（快捷键为Alt+Shift+Ctrl+Y），可以切换到"叠印预览"模式，如图1-54所示。在"叠印预览"模式下，图像将显示接近油墨混合的效果。

选择"视图">"像素预览"命令（快捷键为Alt+Ctrl+Y），可以切换到"像素预览"模式，如图1-55所示。在"像素预览"模式下，绘制的矢量图将转换为位图显示，方便用户控制图像的精确度和尺寸等。

图1-52　　　　　　　　图1-53　　　　　　　　图1-54　　　　　　　　图1-55

选择"视图">"裁切视图"命令，可以切换到"裁切视图"模式。在"裁切视图"模式下，可以裁剪除画板边缘以外的图稿，并隐藏画布中的所有非打印对象，如网格、参考线等。

1.4.2　适合窗口大小显示图形

绘制图形时，可以选择"适合窗口大小"命令来显示图形，这时图形会最大限度地显示在工作界面中并保持其完整性。

选择"视图">"画板适合窗口大小"命令（快捷键为Ctrl+0），图形的显示效果如图1-56所示。双击抓手工具 🖐，也可以将图形调整为适合窗口大小显示。

选择"视图">"全部适合窗口大小"命令（快捷键为Alt+Ctrl+0），可以查看窗口中的所有画板内容。

图1-56

1.4.3　以实际大小显示图形

选择"实际大小"命令可以使图形按100%的比例显示，这时可以对图形进行精确的编辑。

选择"视图">"实际大小"命令（快捷键为Ctrl+1），图形的显示效果如图1-57所示。

图1-57

1.4.4 放大显示图形

选择"视图">"放大"命令（快捷键为Ctrl＋＋）可放大显示图形。每选择一次"放大"命令，页面内的图形就会放大一级显示。例如，图形以100%的比例显示在屏幕上时，选择一次"放大"命令，则以150%的比例显示，再选择一次，则以200%的比例显示，放大后的效果如图1-58所示。

使用缩放工具也可以放大显示图形。选择缩放工具 ，在页面中鼠标指针会自动变为放大工具 形状，每单击一次，图形就会放大一级。例如，图形以100%的比例显示在屏幕上时，单击一次，则以150%的比例显示，放大的效果如图1-59所示。

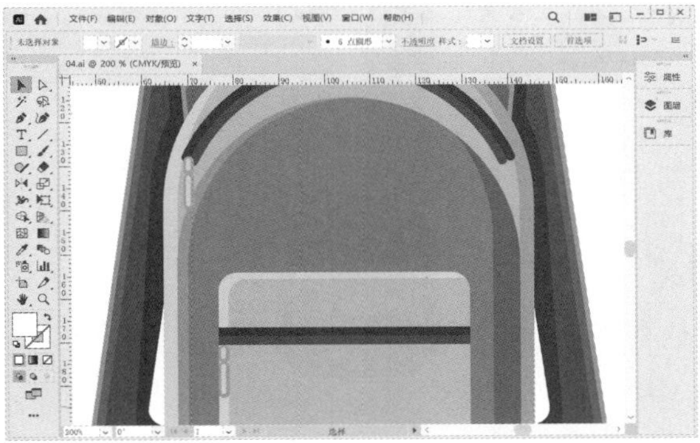

图1-58 　　　　　　　　　　　　图1-59

若要放大图形的局部区域，则先选择缩放工具 ，然后将鼠标指针定位在要放大的区域，按住鼠标左键并向右拖曳，该区域将放大显示，如图1-60所示，按住鼠标左键并向左拖曳，该区域将缩小显示，如图1-61所示。

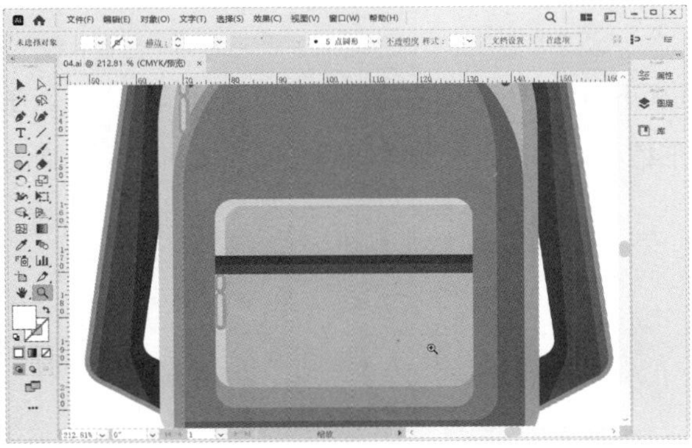

图1-60　　　　　　　　　　　　图1-61

提示　正在使用其他工具时，若要切换到缩放工具，按住Ctrl+Space（空格）组合键即可。

使用状态栏也可放大显示图形。在状态栏中的百分比数值框 100% 中直接输入需要放大的百分比数值，按Enter键即可执行放大操作。

还可使用"导航器"面板放大显示图形。单击该面板下方的"放大"按钮 ，可逐级放大图形，如图1-62所示。在百分比数值框中直接输入数值，如图1-63所示，按Enter键可以将图形放大。单击百分比数值框右侧的按钮 ∨，在弹出的下拉列表中可以选择缩放比例。

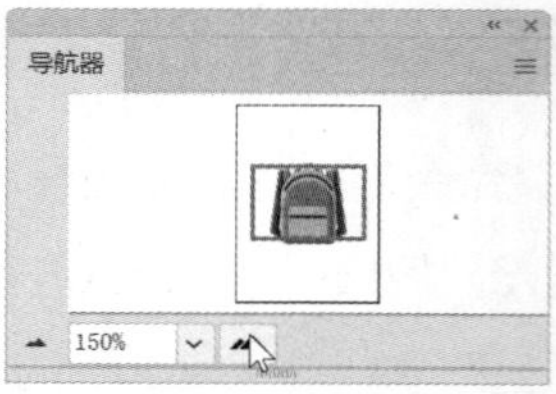

图1-62 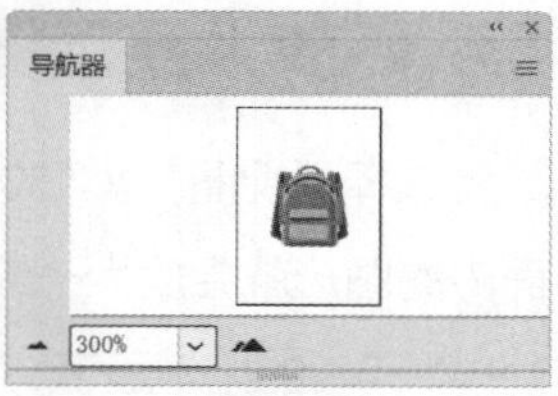　　　　　　　　图1-63

1.4.5　缩小显示图形

选择"视图" > "缩小"命令可缩小显示图形。每选择一次"缩小"命令，页面内的图形就会缩小一级显示（也可连续按Ctrl+ -快捷键），效果如图1-64所示。

使用缩放工具也可以缩小显示图形。选择缩放工具 🔍，在页面中鼠标指针会自动变为放大工具 🔍 形状，按住Alt键，则鼠标指针变为缩小工具 🔍 形状。按住Alt键不放，单击图形一次，图形将缩小一级。

图1-64

提示 在使用其他工具时，若想切换到缩小工具，按住Alt+Ctrl+Space（空格）组合键即可。

使用状态栏也可缩小显示图形。在状态栏中的百分比数值框 100% ∨ 中直接输入需要缩小的百分比数值，按Enter键即可执行缩小操作。

还可使用"导航器"面板缩小显示图形。单击该面板下方的"缩小"按钮 ▲，可逐级缩小图形。在百分比数值框中直接输入数值后，按Enter键可以将图形缩小。单击百分比数值框右侧的按钮 ∨，在弹出的下拉列表中可以选择缩放比例。

1.4.6　全屏显示图形

全屏显示图形可以更好地观察图形的完整效果。

在工具箱下方单击"更改屏幕模式"按钮 ▣，可以在4种模式中进行选择，4种模式分别为正常屏幕模式、带有菜单栏的全屏模式、全屏模式和演示文稿模式。反复按F键，可在前3种屏幕显示模式之间进行切换。

正常屏幕模式：如图1-65所示，这种屏幕显示模式包括菜单栏、标题栏、工具箱、工具属性栏、面板和状态栏。

带有菜单栏的全屏模式：如图1-66所示，这种屏幕显示模式包括菜单栏、工具箱、工具属性栏和面板。

图1-65 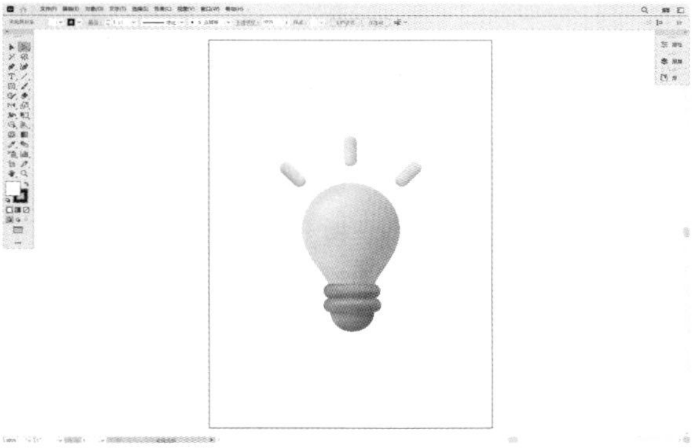　　　　　　　　　　　　　　　图1-66

全屏模式：如图1-67所示，屏幕中只显示页面。按Tab键，可以调出菜单栏、工具箱、工具属性栏和面板。

演示文稿模式：页面作为演示文稿显示。按Shift+F快捷键，可以切换至演示文稿模式，如图1-68所示。

图1-67 　　　　　　　　　　　　　　　图1-68

1.4.7　窗口显示图形

当用户打开多个文件时，屏幕中会出现多个绘图窗口，这时就需要对绘图窗口进行布置和摆放。

同时打开多个文件，效果如图1-69所示。选择"窗口"＞"排列"＞"全部在窗口中浮动"命令，图形将以浮动窗口的形式排列在界面中，如图1-70所示。此时，可对图形进行层叠、平铺等操作。

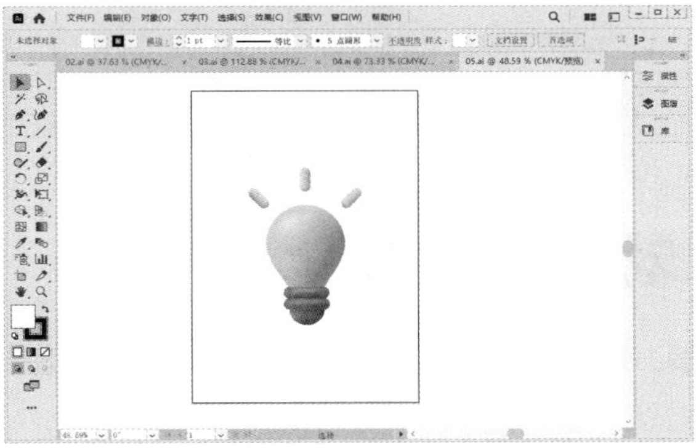

图1-69　　　　　　　　　　　　　　　图1-70

选择"窗口">"排列">"平铺"命令，图形的排列如图1-71所示。选择"窗口">"排列">"层叠"命令，图形的排列如图1-72所示。选择"窗口">"排列">"合并所有窗口"命令，可将所有图形再次合并到选项卡中。

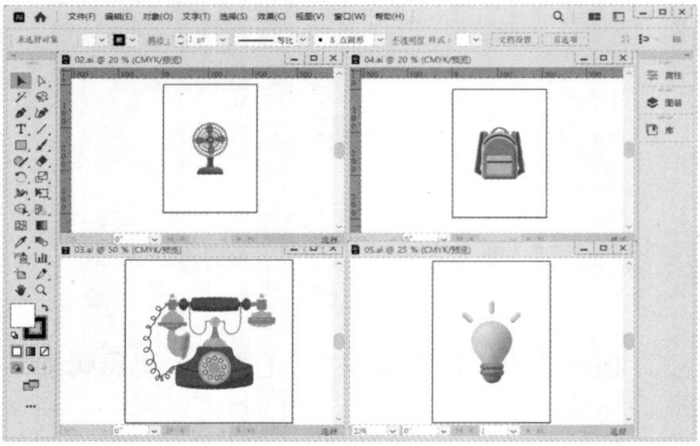

图1-71

图1-72

1.4.8 观察放大图形

选择缩放工具 ，当页面中的鼠标指针变为放大工具 形状后，放大图形，图形周围会出现滚动条。选择抓手工具 ，当页面中的鼠标指针变为手形 时，在放大的图形中按住鼠标左键并拖曳，可以观察图形的每个部分，如图1-73所示。直接用鼠标拖曳图形周围的水平或垂直滚动条，也可以观察图形的每个部分，如图1-74所示。

图1-73

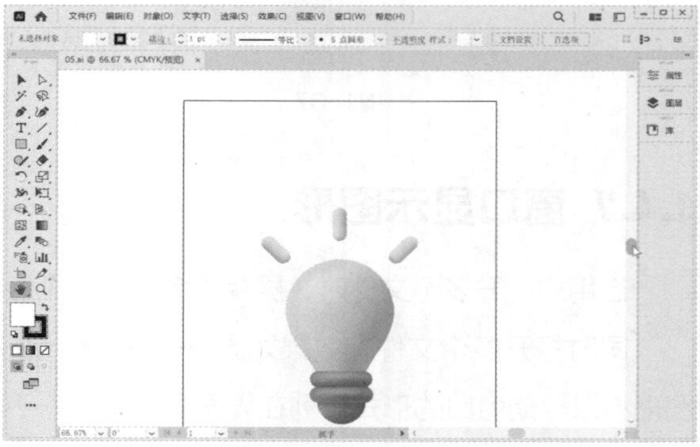

图1-74

> **提示** 正在使用其他工具进行操作时，按住Space（空格）键，可以切换为抓手工具。

任务1.5 掌握标尺、参考线和网格的使用

Illustrator 2024提供了标尺、参考线和网格等工具，用户利用这些工具可以对所绘制和编辑的图形进行精确定位，还可测量图形的准确尺寸。

任务实践 **标尺和参考线操作**

任务目标 掌握标尺和参考线的使用方法。

任务要点 通过显示或隐藏标尺熟练掌握标尺的使用方法，通过新建水平或垂直参考线熟练掌握参考线的使用方法。最终效果参看学习资源中的"项目1\效果\标尺和参考线操作.ai"，效果如图1-75所示。

图1-75

任务操作

01 打开Illustrator 2024，选择"文件">"打开"命令，弹出"打开"对话框，选择学习资源中的"项目1\效果\标尺和参考线操作.ai"文件，单击"打开"按钮，打开效果文件，如图1-76所示。按Ctrl+R快捷键，显示标尺，如图1-77所示。

图1-76 　　　　　　　　　　　　　　图1-77

02 将鼠标指针放置在水平标尺左侧的┼图标上，按住鼠标左键并拖曳，出现十字标尺定位线，如图1-78所示。在适当的位置释放鼠标左键，可以设定新的标尺原点，如图1-79所示。双击┼图标，可以将标尺还原到初始位置，如图1-80所示。

图1-78 　　　　　　　　　图1-79 　　　　　　　　　图1-80

03 将鼠标指针移动到水平或垂直标尺上，按住鼠标左键不放，向下或向右拖曳鼠标，在适当的位置释放鼠标左键，可创建参考线，效果如图1-81所示。

04 将鼠标指针放在参考线上并单击，参考线被选中并呈蓝色，用鼠标拖曳参考线到适当的位置，如图1-82所示。在拖曳的过程中按住Alt键，可以在当前位置复制出一条参考线，如图1-83所示。按Delete键，可以删除选中的参考线。

图1-81 　　　　　　　　　图1-82 　　　　　　　　　图1-83

05 选择"窗口">"变换"命令，弹出"变换"面板，将"旋转"⊿： 0° 选项设置为115°，如图1-84所示，按Enter键，旋转参考线，如图1-85所示。选择"视图">"参考线">"清除参考线"命令，可以清除参考线。

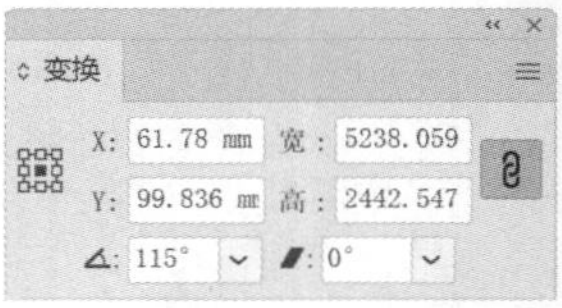

图1-84 　　　　　　　　　图1-85

任务知识

1.5.1 标尺

选择"视图">"标尺">"显示标尺"命令（快捷键为Ctrl+R），显示出标尺，如图1-86所示。如果要隐藏标尺，选择"视图">"标尺">"隐藏标尺"命令（快捷键为Ctrl+R）即可。

如果需要设置标尺的显示单位，选择"编辑">"首选项">"单位"命令，弹出"首选项"对话框，在"常规"选项的下拉列表中设置即可，如图1-87所示。

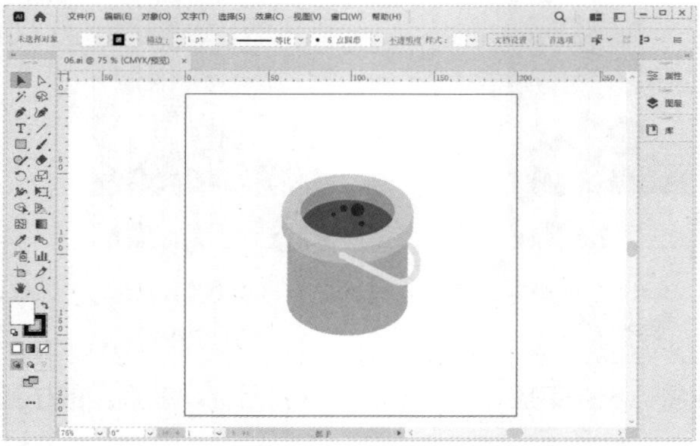

图1-86 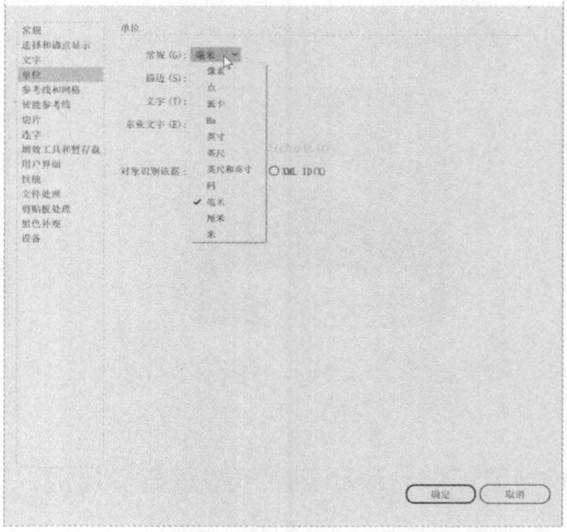　　　　　　　　　图1-87

如果仅需要为当前文件设置标尺的显示单位，则选择"文件">"文档设置"命令，弹出"文档设置"对话框，如图1-88所示，在"单位"选项的下拉列表中设置即可。用这种方法设置的标尺单位对以后新建立的文件的标尺单位不起作用。

在系统默认的状态下，标尺的原点在工作界面的左上角，如果想要更改原点的位置，在水平标尺与垂直标尺的交点处，按住鼠标左键并拖曳到需要的位置即可。如果想要恢复标尺原点的默认位置，双击水平标尺与垂直标尺的交点即可。

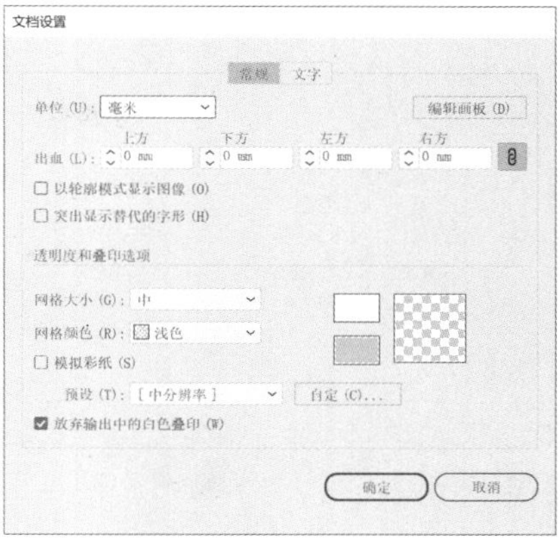

图1-88

1.5.2 参考线

如果想要添加参考线，可以用鼠标在水平标尺或垂直标尺上向页面中拖曳，还可根据需要将图形或路径转换为参考线。

选中要转换的路径，如图1-89所示，选择"视图">"参考线">"建立参考线"命令（快捷键为Ctrl+5），将选中的路径转换为参考线，如图1-90所示。选择"视图">"参考线">"释放参考线"命令（快捷键为Alt+Ctrl+5），可以将选中的参考线转换为路径。

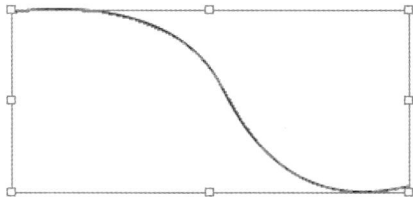

图1-89

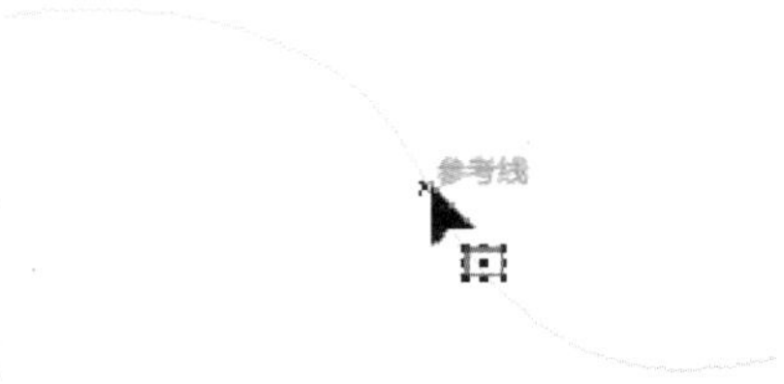

提示 按住Shift键在标尺上双击，创建的参考线会自动与标尺上最接近的刻度对齐。

图1-90

选择"视图">"参考线">"隐藏参考线"命令（快捷键为Ctrl+;），可以将参考线隐藏。

选择"视图">"参考线">"锁定参考线"命令（快捷键为Alt+Ctrl+;），可以将参考线锁定。

选择"视图">"参考线">"清除参考线"命令，可以清除参考线。

选择"视图">"智能参考线"命令（快捷键为Ctrl+U），可以显示智能参考线。当图形移动或旋转到一定角度时，智能参考线就会高亮显示并给出提示信息。

1.5.3 网格

选择"视图">"显示网格"命令即可显示出网格，如图1-91所示。选择"视图">"隐藏网格"命令，可以隐藏网格。选择"编辑">"首选项">"参考线和网格"命令，弹出"首选项"对话框，在其中可以设置网格的颜色、样式、间隔等属性，如图1-92所示。

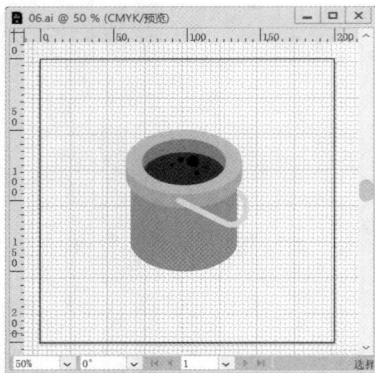

图1-91

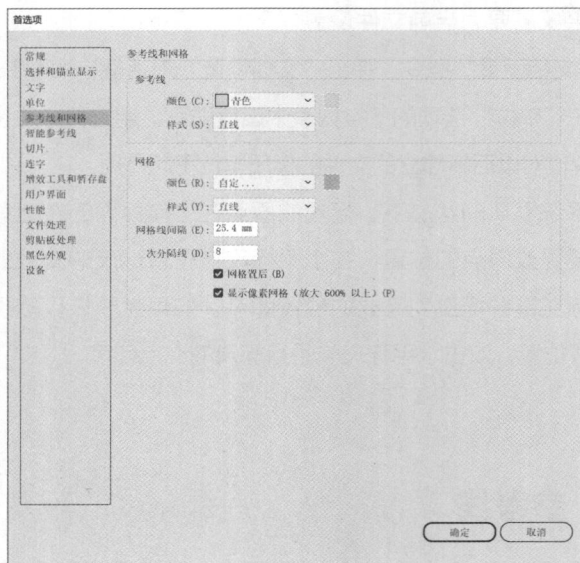

图1-92

"颜色"选项：用于设置网格的颜色。

"样式"选项：用于设置网格的样式，包括直线和点线。

"网格线间隔"选项：用于设置网格线的间距。

"次分隔线"选项：用于细分网格线。

"网格置后"选项：用于设置网格线显示在图形的上方或下方。

"显示像素网格（放大600%以上）"选项：在"像素预览"模式下，当图形放大到600%以上时，查看像素网格。

项目2

图形的绘制与编辑

本项目旨在帮助读者掌握Illustrator 2024基本图形工具和手绘图形工具的使用方法，以及编辑对象的方法。通过本项目的学习，读者可以掌握用Illustrator 2024绘制及编辑对象的方法，为进一步学习Illustrator 2024打好基础。

学习目标

● 掌握绘制线条和网格的方法。

● 熟练掌握基本图形的绘制技巧。

● 掌握手绘图形工具的使用方法。

● 熟练掌握对象的编辑技巧。

技能目标

● 掌握"传统乐器葫芦丝图标"的绘制方法。

● 掌握"传统节日端午节龙舟插画"的绘制方法。

● 掌握"传统乐器大鼓插画"的绘制方法。

素养目标

● 培养将创意转化为图形设计的能力。

● 培养对线条和图形进行绘制和有效编辑的基础能力。

● 培养通过练习将相关知识运用到实际设计中的实践能力。

任务2.1 掌握线条和网格的绘制

在平面设计中，直线段、弧线和螺旋线是经常使用的线型。使用直线段工具、弧形工具和螺旋线工具可以绘制任意直线段、弧线和螺旋线。在设计和制作时，用户还会用到矩形网格工具。下面详细介绍这些工具的使用方法。

任务知识

2.1.1 绘制直线段

1. 拖曳鼠标绘制直线段

选择直线段工具 ，在页面中需要的位置按住鼠标左键不放，拖曳鼠标到需要的位置，释放鼠标左键，即可绘制出一条任意角度的直线段，效果如图2-1所示。

选择直线段工具 ，按住Shift键，在页面中需要的位置按住鼠标左键不放，拖曳鼠标到需要的位置，释放鼠标左键和Shift键，即可绘制出水平、垂直或倾斜45°及其整数倍的直线段，效果如图2-2所示。

选择直线段工具 ，按住Alt键，在页面中需要的位置按住鼠标左键不放，拖曳鼠标到需要的位置，释放鼠标左键和Alt键，即可绘制出以开始拖曳时鼠标指针所在位置为中心的直线段（由中心向两边扩展）。

选择直线段工具 ，按住~键，在页面中需要的位置按住鼠标左键不放，拖曳鼠标到需要的位置，释放鼠标左键和~键，即可绘制出多条直线段（系统自动设置），效果如图2-3所示。

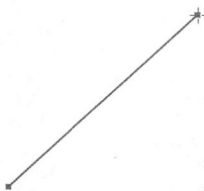

图2-1　　　　　图2-2　　　　　图2-3

2. 精确绘制直线段

选择直线段工具 ，在页面中需要的位置单击，或双击直线段工具 ，都将弹出"直线段工具选项"对话框，如图2-4所示。在对话框中，"长度"选项用于设置直线段的长度，"角度"选项用于设置直线段的倾斜角度，勾选"线段填色"复选框可以填充由直线段组成的图形。设置完成后，单击"确定"按钮，得到图2-5所示的直线段。

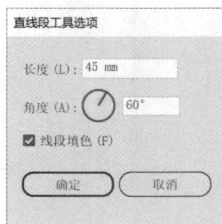

图2-4　　　　　图2-5

2.1.2　绘制弧线

1. 拖曳鼠标绘制弧线

选择弧形工具，在页面中需要的位置按住鼠标左键不放，拖曳鼠标到需要的位置，释放鼠标左键，即可绘制出一段弧线，效果如图2-6所示。

选择弧形工具，按住Shift键，在页面中需要的位置按住鼠标左键不放，拖曳鼠标到需要的位置，释放鼠标左键和Shift键，即可绘制出在水平和垂直方向上长度相等的弧线，效果如图2-7所示。

选择弧形工具，按住～键，在页面中需要的位置按住鼠标左键不放，拖曳鼠标到需要的位置，释放鼠标左键和Alt键，即可绘制出多条弧线，效果如图2-8所示。

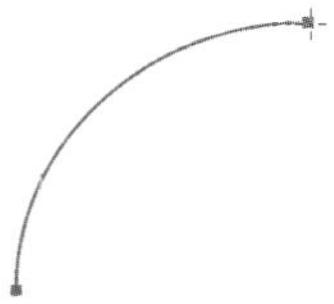

图2-6 　　　　　　图2-7 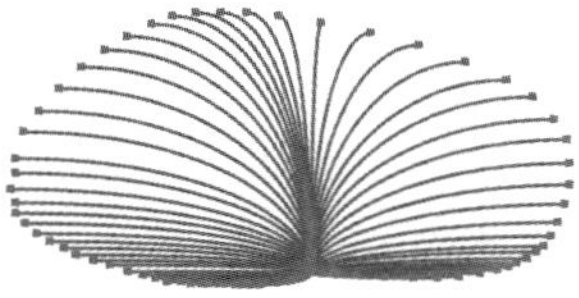　　　　　　图2-8

2. 精确绘制弧线

选择弧形工具，在页面中需要的位置单击，或双击弧形工具，都将弹出"弧线段工具选项"对话框，如图2-9所示。在对话框中，"X轴长度"选项用于设置弧线在水平方向的长度，"Y轴长度"选项用于设置弧线在垂直方向的长度，"类型"选项用于设置弧线类型，"基线轴"选项用于选择坐标轴，勾选"弧线填色"复选框可以填充闭合弧线。设置完成后，单击"确定"按钮，得到图2-10所示的弧形。输入不同的数值，将会得到不同的弧形，效果如图2-11所示。

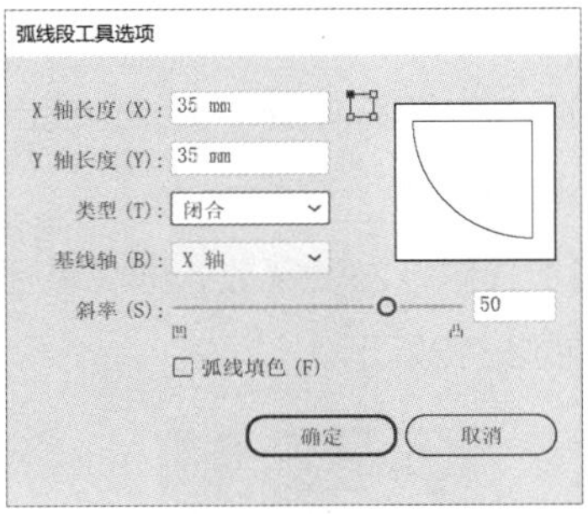

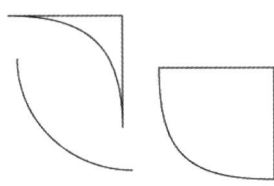

图2-9 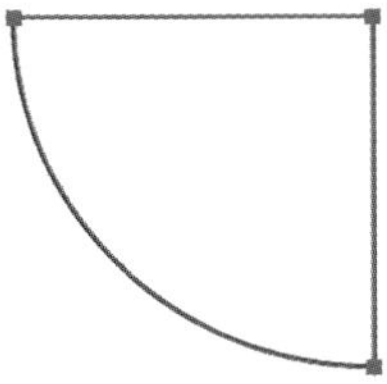　　　　　　　　　　图2-10　　　　　　　　图2-11

2.1.3　绘制螺旋线

1. 拖曳鼠标绘制螺旋线

选择螺旋线工具，在页面中需要的位置按住鼠标左键不放，拖曳鼠标到需要的位置，释放鼠标左键，即可绘制出螺旋线，效果如图2-12所示。

选择螺旋线工具，按住Shift键，在页面中需要的位置按住鼠标左键不放，拖曳鼠标到需要的位置，释放鼠标左键和Shift键，即可绘制出螺旋线，且绘制的螺旋线转动的角度将是强制角度（默认设置是45°）的整数倍。

选择螺旋线工具 ◎，按住～键，在页面中需要的位置按住鼠标左键不放，拖曳鼠标到需要的位置，释放鼠标左键和～键，即可绘制出多条螺旋线，效果如图2-13所示。

图2-12　　　　　图2-13

2. 精确绘制螺旋线

选择螺旋线工具 ◎，在页面中需要的位置单击，弹出"螺旋线"对话框，如图2-14所示。在对话框中，"半径"选项用于设置螺旋线的半径，螺旋线的半径指的是螺旋线的中心点与螺旋线终点之间的距离；"衰减"选项用于设置螺旋形内部线条之间的螺旋圈数；"段数"选项用于设置螺旋线的螺旋段数；"样式"选项用于设置螺旋线的旋转方向。设置完成后，单击"确定"按钮，得到图2-15所示的螺旋线。

图2-14　　　　　图2-15

2.1.4 绘制矩形网格

1. 拖曳鼠标绘制矩形网格

选择矩形网格工具 ▦，在页面中需要的位置按住鼠标左键不放，拖曳鼠标到需要的位置，释放鼠标左键，即可绘制出一个矩形网格，效果如图2-16所示。

选择矩形网格工具 ▦，按住Shift键，在页面中需要的位置按住鼠标左键不放，拖曳鼠标到需要的位置，释放鼠标左键和Shift键，即可绘制出一个正方形网格，效果如图2-17所示。

选择矩形网格工具 ▦，按住～键，在页面中需要的位置按住鼠标左键不放，拖曳鼠标到需要的位置，释放鼠标左键和～键，即可绘制出多个矩形网格，效果如图2-18所示。

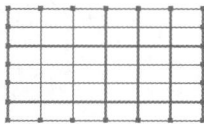
图2-16

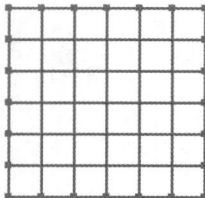
图2-17

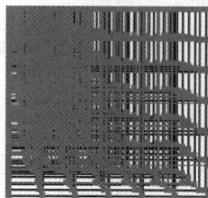
图2-18

> **提示** 选择矩形网格工具 ▦，在页面中需要的位置按住鼠标左键不放，拖曳鼠标到需要的位置，再按↑键，可以增加矩形网格的行数。如果按↓键，则可以减少矩形网格的行数。此方法在使用极坐标网格工具 ⊕、多边形工具 ⬡、星形工具 ☆ 时同样适用。

2. 精确绘制矩形网格

选择矩形网格工具，在页面中需要的位置单击，或双击矩形网格工具按钮，都将弹出"矩形网格工具选项"对话框，如图2-19所示。在对话框的"默认大小"选项组中，"宽度"选项用于设置矩形网格的宽度，"高度"选项用于设置矩形网格的高度；在"水平分隔线"选项组中，"数量"选项用于设置矩形网格中水平网格线的数量，"倾斜（上方/下方）"选项用于设置水平网格的倾斜方向；在"垂直分隔线"选项组中，"数量"选项用于设置矩形网格中垂直网格线的数量，"倾斜（左方/右方）"选项用于设置垂直网格的倾斜方向。设置完成后，单击"确定"按钮，得到图2-20所示的矩形网格。

图2-19　　　　　　图2-20

任务2.2　掌握基本图形的绘制

矩形、圆形、多边形和星形是简单、基本，也是重要的图形。使用对应的工具，可以很方便地在绘图页面中通过拖曳鼠标绘制出各种形状，还能够通过相应的设置对话框精确绘制图形。

任务实践　绘制传统乐器葫芦丝图标

任务目标 学习使用基本图形工具绘制传统乐器葫芦丝图标。

任务要点 使用椭圆工具、"变换"面板、直线段工具、"描边"面板、星形工具、多边形工具、矩形工具绘制葫芦、吹嘴和旋律管。最终效果参看学习资源中的"项目2\效果\绘制传统乐器葫芦丝图标.ai"，效果如图2-21所示。

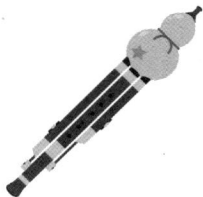

图2-21

任务操作

1. 绘制葫芦和吹嘴

01 按Ctrl+N快捷键，弹出"新建文档"对话框，设置文档的宽度为128 px，高度为128 px，方向为横向，颜色模式为"RGB颜色"，光栅效果为"屏幕（72 ppi）"，单击"创建"按钮，新建一个文档。

02 选择椭圆工具 ◯，在页面中绘制一个椭圆形，设置填充色为黄色（其RGB值为255、198、0），填充图形，并设置描边色为无，效果如图2-22所示。选择矩形工具 ▢，在适当的位置绘制一个矩形，效果如图2-23所示。

03 选择"窗口">"变换"命令，弹出"变换"面板，在"矩形属性"选项组中，将"圆角半径"选项设置为5.7px、8.9px、8.9px和6.4px，其他选项的设置如图2-24所示；按Enter键确定操作，效果如图2-25所示。用相同的方法绘制其他图形，填充相应的颜色，并旋转到适当的角度，效果如图2-26所示。

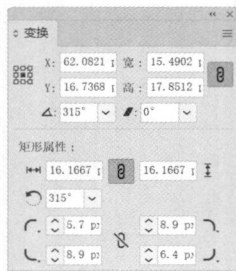

| 图2-22 | 图2-23 | 图2-24 | 图2-25 | 图2-26 |

04 选择直线段工具 ╱，按住Shift键的同时，在适当的位置绘制一条直线段，设置描边色为红色（其RGB值为237、57、58），填充描边，效果如图2-27所示。

05 选择"窗口">"描边"命令，弹出"描边"面板，单击"端点"选项中的"圆头端点"按钮 ⊑，其他选项的设置如图2-28所示，效果如图2-29所示。

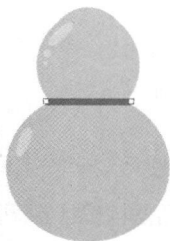

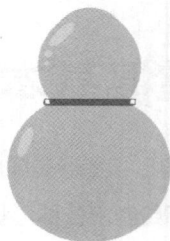

| 图2-27 | 图2-28 | 图2-29 |

06 选择椭圆工具 ◯，按住Shift键的同时，在适当的位置绘制一个圆形，效果如图2-30所示。选择直接选择工具 ▷，选中圆形最下方的锚点，如图2-31所示。按Delete键，删除选中的锚点，效果如图2-32所示。

07 选择星形工具 ☆，在适当的位置绘制一个五角星，设置填充色为橘黄色（其RGB值为255、124、16），填充图形，并设置描边色为无，效果如图2-33所示。

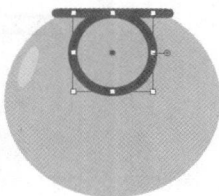
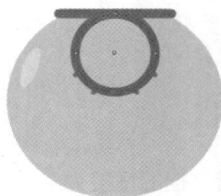

| 图2-30 | 图2-31 | 图2-32 | 图2-33 |

08 选择多边形工具 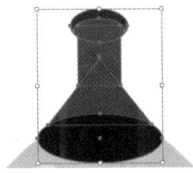，在页面中单击，弹出"多边形"对话框，选项的设置如图2-34所示；单击"确定"按钮，得到一个三角形。选择选择工具 ▶，拖曳三角形到适当的位置，设置填充色为酒红色（其RGB值为150、55、55），填充图形，并设置描边色为无，效果如图2-35所示。

09 使用选择工具 ▶ 向下拖曳三角形上方中间的控制手柄到适当的位置，调整三角形的大小，效果如图2-36所示。

| 图2-34 | 图2-35 | 图2-36 |

10 选择椭圆工具 ⬭，在适当的位置绘制一个椭圆形，设置填充色为深红色（其RGB值为89、0、9），填充图形，并设置描边色为无，效果如图2-37所示。用相同的方法再绘制两个椭圆形，并填充相应的颜色，效果如图2-38所示。

11 选择矩形工具 ▢，在适当的位置绘制一个矩形，设置填充色为酒红色（其RGB值为150、55、55），填充图形，并设置描边色为无，效果如图2-39所示。

12 选择选择工具 ▶，用框选的方法将所绘制的图形同时选取，按Ctrl+G快捷键，编组选中的图形，效果如图2-40所示。按Shift+Ctrl+[快捷键，将其置于底层，效果如图2-41所示。

| 图2-37 | 图2-38 | 图2-39 | 图2-40 | 图2-41 |

2. 绘制旋律管

01 选择椭圆工具 ⬭，在适当的位置绘制一个椭圆形，设置填充色为深红色（其RGB值为89、0、9），填充图形，并设置描边色为无，效果如图2-42所示。选择矩形工具 ▢，在适当的位置绘制一个矩形，效果如图2-43所示。

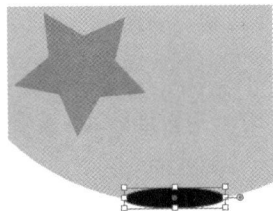

图2-42

图2-43

02 选择选择工具 ▶，按住Alt+Shift组合键的同时，垂直向下拖曳矩形到适当的位置，复制矩形，效果如图2-44所示。向下拖曳复制的矩形下方中间的控制手柄到适当的位置，调整矩形的大小，效果如图2-45所示。设置填充色为灰色（其RGB值为213、211、221），填充图形，效果如图2-46所示。用相同的方法分别复制其他矩形，并填充相应的颜色，效果如图2-47所示。

03 选择椭圆工具 ⬭，在适当的位置绘制一个椭圆形，设置填充色为深红色（其RGB值为89、0、9），填充图形，并设置描边色为无，效果如图2-48所示。再次绘制一个椭圆形，设置填充色为酒红色（其RGB值为150、55、55），填充图形，效果如图2-49所示。

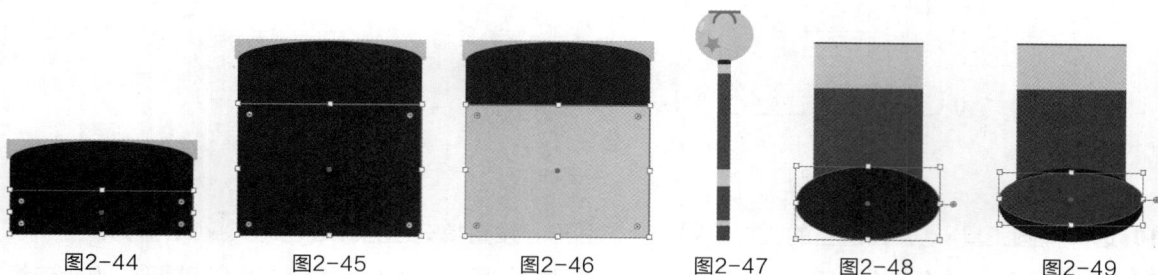

| 图2-44 | 图2-45 | 图2-46 | 图2-47 | 图2-48 | 图2-49 |

04 选择多边形工具 ⬡，在页面中单击，弹出"多边形"对话框，选项的设置如图2-50所示；单击"确定"按钮，得到一个三角形。选择选择工具 ▶，拖曳三角形到适当的位置，效果如图2-51所示。

05 按住Alt键的同时，使用选择工具 ▶ 向左拖曳三角形右侧中间的控制手柄到适当的位置，调整三角形的大小，效果如图2-52所示。

| 图2-50 | 图2-51 | 图2-52 |

06 用框选的方法将所绘制的图形同时选取，按Ctrl+G快捷键，编组选中的图形，效果如图2-53所示。按Shift+Ctrl+[快捷键，将其置于底层，效果如图2-54所示。

07 选择椭圆工具 ⬭，按住Shift键的同时，在适当的位置绘制一个圆形，设置填充色为深灰色（其RGB值为44、22、0），填充图形，并设置描边色为无，效果如图2-55所示。

08 选择选择工具 ▶，按住Alt+Shift组合键的同时，垂直向下拖曳圆形到适当的位置，复制圆形，效果如图2-56所示。连续按Ctrl+D快捷键，按需复制出多个圆形，效果如图2-57所示。

09 按住Shift键的同时，单击倒数第2个圆形将其同时选中，连续3次按↑键，调整其位置，效果如图2-58所示。选中倒数第3个圆形，按住Shift键的同时，向下拖曳圆形上方中间的控制手柄到适当的位置，调整其大小，效果如图2-59所示。用相同的方法分别绘制其他旋律管，效果如图2-60所示。

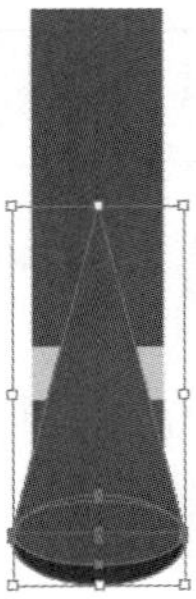

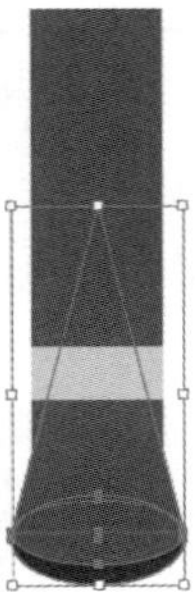

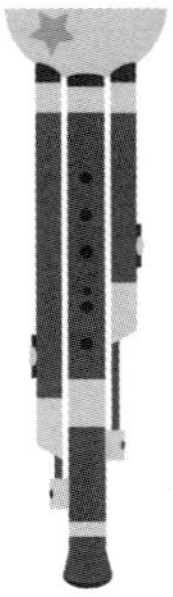

图2-53　　图2-54　　　　图2-55　　　图2-56　图2-57　图2-58　图2-59　图2-60

10 用框选的方法将所绘制的图形全部选取，按Ctrl+G快捷键，编组选中的图形，效果如图2-61所示。在"变换"面板中，将"旋转"选项设置为-45°，如图2-62所示；按Enter键确定操作，效果如图2-63所示。传统乐器葫芦丝图标绘制完成，效果如图2-64所示。

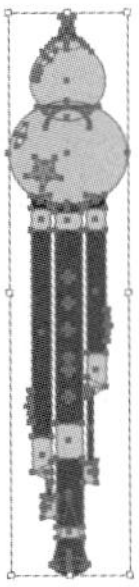

图2-61 　　　　　图2-62 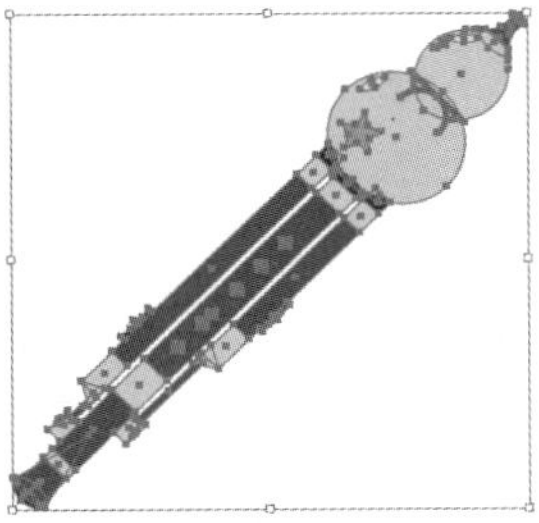　　　　　　　图2-63 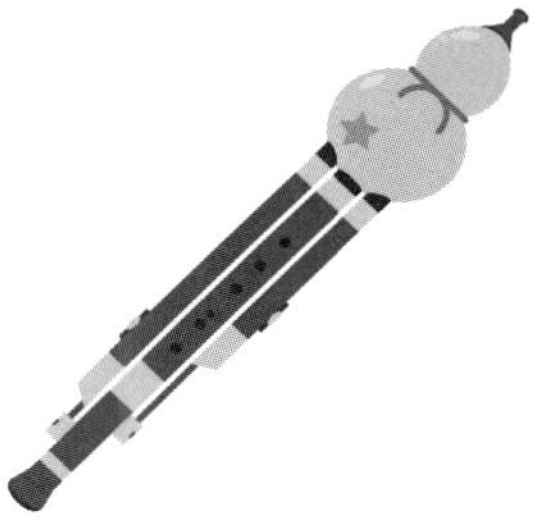　　　　　　　图2-64

任务知识

2.2.1　绘制矩形和圆角矩形

1. 使用鼠标绘制矩形

选择矩形工具▣，在页面中需要的位置按住鼠标左键不放，拖曳鼠标到需要的位置，释放鼠标左键，即可绘制出一个矩形，效果如图2-65所示。

选择矩形工具▣，按住Shift键，在页面中需要的位置按住鼠标左键不放，拖曳鼠标到需要的位置，释放鼠标左键和Shift键，即可绘制出一个正方形，效果如图2-66所示。

选择矩形工具▣，按住～键，在页面中需要的位置按住鼠标左键不放，拖曳鼠标到需要的位置，释放鼠标左键和～键，即可绘制出多个矩形，效果如图2-67所示。

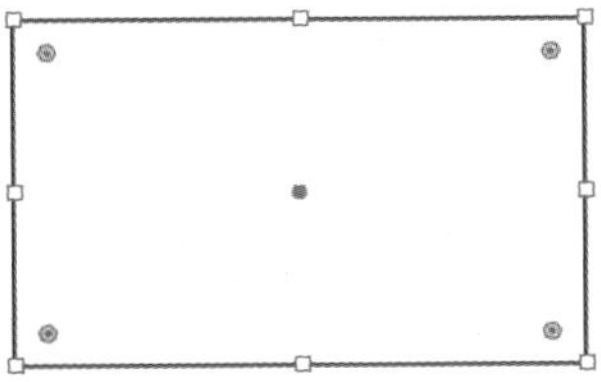

图2-65 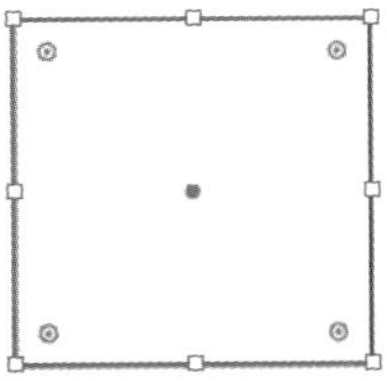　　　　　　　　图2-66 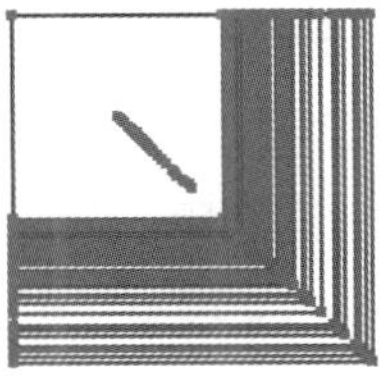　　　　　　　图2-67

提示 选择矩形工具▢，按住Alt键，在页面中需要的位置按住鼠标左键不放，拖曳鼠标到需要的位置，释放鼠标左键和Alt键，可以绘制一个以开始拖曳时鼠标指针所在位置为中心的矩形。

选择矩形工具▢，按住Alt+Shift组合键，在页面中需要的位置按住鼠标左键不放，拖曳鼠标到需要的位置，释放鼠标左键和按键，可以绘制一个以开始拖曳时鼠标指针所在位置为中心的正方形。

选择矩形工具▢，在页面中需要的位置按住鼠标左键不放，拖曳鼠标到需要的位置，再按住Space键，可以暂停绘制工作而在页面上任意移动未绘制完成的矩形，释放Space键后可继续绘制矩形。

上述方法在使用圆角矩形工具▢、椭圆工具⬭、多边形工具⬠、星形工具☆时同样适用。

2. 精确绘制矩形

选择矩形工具▢，在页面中需要的位置单击，弹出"矩形"对话框，如图2-68所示。在对话框中，"宽度"选项用于设置矩形的宽度，"高度"选项用于设置矩形的高度。设置完成后，单击"确定"按钮，得到图2-69所示的矩形。

图2-68　　　　　　　图2-69

3. 使用鼠标绘制圆角矩形

选择圆角矩形工具▢，在页面中需要的位置按住鼠标左键不放，拖曳鼠标到需要的位置，释放鼠标左键，即可绘制出一个圆角矩形，效果如图2-70所示。

选择圆角矩形工具▢，按住Shift键，在页面中需要的位置按住鼠标左键不放，拖曳鼠标到需要的位置，释放鼠标左键和Shift键，即可绘制出一个宽度和高度相等的圆角矩形，效果如图2-71所示。

选择圆角矩形工具▢，按住~键，在页面中需要的位置按住鼠标左键不放，拖曳鼠标到需要的位置，释放鼠标左键和~键，即可绘制出多个圆角矩形，效果如图2-72所示。

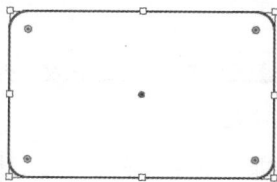
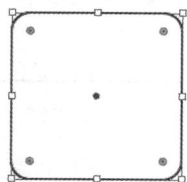
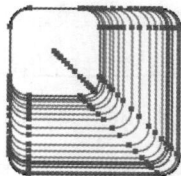

图2-70　　　　　　图2-71　　　　　　图2-72

4. 精确绘制圆角矩形

选择圆角矩形工具▢，在页面中需要的位置单击，弹出"圆角矩形"对话框，如图2-73所示。在对话框中，"宽度"选项用于设置圆角矩形的宽度，"高度"选项用于设置圆角矩形的高度，"圆角半径"选项用于控制圆角矩形中圆角半径的大小；设置完成后，单击"确定"按钮，得到图2-74所示的圆角矩形。

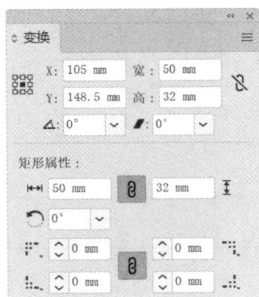

图2-73　　　　　　　　　　图2-74

5. 使用"变换"面板制作实时转角

选择选择工具 ▶ ，选取绘制好的矩形。选择"窗口">"变换"命令（快捷键为Shift+F8），弹出"变换"面板，如图2-75所示。

在"矩形属性"选项组中，"边角类型"按钮 用于设置边角的转角类型，包括"圆角""反向圆角""倒角"；"圆角半径"选项 用于输入圆角半径值；单击 按钮可以链接圆角半径，同时设置圆角半径；单击 按钮可以取消圆角半径的链接，分别设置圆角半径。

单击 按钮，其他选项的设置如图2-76所示，按Enter键确定操作，得到图2-77所示的效果。单击 按钮，其他选项的设置如图2-78所示，按Enter键确定操作，得到图2-79所示的效果。

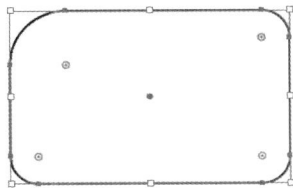

图2-75　　　　　　图2-76　　　　　　图2-78

图2-77　　　　　　图2-79

6. 直接拖曳以制作实时转角

选择选择工具 ▶ ，选取绘制好的矩形。上、下、左、右4个边角构件处于可编辑状态，如图2-80所示，向内拖曳任意一个边角构件，如图2-81所示，可对矩形边角进行变形，释放鼠标左键，效果如图2-82所示。

图2-80　　　　　　图2-81　　　　　　图2-82

提示 选择"视图">"隐藏边角构件"命令，可以将边角构件隐藏。选择"视图">"显示边角构件"命令，可以显示边角构件。

当鼠标指针移动到任意一个实心边角构件上时，鼠标指针变为 ⌐ 形状，如图2-83所示；单击将实心边角构件变为空心边角构件，鼠标指针变为 ⌐ 形状，如图2-84所示；拖曳使选取的边角单独变形，如图2-85所示。

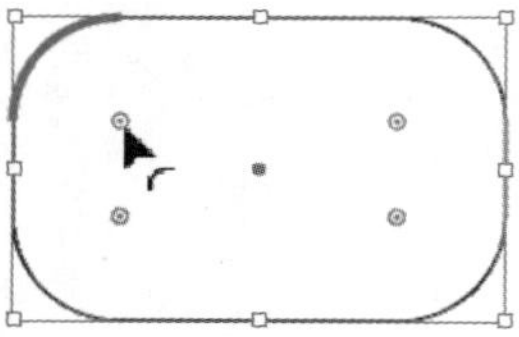

图2-83 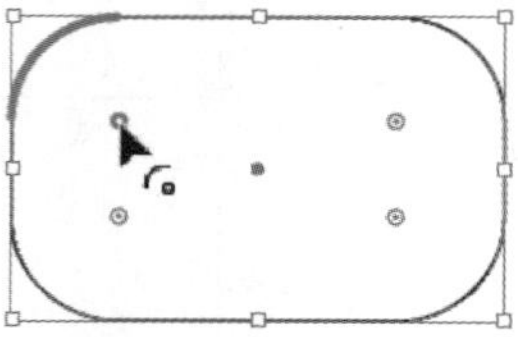 图2-84 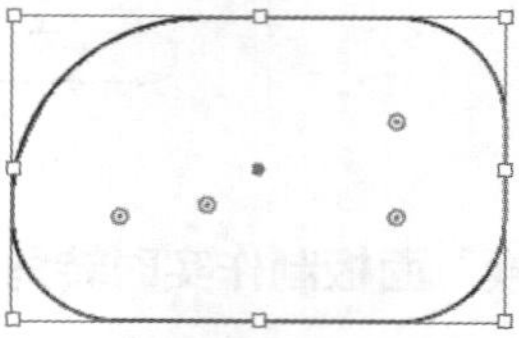 图2-85

按住Alt键的同时，单击任意一个边角构件，或在拖曳边角构件的同时，按↑键或↓键，可在3种边角类型中切换，如图2-86所示。

按住Ctrl键的同时，双击其中一个边角构件，弹出"边角"对话框，如图2-87所示，在其中可以设置边角类型、边角半径和圆角类型。

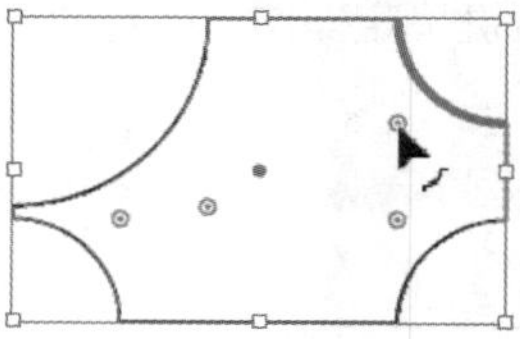

图2-86 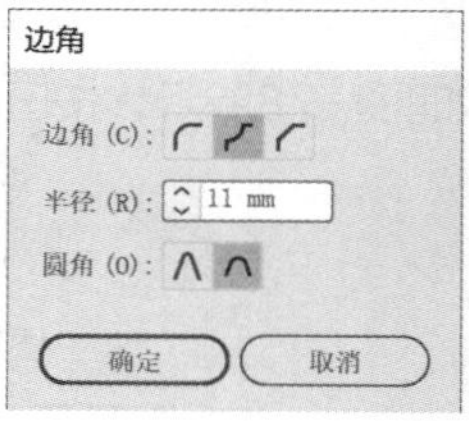 图2-87

> **提示** 将边角构件拖曳至圆角预览呈红色显示时，表示达到最大变形状态。

2.2.2 绘制椭圆形和圆形

1. 使用鼠标绘制椭圆形

选择椭圆工具 ⬭ ，在页面中需要的位置按住鼠标左键不放，拖曳鼠标到需要的位置，释放鼠标左键，即可绘制出一个椭圆形，效果如图2-88所示。

选择椭圆工具 ⬭ ，按住Shift键，在页面中需要的位置按住鼠标左键不放，拖曳鼠标到需要的位置，释放鼠标左键和Shift键，即可绘制出一个圆形，效果如图2-89所示。

选择椭圆工具 ⬭ ，按住～键，在页面中需要的位置按住鼠标左键不放，拖曳鼠标到需要的位置，释放鼠标左键和～键，即可绘制出多个椭圆形，效果如图2-90所示。

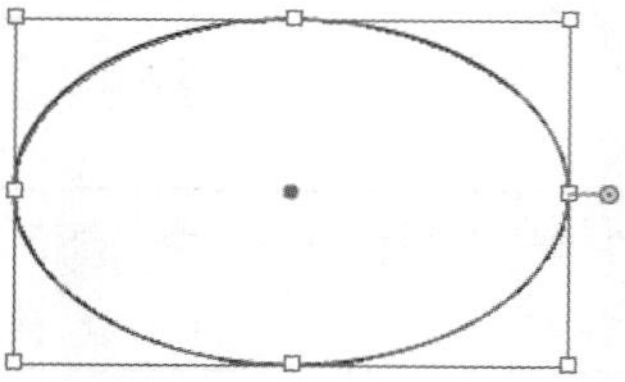

图2-88 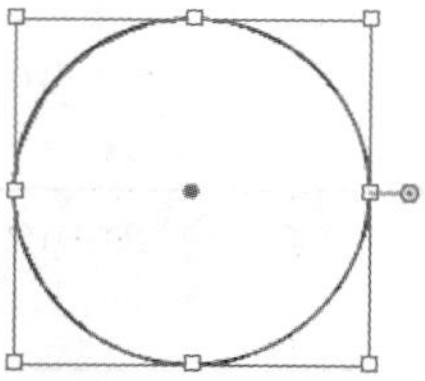 图2-89 图2-90

2. 精确绘制椭圆形

选择椭圆工具◯，在页面中需要的位置单击，弹出"椭圆"对话框，如图2-91所示。在对话框中，"宽度"选项用于设置椭圆形的宽度，"高度"选项用于设置椭圆形的高度。设置完成后，单击"确定"按钮，得到图2-92所示的椭圆形。

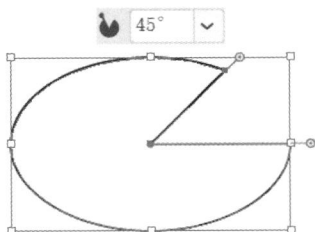

图2-91　　　　　　　　　　图2-92

3. 使用"变换"面板制作饼图

选择选择工具▶，选取绘制好的椭圆形。选择"窗口">"变换"命令（快捷键为Shift+F8），弹出"变换"面板，如图2-93所示。在"椭圆属性"选项组中，"饼图起点角度"选项🎯0°⌄用于设置饼图的起点角度；"饼图终点角度"选项0°⌄🎯用于设置饼图的终点角度；单击🔗按钮可以链接饼图的起点角度和终点角度，同时进行设置；单击🔓按钮，可以取消链接饼图的起点角度和终点角度，分别进行设置；单击"反转饼图"按钮⇄，可以互换饼图起点角度和饼图终点角度。

将"饼图起点角度"选项🎯0°⌄设置为45°，效果如图2-94所示；将此选项设置为180°，效果如图2-95所示。

图2-93　　　　　　　　　图2-94　　　　　　　　　图2-95

将"饼图终点角度"选项0°⌄🎯设置为45°，效果如图2-96所示；将此选项设置为180°，效果如图2-97所示。

将"饼图起点角度"选项🎯0°⌄设置为60°，"饼图终点角度"选项0°⌄🎯设置为30°，效果如图2-98所示。单击"反转饼图"按钮⇄，将饼图起点角度和饼图终点角度互换，效果如图2-99所示。

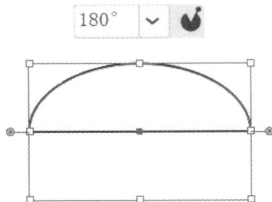
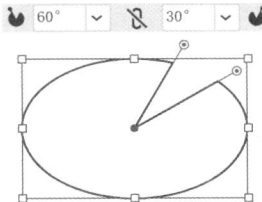
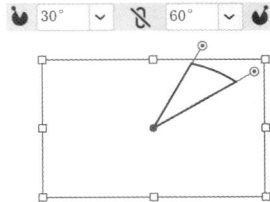

图2-96　　　　　图2-97　　　　　图2-98　　　　　图2-99

4. 直接拖曳以制作饼图

选择选择工具 ▶，选取绘制好的椭圆形。将鼠标指针放置在饼图构件上，鼠标指针变为 ▶ 形状，如图2-100所示，向上拖曳饼图构件，可以改变饼图起点角度，如图2-101所示。向下拖曳饼图构件，可以改变饼图终点角度，如图2-102所示。

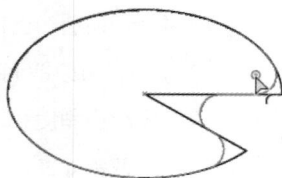

图2-100   图2-101   图2-102

5. 使用直接选择工具调整饼图转角

选择直接选择工具 ▷，选取绘制好的饼图，边角构件处于可编辑状态，如图2-103所示，向内拖曳任意一个边角构件，如图2-104所示，对饼图角进行变形，释放鼠标左键，效果如图2-105所示。

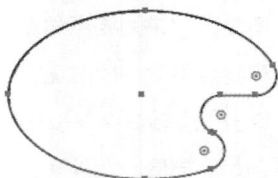

图2-103   图2-104   图2-105

当鼠标指针移动到任意一个实心边角构件上时，鼠标指针变为 ▷ 形状，如图2-106所示；单击将实心边角构件变为空心边角构件，鼠标指针变为 ▷ 形状，如图2-107所示；拖曳使选取的角单独变形，释放鼠标左键，效果如图2-108所示。

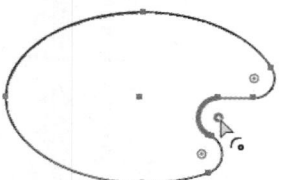

图2-106   图2-107   图2-108

按住Alt键的同时，单击任意一个边角构件，或在拖曳边角构件的同时，按↑键或↓键，可在3种边角类型中切换，如图2-109所示。

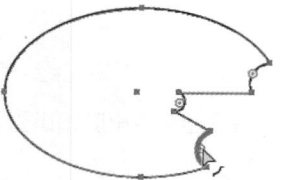

图2-109

提示　双击任意一个边角构件，弹出"边角"对话框，在其中可以设置边角类型、边角半径和圆角类型。

2.2.3　绘制多边形

1．使用鼠标绘制多边形

选择多边形工具，在页面中需要的位置按住鼠标左键不放，拖曳鼠标到需要的位置，释放鼠标左键，即可绘制出一个任意角度的正多边形，效果如图2-110所示。

选择多边形工具，按住Shift键，在页面中需要的位置按住鼠标左键不放，拖曳鼠标到需要的位置，释放鼠标左键和Shift键，即可绘制出一个无角度的正多边形，效果如图2-111所示。

选择多边形工具，按住～键，在页面中需要的位置按住鼠标左键不放，拖曳鼠标到需要的位置，释放鼠标左键和～键，即可绘制出多个多边形，效果如图2-112所示。

图2-110	图2-111	图2-112

2．精确绘制多边形

选择多边形工具，在页面中需要的位置单击，弹出"多边形"对话框，如图2-113所示。在对话框中，"半径"选项用于设置多边形的半径，半径指的是从多边形中心点到多边形顶点的距离，而中心点一般为多边形的重心；"边数"选项用于设置多边形的边数。设置完成后，单击"确定"按钮，得到图2-114所示的多边形。

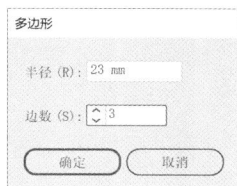

图2-113	图2-114

3．直接拖曳以增加或减少多边形边数

选择选择工具，选取绘制好的多边形，将鼠标指针放置在多边形构件◇上，鼠标指针变为形状，如图2-115所示，向上拖曳多边形构件，可以减少多边形的边数，如图2-116所示。向下拖曳多边形构件，可以增加多边形的边数，如图2-117所示。

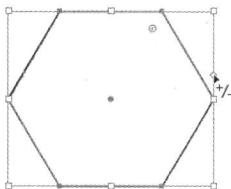
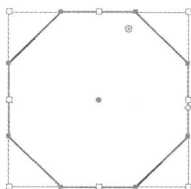

图2-115	图2-116	图2-117

提示　多边形的"边数"取值范围为3~11，最少边数为3，最多边数为11。

4. 使用"变换"面板制作实时转角

选择选择工具 ▶，选取绘制好的正六边形，选择"窗口">"变换"命令（快捷键为Shift+F8），弹出"变换"面板，如图2-118所示。在"多边形属性"选项组中，"多边形边数计算"选项用于设置多边形的边数；"边角类型"选项 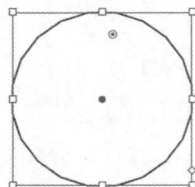 用于选取任意角的转角类型；"圆角半径"选项 ⌄ 0 mm 用于设置多边形各个圆角的半径；"多边形半径"选项 ⊖ 用于设置多边形的半径；"多边形边长度"选项 ⬡ 用于设置多边形每条边的长度。

"多边形边数计算"选项的取值范围为3～20。当数值为3时，效果如图2-119所示；当数值为20时，效果如图2-120所示。

图2-118   图2-119   图2-120

"边角类型"选项 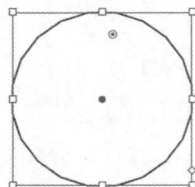 包括"圆角""反向圆角""倒角"，效果如图2-121所示。

圆角   反向圆角   倒角

图2-121

2.2.4 绘制星形

1. 使用鼠标绘制星形

选择星形工具 ☆，在页面中需要的位置按住鼠标左键不放，拖曳鼠标到需要的位置，释放鼠标左键，即可绘制出一个任意角度的正星形，效果如图2-122所示。

选择星形工具 ☆，按住Shift键，在页面中需要的位置按住鼠标左键不放，拖曳鼠标到需要的位置，释放鼠标左键和Shift键，即可绘制出一个无角度的正星形，效果如图2-123所示。

选择星形工具 ☆，按住～键，在页面中需要的位置按住鼠标左键不放，拖曳鼠标到需要的位置，释放鼠标左键和～键，即可绘制出多个星形，效果如图2-124所示。

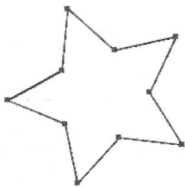      

图2-122   图2-123   图2-124

2．精确绘制星形

选择星形工具 ，在页面中需要的位置单击，弹出"星形"对话框，如图2-125所示。在对话框中，"半径1"选项用于设置从星形中心点到各外部角的顶点的距离，"半径2"选项用于设置从星形中心点到各内部角的顶点的距离，"角点数"选项用于设置星形中的角的数量。设置完成后，单击"确定"按钮，得到图2-126所示的星形。

图2-125 　　　　　　　图2-126

> **提示**　使用直接选择工具调整多边形和星形的实时转角的方法与使用椭圆工具的方法相同，这里不再赘述。

任务2.3　掌握手绘图形工具的使用

Illustrator 2024提供了铅笔工具和画笔工具，供用户绘制各种图形和路径；还提供了平滑工具和路径橡皮擦工具，供用户修饰绘制的图形和路径。

任务实践　绘制传统节日端午节龙舟插画

任务目标　学习使用画笔工具、铅笔工具和"画笔"面板绘制端午节龙舟插画。

任务要点　使用椭圆工具、"路径查找器"面板、"画笔"面板、直线段工具和剪切蒙版绘制龙鳞，使用铅笔工具、画笔库绘制龙发。最终效果参看学习资源中的"项目2\效果\绘制传统节日端午节龙舟插画.ai"，效果如图2-127所示。

图2-127

任务操作

01 按Ctrl+O快捷键，弹出"打开"对话框，选择学习资源中的"项目2\素材\绘制传统节日端午节龙舟插画\01"文件，单击"打开"按钮，打开文件，如图2-128所示。

02 选择椭圆工具 ，按住Shift键的同时，在页面外绘制3个圆形。选择选择工具 ，分别选取需要的图形，设置描边色为红色（其RGB值为255、0、0）、橘色（其RGB值为232、114、25），填充描边，效果如图2-129所示。

03 用框选的方法将圆形同时选取，选择"窗口">"路径查找器"命令，弹出"路径查找器"面板，单击"减去顶层"按钮 ，如图2-130所示，生成新的对象，效果如图2-131所示。

图2-128 图2-129 图2-130 图2-131

04 选择"窗口">"画笔"命令，弹出"画笔"面板，单击"画笔"面板下方的"新建画笔"按钮 ⊞，弹出"新建画笔"对话框，选中"散点画笔"单选项，如图2-132所示。单击"确定"按钮，弹出"散点画笔选项"对话框，选项的设置如图2-133所示。单击"确定"按钮，选取的图形被定义为画笔，如图2-134所示。

图2-132 图2-133 图2-134

05 选择直线段工具 ，按住Shift键的同时，在页面外绘制直线段。选择选择工具 ，用框选的方法将直线段同时选取，设置描边色为橘色（其RGB值为232、114、26），填充描边。在属性栏中将"描边粗细"选项设置为1 pt，按Enter键确定操作，效果如图2-135所示。

06 在"画笔"面板中，单击新建的画笔，如图2-136所示，用该画笔为图形描边，效果如图2-137所示。按Ctrl+G快捷键，编组图形。选择选择工具 ，拖曳图形到页面中适当的位置，如图2-138所示。

图2-135 图2-136

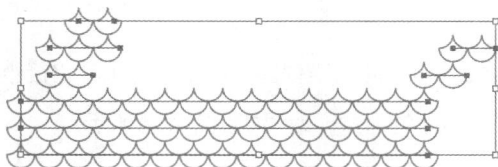

图2-137

图2-138

07 选取下方的龙身图形，按Ctrl+C快捷键，复制图形，按Shift+Ctrl+V快捷键，将复制的图形就地粘贴，如图2-139所示。按住Shift键的同时，单击需要的图形将其同时选取，如图2-140所示，按Ctrl+7快捷键，建立剪切蒙版，效果如图2-141所示。连续按Ctrl+[快捷键，将图形后移到适当的位置，效果如图2-142所示。

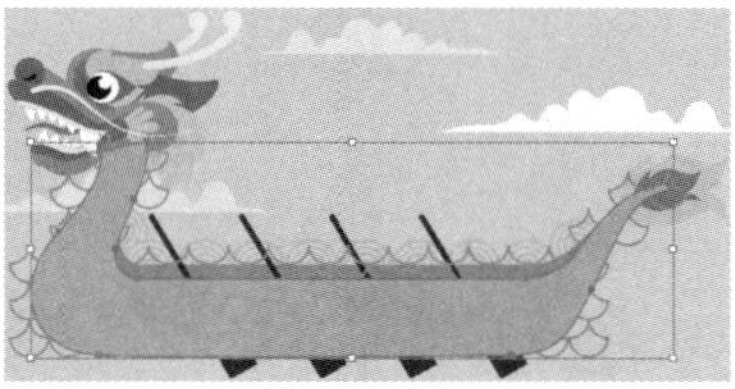

图2-139

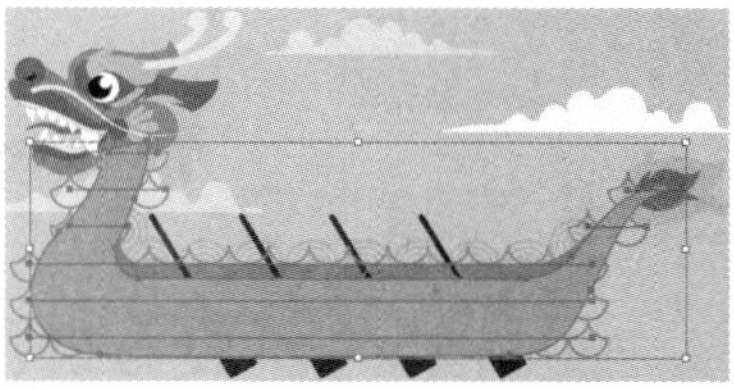

图2-140

图2-141

图2-142

08 选择铅笔工具 ，在适当的位置绘制曲线路径。选择选择工具 ，选取图形，设置描边色为红色（其RGB值为242、51、44），填充描边，效果如图2-143所示。

09 选择"窗口">"画笔库">"装饰">"典雅的卷曲和花形画笔组"命令，在弹出的面板中选中需要的画笔，如图2-144所示。在属性栏中将"描边粗细"选项设置为3 pt，按Enter键确定操作，效果如图2-145所示。

图2-143

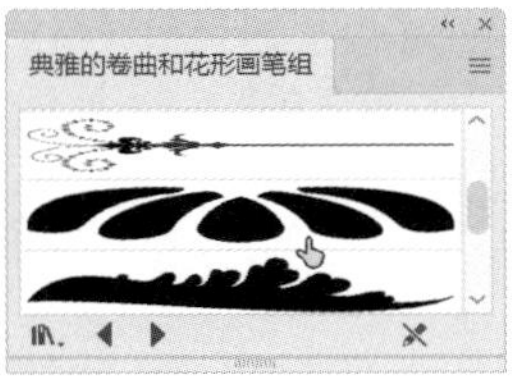

图2-144

图2-145

10 按Ctrl+[快捷键，将曲线路径后移到适当的位置，效果如图2-146所示。传统节日端午节龙舟插画绘制完成，效果如图2-147所示。

图2-146

图2-147

任务知识

2.3.1 画笔工具

使用画笔工具可以绘制出各种线条和图形，还可以通过选择不同的刷头实现不同的绘制效果。利用不同的画笔可以绘制出风格迥异的图形。

选择画笔工具 ，选择"窗口">"画笔"命令，弹出"画笔"面板，如图2-148所示。在面板中选择任意一种画笔，在页面中需要的位置按住鼠标左键不放，向右拖曳鼠标进行线条的绘制，释放鼠标左键，线条绘制完成，如图2-149所示。

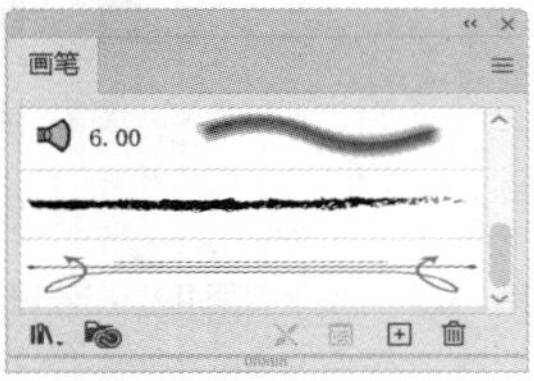

图2-148    图2-149

选取绘制的线条，如图2-150所示，选择"窗口" > "描边"命令，弹出"描边"面板，在面板中的"粗细"选项中选择或设置需要的描边大小，如图2-151所示，线条的效果如图2-152所示。

图2-150 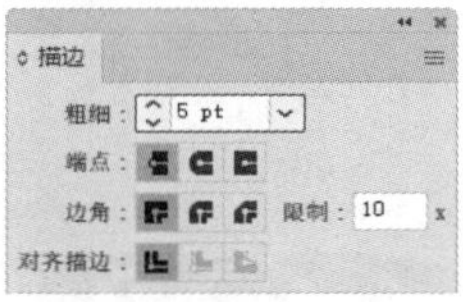   图2-151 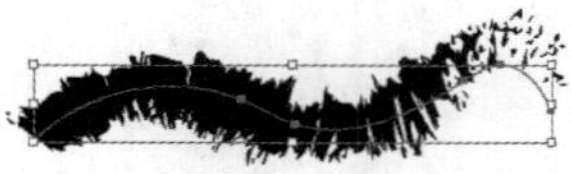   图2-152

双击画笔工具 ，弹出"画笔工具选项"对话框，如图2-153所示。在对话框的"保真度"选项组中，"精确"选项用于调节绘制曲线上点的精确度，"平滑"选项用于调节绘制曲线的平滑度。在"选项"选项组中，若勾选"填充新画笔描边"复选框，则每次使用画笔工具绘制图形时，系统都会自动以默认颜色来填充对象的笔画；若勾选"保持选定"复选框，则绘制的曲线处于选取状态；勾选"编辑所选路径"复选框，可使用画笔工具对选中的路径进行编辑。

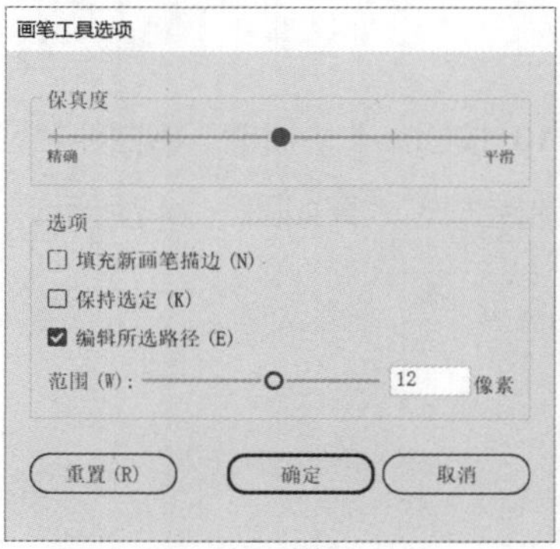

图2-153

2.3.2 "画笔"面板

选择"窗口">"画笔"命令，弹出"画笔"面板。下面详细讲解"画笔"面板。

1. 画笔类型

Illustrator 2024包括5种类型的画笔，即散点画笔、书法画笔、毛刷画笔、图案画笔和艺术画笔。

（1）散点画笔。

单击"画笔"面板右上角的 ☰ 图标，将弹出下拉菜单，在系统默认状态下，"显示散点画笔"命令为灰色，选择"打开画笔库"命令，弹出子菜单，如图2-154所示。在弹出的子菜单中选择"装饰">"装饰_散布"命令，弹出"装饰_散布"面板，如图2-155所示。在面板中单击画笔，画笔就会被加载到"画笔"面板中，如图2-156所示。选择"心形"散点画笔，再选择画笔工具 ，在页面中连续单击或拖曳鼠标，就可以绘制出需要的图形，效果如图2-157所示。

图2-154　　　　　　图2-155　　　　　　图2-156　　　　　　图2-157

（2）书法画笔。

在系统默认状态下，书法画笔处于显示状态，如图2-158所示。选择任意一种书法画笔，选择画笔工具 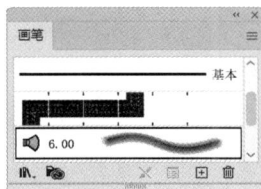，在页面中需要的位置按住鼠标左键不放，拖曳鼠标进行线条的绘制，释放鼠标左键，线条绘制完成，效果如图2-159所示。

（3）毛刷画笔。

在系统默认状态下，毛刷画笔处于显示状态，如图2-160所示。选择毛刷画笔，选择画笔工具 ，在页面中需要的位置按住鼠标左键不放，拖曳鼠标进行线条的绘制，释放鼠标左键，线条绘制完成，效果如图2-161所示。

图2-158　　　　　　图2-159　　　　　　图2-160　　　　　　图2-161

（4）图案画笔。

在系统默认状态下，图案画笔处于显示状态。单击"画笔"面板右上角的 ☰ 图标，将弹出下拉菜单，选择"打开画笔库">"边框">"边框_装饰"命令，弹出"边框_装饰"面板，如图2-162所示。在面板中单击画笔，画笔会被加载到"画笔"面板中，如图2-163所示。选择"前卫"图案画笔，再选择画笔工具 ，在页面中连续单击或拖曳鼠标，就可以绘制出需要的图形，效果如图2-164所示。

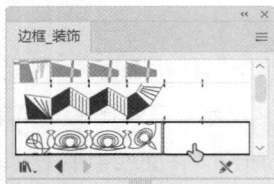

图2-162 　　　　　　　　　图2-163 　　　　　　　　　图2-164

（5）艺术画笔。

在系统默认状态下，艺术画笔处于显示状态，如图2-165所示。选择该艺术画笔，选择画笔工具 ✎ ，在页面中需要的位置按住鼠标左键不放，拖曳鼠标进行线条的绘制，释放鼠标左键，线条绘制完成，效果如图2-166所示。

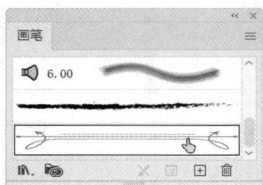

图2-165 　　　　　　　　　　　　图2-166

2. 更改画笔类型

选中想要更改画笔类型的图形，如图2-167所示，在"画笔"面板中单击需要的画笔，如图2-168所示，更改画笔类型后的图形效果如图2-169所示。

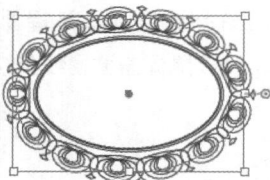
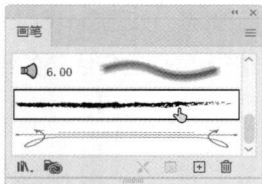
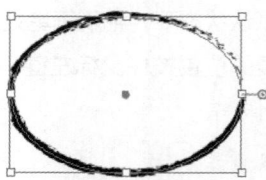

图2-167 　　　　　　　　图2-168 　　　　　　　　图2-169

3. "画笔"面板的按钮

"画笔"面板右下角有4个按钮，从左到右依次是"移去画笔描边"按钮 ✕ 、"所选对象的选项"按钮 ▣ 、"新建画笔"按钮 ▣ 和"删除画笔"按钮 🗑 。

"移去画笔描边"按钮 ✕ ：用于将当前选中的图形的描边删除，只留下原始路径。

"所选对象的选项"按钮 ▣ ：用于打开应用到选中图形上的画笔的选项对话框，在对话框中可以编辑画笔。

"新建画笔"按钮 ▣ ：用于创建新的画笔。

"删除画笔"按钮 🗑 ：用于删除选定的画笔。

4. 自定义画笔

在Illustrator 2024中，除了可以利用系统预设的画笔和编辑已有的画笔外，还可以使用自定义画笔。不同类型的画笔，定义的方法类似。如果新建散点画笔，那么作为散点画笔的图形就不能包含图案、渐变填充等属性；如果新建书法画笔和艺术画笔，就不需要事先制作图案，在其相应的画笔选项对话框中进行设置就可以了。下面介绍如何自定义散点画笔。

选中想要制作成画笔的对象，如图2-170所示。单击"画笔"面板下面的"新建画笔"按钮 ⊡，或单击面板右上角的 ≡ 按钮，在弹出的下拉菜单中选择"新建画笔"命令，弹出"新建画笔"对话框，选中"散点画笔"单选项，如图2-171所示。

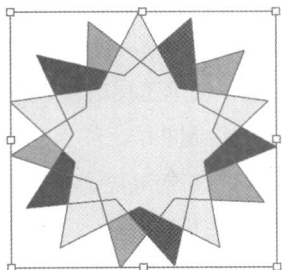

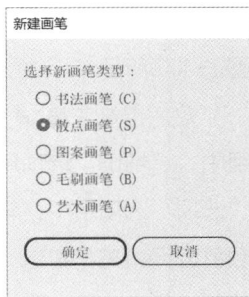

图2-170   图2-171

单击"确定"按钮，弹出"散点画笔选项"对话框，如图2-172所示，单击"确定"按钮，制作的画笔将自动添加到"画笔"面板中，如图2-173所示。使用新定义的画笔在绘图页面中绘制图形，如图2-174所示。

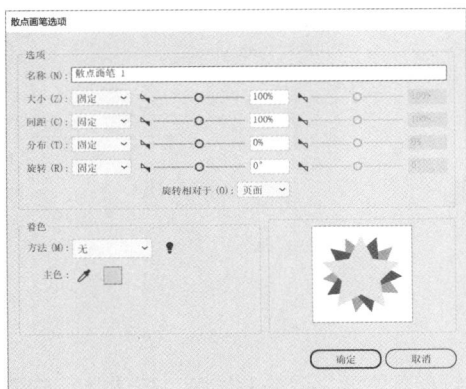

图2-172   图2-173   图2-174

2.3.3 铅笔工具

使用铅笔工具 ✎ 可以绘制出自由的曲线路径，在绘制过程中Illustrator 2024会自动依据鼠标指针的轨迹来设定锚点并生成路径。使用铅笔工具既可以绘制闭合路径，又可以绘制开放路径，还可以将已经存在的曲线的锚点作为起点，延伸绘制出新的曲线，从而达到修改曲线的目的。

选择铅笔工具 ✎，在页面中需要的位置按住鼠标左键不放，拖曳鼠标到需要的位置，可以绘制一条路径，如图2-175所示。释放鼠标左键，绘制出的效果如图2-176所示。

选择铅笔工具 ✎，在页面中需要的位置按住鼠标左键不放，拖曳鼠标到需要的位置，如图2-177所示，按住Alt键，拖曳鼠标到起点上，再释放鼠标左键和Alt键，可以直线段闭合路径，如图2-178所示。

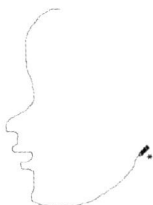   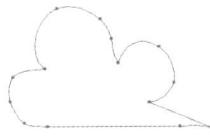

图2-175   图2-176   图2-177   图2-178

绘制一个闭合的图形并选中这个图形，再选择铅笔工具 ✏️，在闭合图形上的两个锚点之间拖曳，如图2-179所示，释放鼠标左键，得到的图形效果如图2-180所示。

双击铅笔工具 ✏️，弹出"铅笔工具选项"对话框，如图2-181所示。在对话框的"保真度"选项组中，"精确"选项用于调节绘制曲线上的点的精确度，"平滑"选项用于调节绘制曲线的平滑度。在"选项"选项组中，勾选"填充新铅笔描边"复选框，如果当前设置了填充色，绘制出的路径将使用该颜色进行填充；勾选"保持选定"复选框，绘制的曲线处于选取状态；勾选"Alt键切换到平滑工具"复选框，可以按住Alt键，将铅笔工具切换为平滑工具；勾选"当终端在此范围内时闭合路径"复选框，可以在设置的预定义像素数内自动闭合绘制的路径；勾选"编辑所选路径"复选框，可使用铅笔工具对选中的路径进行编辑。

图2-179

图2-180

图2-181

2.3.4 平滑工具

使用平滑工具 可以将尖锐的曲线变得较为光滑。

绘制曲线并选中绘制的曲线，选择平滑工具 ，将鼠标指针移到需要平滑的曲线旁，按住鼠标左键不放并沿曲线拖曳鼠标，如图2-182所示，曲线平滑后的效果如图2-183所示。

双击平滑工具 ，弹出"平滑工具选项"对话框，如图2-184所示。在"保真度"选项组中，"精确"选项用于调节曲线上的点的精确度，"平滑"选项用于调节曲线的平滑度。

图2-182

图2-183

图2-184

2.3.5 路径橡皮擦工具

使用路径橡皮擦工具 ✏️ 可以擦除已有路径的所有部分或者一部分，但是路径橡皮擦工具 ✏️ 不能应用于文本对象和包含渐变网格的对象。

选中想要擦除的路径，选择路径橡皮擦工具 ✏️，将鼠标指针移到需要清除的路径旁，按住鼠标左键不放并沿路径拖曳鼠标，如图2-185所示，擦除路径后的效果如图2-186所示。

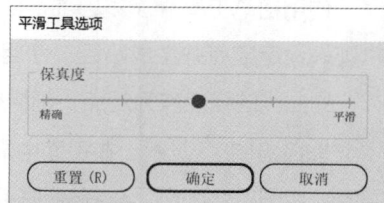

图2-185

图2-186

任务2.4　掌握对象的编辑

Illustrator 2024提供了强大的对象编辑功能，本任务将讲解编辑对象的方法，其中包括对象的多种选取方式，以及对象的比例缩放、移动、镜像、旋转、倾斜、撤销和恢复等操作。

任务实践　**绘制传统乐器大鼓插画**

任务目标　学习使用旋转工具、镜像工具和宽度工具绘制传统乐器大鼓插画。

任务要点　使用椭圆工具、矩形工具、"变换"面板和旋转工具绘制鼓身，使用直线段工具、"描边"面板、宽度工具、矩形工具、"路径查找器"面板、镜像工具绘制鼓槌和鼓架。最终效果参看学习资源中的"项目2\效果\绘制传统乐器大鼓插画.ai"，效果如图2-187所示。

图2-187

任务操作

1. 绘制鼓身

01　按Ctrl+N快捷键，弹出"新建文档"对话框，设置文档的宽度为1024 px，高度为1024 px，方向为横向，颜色模式为"RGB颜色"，光栅效果为"屏幕（72 ppi）"，单击"创建"按钮，新建一个文档。

02　选择椭圆工具，在页面中绘制一个椭圆形，设置填充色为深红色（其RGB值为172、52、48），填充图形，并设置描边色为无，效果如图2-188所示。

03　按Ctrl+C快捷键，复制图形，按Ctrl+F快捷键，将复制的图形粘贴在前面。选择选择工具，向上拖曳椭圆形下方中间的控制手柄到适当的位置，调整其大小。设置填充色为土黄色（其RGB值为227、190、148），填充图形，效果如图2-189所示。用相同的方法复制并调整其他椭圆形，并填充相应的颜色，效果如图2-190所示。

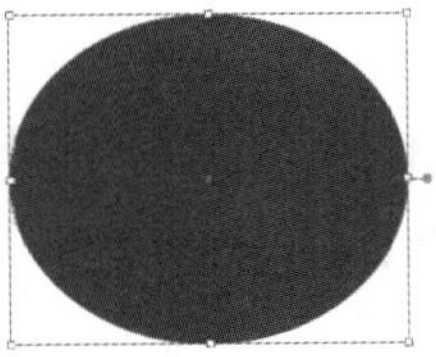

图2-188 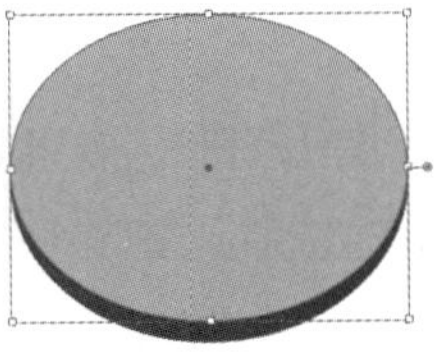　　　　图2-189 　　　　图2-190

04　选择矩形工具，在适当的位置绘制一个矩形，设置填充色为红色（其RGB值为204、26、28），填充图形，并设置描边色为无，效果如图2-191所示。

05　选择"窗口">"变换"命令，弹出"变换"面板，在"矩形属性"选项组中，将"圆角半径"选项设置为0 px和226.4 px，如图2-192所示；按Enter键确定操作，效果如图2-193所示。按Shift+Ctrl+[快捷键，将其置于底层，效果如图2-194所示。

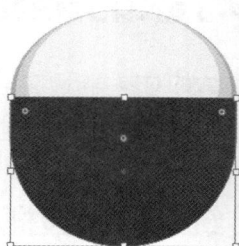

图2-191　　　　　　　图2-192　　　　　　　图2-193　　　　　　　图2-194

06 选择椭圆工具 ⬭，按住Shift键的同时，在适当的位置绘制一个圆形，效果如图2-195所示。选择选择工具 ▶，按住Alt+Shift组合键的同时，垂直向下拖曳圆形到适当的位置，复制圆形，效果如图2-196所示。按住Shift键的同时，单击上方圆形将其同时选取，按Ctrl+G快捷键，将选中的图形编组，效果如图2-197所示。

图2-195　　　　　　　　图2-196　　　　　　　　图2-197

07 选择旋转工具 ↻，按住Alt键的同时，在适当的位置单击，如图2-198所示，弹出"旋转"对话框，选项的设置如图2-199所示，单击"复制"按钮，旋转并复制图形，效果如图2-200所示。

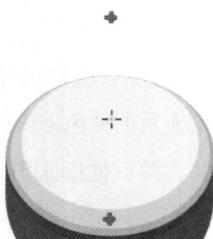
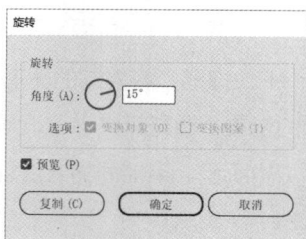
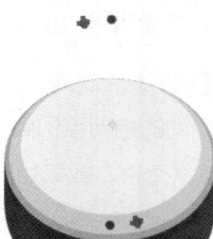

图2-198　　　　　　　　图2-199　　　　　　　　图2-200

08 连续按Ctrl+D快捷键，按需复制出多个编组图形，效果如图2-201所示。选择选择工具 ▶，按住Shift键的同时，依次单击需要的图形将其同时选取，按Ctrl+G快捷键，编组图形，如图2-202所示。向下拖曳上方中间的控制手柄到适当的位置，调整编组图形的大小，效果如图2-203所示。

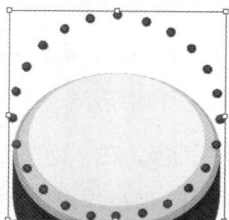
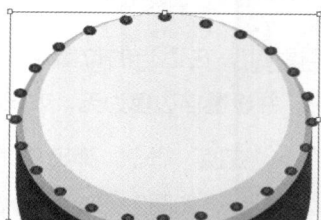

图2-201　　　　　　　　图2-202　　　　　　　　图2-203

09 用相同的方法分别拖曳编组图形左右两侧的控制手柄，调整其大小，效果如图2-204所示。按Ctrl+[快捷键，将其后移一层，效果如图2-205所示。

10 选择椭圆工具 ，在适当的位置绘制一个椭圆形，设置填充色为红色（其RGB值为240、77、68），填充图形，并设置描边色为无，效果如图2-206所示。

图2-204　　　　　　　图2-205　　　　　　　图2-206

2. 绘制鼓槌和鼓架

01 选择直线段工具 ，在适当的位置绘制一条斜线，设置描边色为褐色（其RGB值为119、75、43），填充描边，效果如图2-207所示。选择"窗口">"描边"命令，弹出"描边"面板，单击"端点"选项中的"圆头端点"按钮 ，其他选项的设置如图2-208所示；按Enter键确定操作，效果如图2-209所示。

02 选择宽度工具 ，拖曳上方端点，调整线段宽度，效果如图2-210所示。选择"对象">"路径">"轮廓化描边"命令，将线段转换为图形，效果如图2-211所示。选择选择工具 ，选取图形，按Ctrl+C快捷键，复制图形作为备用。

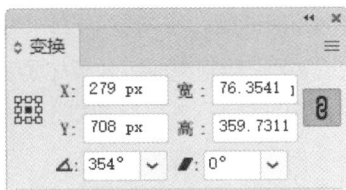

图2-207　　　　　图2-208　　　　　图2-209　　　　　图2-210　　　　　图2-211

03 选择矩形工具 ，在适当的位置绘制一个矩形，设置填充色为深褐色（其RGB值为86、53、21），填充图形，并设置描边色为无，效果如图2-212所示。在"变换"面板中，将"旋转"选项设置为354°，如图2-213所示；按Enter键确定操作，效果如图2-214所示。

图2-212　　　　　　　图2-213　　　　　　　图2-214

04 选择选择工具 ▶，用框选的方法将需要的图形同时选取。选择"窗口">"路径查找器"命令，弹出"路径查找器"面板，单击"交集"按钮 ▣，如图2-215所示，生成新对象，效果如图2-216所示。按Ctrl+F快捷键，原位粘贴（备用）图形，按Ctrl+[快捷键，将图形后移一层，效果如图2-217所示。

05 用框选的方法将需要的图形同时选取，连续按Ctrl+[快捷键，将图形后移到适当的位置，效果如图2-218所示。用相同的方法分别绘制其他图形，并调整图形顺序，效果如图2-219所示。

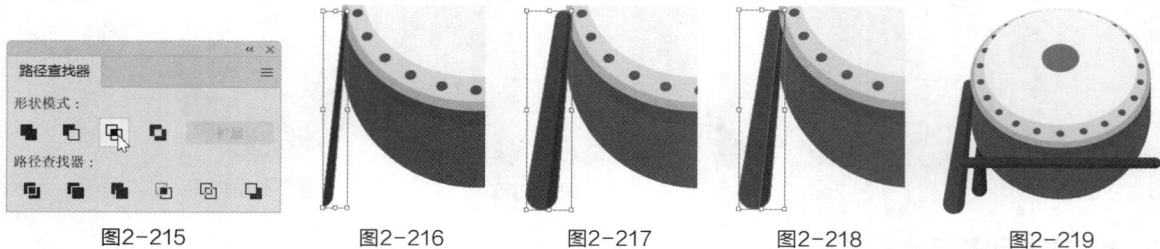

图2-215　　　　图2-216　　　　图2-217　　　　图2-218　　　　图2-219

06 用框选的方法将需要的图形同时选取。选择镜像工具 ▷◁，按住Alt键的同时，在适当的位置单击，如图2-220所示；弹出"镜像"对话框，选项的设置如图2-221所示；单击"复制"按钮，镜像并复制图形，效果如图2-222所示。

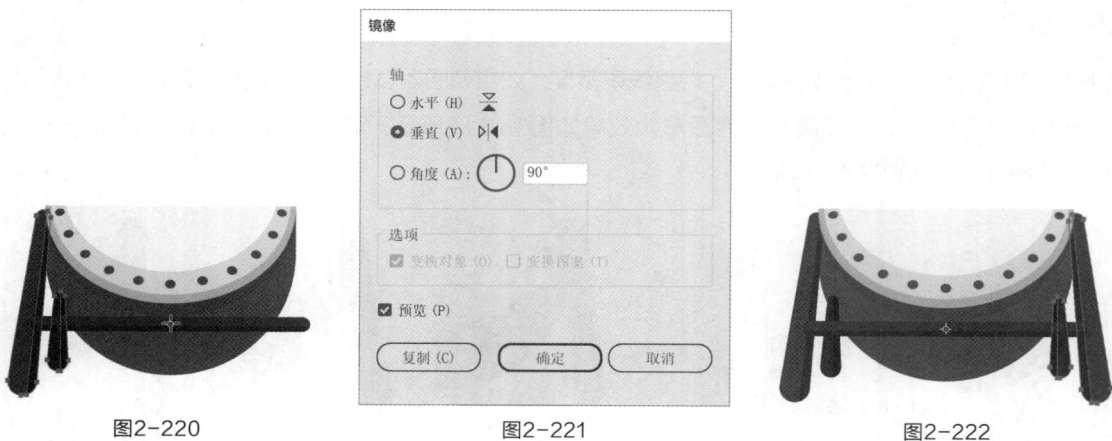

图2-220　　　　　　　图2-221　　　　　　　图2-222

07 选择椭圆工具 ◯，按住Shift键的同时，在适当的位置绘制一个圆形，设置填充色为粉红色（其RGB值为255、214、210），填充图形，并设置描边色为无，效果如图2-223所示。按Shift+Ctrl+[快捷键，将其置于底层，效果如图2-224所示。

08 按Ctrl+O快捷键，弹出"打开"对话框，选择学习资源中的"项目2\素材\绘制传统乐器大鼓插画\01"文件，单击"打开"按钮，打开文件。选择选择工具 ▶，选取需要的图形，按Ctrl+C快捷键，复制图形。返回正在编辑的页面，按Ctrl+V快捷键，将图形粘贴到页面中，并拖曳复制的图形到适当的位置，效果如图2-225所示。传统乐器大鼓插画绘制完成，效果如图2-226所示。

图2-223　　　　　图2-224　　　　　图2-225　　　　　图2-226

任务知识

2.4.1　对象的选取

Illustrator 2024提供了5种用于选取对象的工具，包括选择工具 ▶、直接选择工具 ▷、编组选择工具 ▷、魔棒工具 ✗ 和套索工具 ☝。它们都位于工具箱的上方，如图2-227所示。

选择工具 ▶：通过单击路径上的一点或一部分来选择整个路径。

直接选择工具 ▷：可以选择路径上独立的锚点或线段，并显示出路径上的所有方向线，以便调整路径。

编组选择工具 ▷：可以单独选择组合对象中的个别对象。

魔棒工具 ✗：可以选择具有相同颜色或填充属性的对象。

套索工具 ☝：可以选择路径上独立的锚点或线段，在使用套索工具拖动时，鼠标指针经过的轨迹上的所有路径将被同时选中。

编辑一个对象之前，要选中这个对象。对象刚建立时一般呈选取状态，对象的周围出现矩形框选框，它包含8个控制手柄，对象的中心有一个 ● 形的中心标记，对象的矩形框选框如图2-228所示。

当选取多个对象时，可以多个对象共用一个矩形框选框，多个对象的选取状态如图2-229所示。要取消对象的选取状态，在绘图页面中的其他位置单击即可。

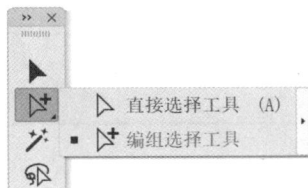

图2-227

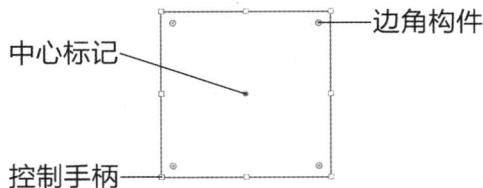

中心标记　　　　　　　　　边角构件

控制手柄

图2-228

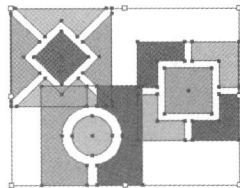

图2-229

1. 使用选择工具选取对象

选择选择工具 ▶，当鼠标指针移动到对象或路径上时，鼠标指针变为 ▶ 形状，如图2-230所示；当鼠标指针移动到锚点上时，鼠标指针变为 ▶ 形状，如图2-231所示；单击即可选取对象，鼠标指针变为 ▶ 形状，如图2-232所示。

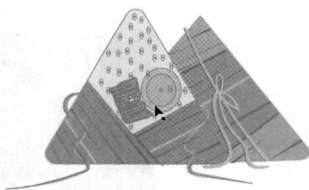

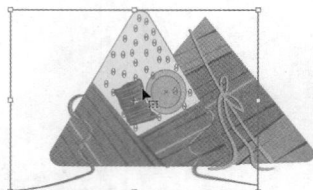

图2-230　　　　　　　　　图2-231　　　　　　　　　图2-232

提示 按住Shift键，分别在要选取的对象上单击，即可连续选取多个对象。

选择选择工具 ▶，在绘图页面中要
选取的对象外围拖曳鼠标，会出现一个灰
色的矩形选框，如图2-233所示。框选住
整个对象后释放鼠标左键，这时，被框选
的对象处于选取状态，如图2-234所示。

图2-233　　　　　　　图2-234

提示 用框选的方法可以同时选取多个对象。

2. 使用直接选择工具选取对象

选择直接选择工具 ▷，单击对象可以选取整个对象，如图2-235所示。在对象的某个锚点上单击，
该锚点将被选中，如图2-236所示。拖曳该锚点，将改变对象的形状，如图2-237所示。

图2-235　　　　　　图2-236　　　　　　图2-237

提示 在拖曳锚点时，按住Shift键，锚点会沿着45°角的整数倍方向移动；按住Alt键，可以复制锚点，得到
一段新路径。

3. 使用魔棒工具选取对象

双击魔棒工具 ⚡，弹出"魔棒"面板，如图2-238所示。

勾选"填充颜色"复选框，可以使填充相同颜色的对象同时被选中；勾
选"描边颜色"复选框，可以使描边颜色相同的对象同时被选中；勾选"描
边粗细"复选框，可以使描边宽度相同的对象同时被选中；勾选"不透明
度"复选框，可以使透明度相同的对象同时被选中；勾选"混合模式"复选
框，可以使混合模式相同的对象同时被选中。

图2-238

绘制3个图形，如图2-239所示，"魔棒"面板的设定如图2-240所示，使用魔棒工具 ⚡ 单击左边鸭子的身体，那么填充相同颜色的对象都会被选取，如图2-241所示。

| 图2-239 | 图2-240 | 图2-241 |

绘制3个图形，如图2-242所示，"魔棒"面板的设定如图2-243所示，使用魔棒工具 ⚡ 单击左边鸭子的翅膀，那么描边色相同的对象都会被选取，如图2-244所示。

图2-242　　　　　　　图2-243　　　　　　图2-244

4．使用套索工具选取对象

选择套索工具 🔾，在对象的外围按住鼠标左键，拖曳鼠标绘制一个套索圈，如图2-245所示，释放鼠标左键，对象被选取，效果如图2-246所示。

选择套索工具 🔾，在绘图页面中的对象外围按住鼠标左键，拖曳鼠标在对象上绘制出一条套索线，绘制的套索线必须经过对象，效果如图2-247所示。释放鼠标左键，套索线经过的对象将同时被选中，得到的效果如图2-248所示。

图2-245　　　　　　　图2-246

图2-247　　　　　　　图2-248

2.4.2 对象的缩放、移动和镜像

1．对象的缩放

在Illustrator 2024中可以快速而精确地按比例缩放对象，使设计工作变得更轻松。下面介绍按比例缩放对象的方法。

（1）使用工具箱中的工具缩放对象。

选取要缩放的对象，对象的周围出现控制手柄，如图2-249所示。用鼠标拖曳需要的控制手柄，如图2-250所示，可以缩放对象，效果如图2-251所示。

图2-249    图2-250    图2-251

选取要缩放的对象，再选择比例缩放工具 ⊡ ，对象的中心出现缩放对象的中心控制点，用鼠标拖曳中心控制点可以移动中心控制点，如图2-252所示。在对象上沿水平方向拖曳鼠标可以改变对象宽度，效果如图2-253所示。在对象上沿垂直方向拖曳鼠标可以改变对象高度，效果如图2-254所示。

图2-252    图2-253 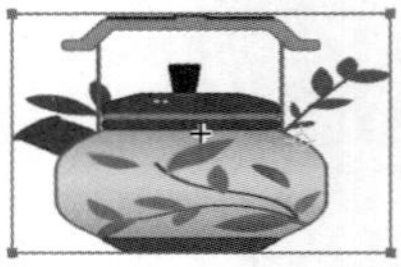   图2-254

提示 拖曳对角线上的控制手柄时，按住Shift键，对象会成比例缩放；按住Shift+Alt组合键，对象会保持中心不动，成比例地缩放。

（2）使用"变换"面板按比例缩放对象。

选择"窗口">"变换"命令（快捷键为Shift+F8），弹出"变换"面板，如图2-255所示。在面板中，"X"选项用于设置对象在x轴的位置，"Y"选项用于设置对象在y轴的位置，改变x轴和y轴的数值，就可以移动对象。"宽"选项用于设置对象的宽度，"高"选项用于设置对象的高度，改变宽度和高度值，就可以缩放对象。勾选"缩放圆角"复选框，可以在缩放时等比例缩放圆角半径。勾选"缩放描边和效果"复选框，可以在缩放时等比例缩放添加的描边和效果。

（3）使用菜单命令缩放对象。

选择"对象">"变换">"缩放"命令，弹出"比例缩放"对话框，如图2-256所示。在对话框中，选中"等比"单选项可以使对象成比例缩放，右侧的文本框用于设置对象成比例缩放的百分比数值。选中"不等比"单选项可以使对象不成比例缩放，"水平"选项用于设置对象在水平方向上的缩放百分比数值，"垂直"选项用于设置对象在垂直方向上的缩放百分比数值。

（4）使用快捷菜单中的命令缩放对象。

在选取的要缩放的对象上单击鼠标右键，弹出快捷菜单，选择"对象">"变换">"缩放"命令，也可以对对象进行缩放。

提示 对象的移动、镜像、旋转和倾斜等操作也可以使用快捷菜单中的命令来完成。

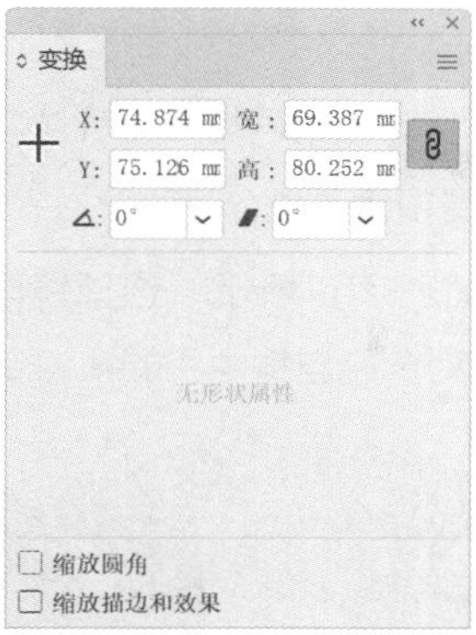

图2-255　　　　　　　图2-256

2. 对象的移动

在Illustrator 2024中可以快速而精确地移动对象。要移动对象，就要使被移动的对象处于选取状态。

（1）使用工具箱中的工具和键盘移动对象。

选取要移动的对象，效果如图2-257所示。在对象上按住鼠标左键不放，拖曳鼠标到需要放置对象的位置，如图2-258所示。释放鼠标左键，完成对象的移动操作，效果如图2-259所示。

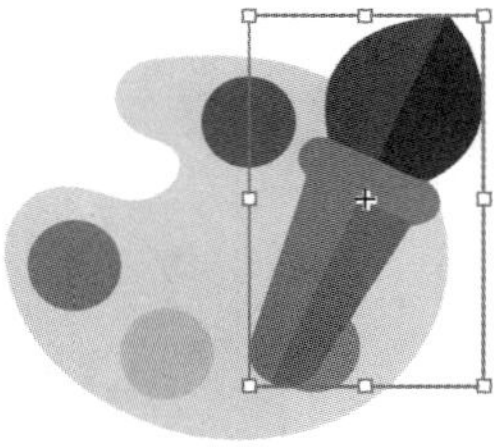

图2-257 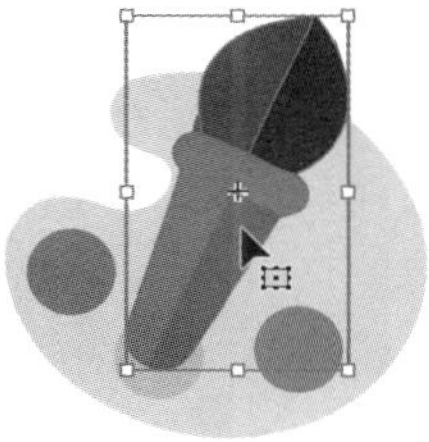　　　　　　图2-258 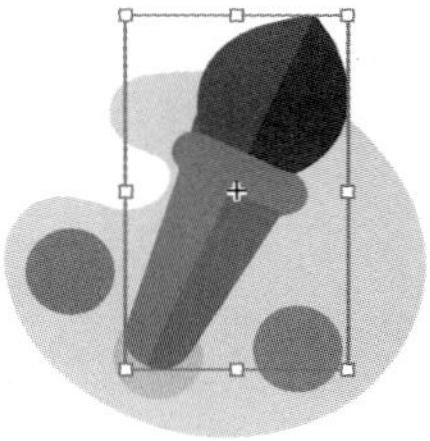　　　　　　图2-259

选取要移动的对象，按键盘上的方向键可以微调对象的位置。

（2）使用"变换"面板移动对象。

选择"窗口">"变换"命令（快捷键为Shift+F8），弹出"变换"面板。"变换"面板的使用方法和缩放对象时的使用方法相同，这里不再赘述。

（3）使用菜单命令移动对象。

选择"对象">"变换">"移动"命令（快捷键为Shift+Ctrl+M），弹出"移动"对话框，如图2-260所示。在对话框中，"水平"选项用于设置对象在水平方向上移动的数值，"垂直"选项用于设置对象在垂直方向上移动的数值，"距离"选项用于设置对象移动的距离，"角度"选项用于设置对象旋转的角度，"复制"按钮用于复制出一个移动对象。

图2-260

3. 对象的镜像

在Illustrator 2024中可以快速而精确地进行镜像操作，使设计和制作工作更加高效。

（1）使用工具箱中的工具镜像对象。

选取要镜像的对象，如图2-261所示，选择镜像工具，用鼠标拖曳对象以进行旋转，效果如图2-262所示，这样可以实现对象绕自身中心的镜像变换，效果如图2-263所示。

图2-261   图2-262   图2-263

在绘图页面的任意位置单击，可以确定新的镜像轴标志 的位置，效果如图2-264所示。在绘图页面的任意位置再次单击，单击产生的点与镜像轴标志的连线就会作为镜像变换的镜像轴，对象会根据镜像轴生成镜像对象，效果如图2-265所示。

图2-264   图2-265

提示 在使用镜像工具生成镜像对象的过程中，只能使对象本身产生镜像。要在镜像的位置生成一个对象的复制品，方法很简单，在拖曳鼠标的同时按住Alt键即可。镜像工具也可以用于旋转对象。

（2）使用选择工具镜像对象。

使用选择工具选取要镜像的对象，如图2-266所示。按住鼠标左键直接拖曳控制手柄到相对的边，如图2-267所示。释放鼠标左键就可以得到镜像对象，效果如图2-268所示。

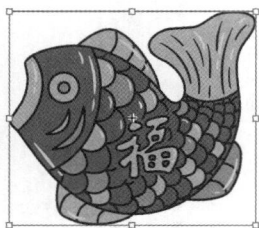
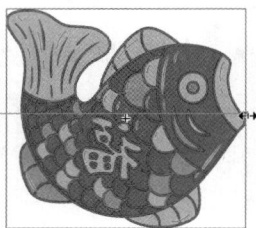

图2-266   图2-267   图2-268

直接拖曳左边或右边中间的控制手柄到相对的边，释放鼠标左键就可以得到原对象的水平镜像对象。直接拖曳上边或下边中间的控制手柄到相对的边，释放鼠标左键就可以得到原对象的垂直镜像对象。

> **提示** 按住Shift键，拖曳角上的控制手柄到相对的角，对象会成比例地沿对角线方向生成镜像对象。按住Shift+Alt组合键，拖曳角上的控制手柄到相对的角，对象会成比例地从中心生成镜像对象。

（3）使用菜单命令镜像对象。

选择"对象">"变换">"镜像"命令，弹出"镜像"对话框，如图2-269所示。在"轴"选项组中，选中"水平"单选项可以垂直镜像对象，选中"垂直"单选项可以水平镜像对象，选中"角度"单选项可以输入镜像角度；在"选项"选项组中，勾选"变换对象"复选框，镜像的对象不是图案；勾选"变换图案"复选框，镜像的对象是图案；"复制"按钮用于在原对象上复制出一个镜像对象。

图2-269

2.4.3 对象的旋转和倾斜

1. 对象的旋转

（1）使用工具箱中的工具旋转对象。

使用选择工具 ▶ 选取要旋转的对象，将鼠标指针移到控制手柄附近，这时鼠标指针变为 ↰ 形状，如图2-270所示。按住鼠标左键，拖动鼠标旋转对象，效果如图2-271所示。旋转到需要的角度后释放鼠标左键，旋转对象的效果如图2-272所示。

图2-270　　　图2-271　　　图2-272

选取要旋转的对象，选择旋转工具 ⟳，用鼠标拖曳控制手柄，就可以旋转对象。对象是围绕旋转中心 ✛ 来旋转的，Illustrator默认的旋转中心是对象的中心点。可以通过改变旋转中心的位置来使对象旋转到新的位置，将鼠标指针移到旋转中心

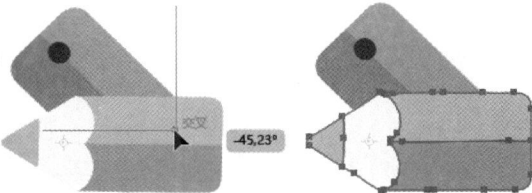

图2-273　　　　　　图2-274

上，按住鼠标左键拖曳旋转中心到需要的位置，如图2-273所示，释放鼠标左键，改变旋转中心后旋转对象的效果如图2-274所示。

（2）使用"变换"面板旋转对象。

选择"窗口">"变换"命令，弹出"变换"面板。"变换"面板的使用方法和缩放对象时相同，这里不再赘述。

（3）使用菜单命令旋转对象。

选择"对象">"变换">"旋转"命令或双击旋转工具，弹出"旋转"对话框，如图2-275所示。在对话框中，"角度"选项用于设置对象旋转的角度；勾选"变换对象"复选框，旋转的对象不是图案；勾选"变换图案"复选框，旋转的对象是图案；"复制"按钮用于在原对象上复制出一个旋转对象。

图2-275

2. 对象的倾斜

（1）使用工具箱中的工具倾斜对象。

选取要倾斜的对象，如图2-276所示，选择倾斜工具，对象的四周出现控制手柄。用鼠标拖曳控制手柄或对象以进行倾斜，对象附近会出现倾斜变形的方向和角度，如图2-277所示。倾斜到需要的角度后释放鼠标左键，对象的倾斜效果如图2-278所示。

（2）使用"变换"面板倾斜对象。

选择"窗口">"变换"命令，弹出"变换"面板。"变换"面板的使用方法和缩放对象时相同，这里不再赘述。

（3）使用菜单命令倾斜对象。

选择"对象">"变换">"倾斜"命令，弹出"倾斜"对话框，如图2-279所示。在对话框中，"倾斜角度"选项用于设置对象倾斜的角度。在"轴"选项组中，选中"水平"单选项，对象可以水平倾斜；选中"垂直"单选项，对象可以垂直倾斜；选中"角度"单选项，可以调节倾斜的角度。"复制"按钮用于在原对象上复制出一个倾斜的对象。

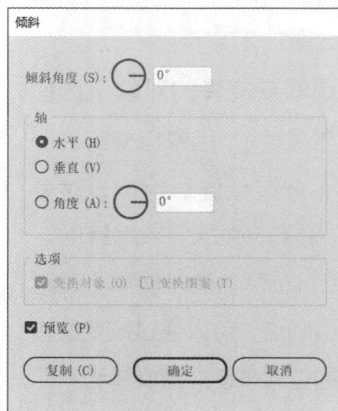

图2-276　　图2-277　　　　图2-278　　　　图2-279

2.4.4　对象操作的撤销和恢复

在进行设计的过程中，可能会出现错误的操作，下面介绍撤销和恢复对象操作。

1. 撤销对象操作

选择"编辑">"还原"命令（快捷键为Ctrl+Z），可以撤销上一次的操作。连续按Ctrl+Z快捷键，可以连续撤销操作。

2. 恢复对象操作

选择"编辑">"重做"命令（快捷键为Shift+Ctrl+Z），可以恢复上一次的操作。连续按两次Shift+Ctrl+Z快捷键，可恢复两步操作。

项目实践　**绘制卡通动物挂牌**

项目要点　使用圆角矩形工具、椭圆工具绘制挂环，使用椭圆工具、旋转工具、"路径查找器"面板、"缩放"命令和钢笔工具绘制动物头像。最终效果参看学习资源中的"项目2\效果\绘制卡通动物挂牌.ai"，效果如图2-280所示。

图2-280

课后习题　**绘制客厅家居插图**

习题要点　使用圆角矩形工具、镜像工具绘制沙发图形，使用矩形工具、圆角矩形工具、"路径查找器"面板绘制鞋柜图形。最终效果参看学习资源中的"项目2\效果\绘制客厅家居插图.ai"，效果如图2-281所示。

图2-281

项目 3

路径的绘制与编辑

本项目旨在帮助读者掌握Illustrator 2024中路径和锚点的相关知识，以及路径工具和命令的使用方法。通过本项目的学习，读者可以运用路径工具和命令绘制需要的图形。

学习目标
- 了解路径和锚点的相关知识。
- 掌握路径工具的使用方法。
- 掌握路径命令的使用方法。

技能目标
- 掌握"旅游出行公众号首图"的制作方法。
- 掌握"家居装修App图标"的绘制方法。

素养目标
- 培养耐心细致地创建和编辑路径的能力。
- 培养路径的绘制与编辑能力。
- 培养能分析图形潜在问题以提高绘图质量的能力。

任务3.1 掌握路径和锚点

路径是使用绘图工具绘制的直线段、曲线或几何形状对象，是组成图形的基本元素。

Illustrator 2024提供了多种绘制路径的工具，如钢笔工具、画笔工具、铅笔工具等。路径可以由一个或多个路径组成，即由锚点连接起来的一条或多条线组成。路径本身没有宽度和颜色，当为路径添加描边后，路径才会跟随描边的宽度和颜色具有相应的属性。

任务知识

3.1.1 路径

1. 路径的类型

为了满足绘图的需要，Illustrator 2024中的路径分为开放路径、闭合路径和复合路径3种类型。

开放路径的两个端点没有连接在一起，如图3-1所示。在对开放路径进行填充时，Illustrator 2024会假定路径两端已经连接起来，形成了闭合路径。

闭合路径没有起点和终点，是一条连续的路径，如图3-2所示，可对其进行填充或描边。

复合路径是由两个或两个以上的开放或闭合路径组合而成的路径，如图3-3所示。

图3-1　　　　　图3-2　　　　　　　　图3-3

2. 路径的组成

路径由锚点和线（曲线或直线段）组成，如图3-4所示，可以通过调整路径上的锚点或线来改变它的形状。在曲线路径上，除起始锚点外，其他锚点均有一条或两条控制线。控制线总是与锚点所在的曲线相切，控制线的长度和其与曲线之间的角度决定了曲线的形状。控制线的端点称为控制点，通过调整控制点可以调整整个曲线。

线
控制线
锚点
控制线
控制点

图3-4

3.1.2 锚点

1. 锚点的基本概念

锚点是构成路径的基本元素，在路径上可任意添加和删除锚点。可以通过调整锚点来调整路径的形状，也可以通过锚点的转换来进行直线段与曲线的转换。

2. 锚点的类型

Illustrator 2024中的锚点分为平滑点和角点两种类型。

平滑点是两条平滑曲线连接处的锚点，可以使两条曲线连接成一条平滑的曲线，路径不会突然改变方向。每一个平滑点都有两条相对应的控制线，如图3-5所示。

在角点处，路径的方向会急剧地改变。角点可分为3种类型。

直线段角点：两条直线段的交点，这种锚点没有控制线，如图3-6所示。

曲线角点：两条方向各异的曲线的交点，这种锚点有两条控制线，如图3-7所示。

复合角点：一条直线段和一条曲线的交点，这种锚点有一条控制线，如图3-8所示。

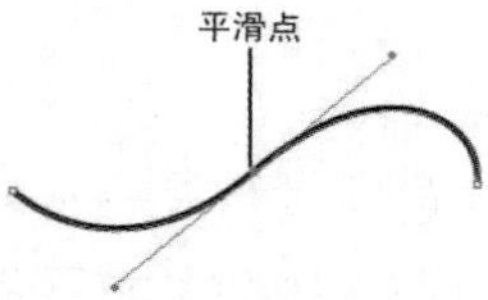

图3-5 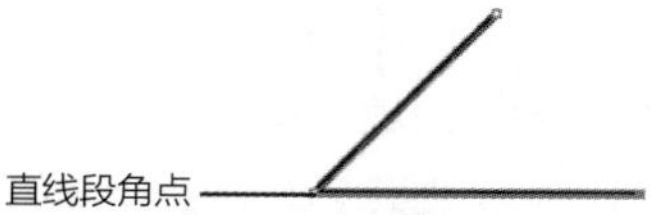　　　　　　　图3-6 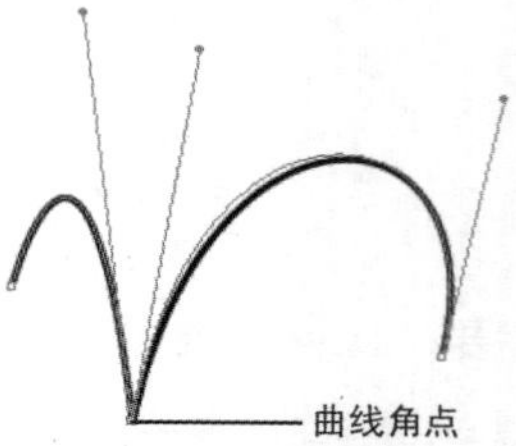　　　　　　　图3-7 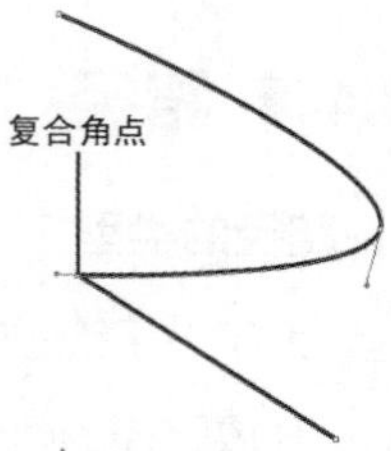　　　　　　　图3-8

任务3.2　掌握路径工具的使用

Illustrator 2024的工具箱中有很多路径绘制和编辑工具，可以使用这些工具绘制路径及对路径进行变形、转换和剪切等操作。

任务实践　制作旅游出行公众号首图

任务目标 学习使用钢笔工具、填充工具绘制卡通熊猫。

任务要点 使用钢笔工具、镜像工具、"描边粗细"选项和"打开"命令绘制卡通熊猫。最终效果参看学习资源中的"项目3\效果\制作旅游出行公众号首图.ai"，效果如图3-9所示。

图3-9

任务操作

01 按Ctrl+O快捷键，弹出"打开"对话框，选择学习资源中的"项目3\素材\制作旅游出行公众号首图\01"文件，单击"打开"按钮，打开文件，效果如图3-10所示。选择钢笔工具 ✏，在适当的位置绘制一个不规则图形，填充图形为白色，并设置描边色为无，效果如图3-11所示。

图3-10　　　　　　　　　　图3-11

02 使用钢笔工具 ✐再次绘制一个不规则图形，设置填充色为蓝灰色（其RGB值为42、63、66），填充图形，并设置描边色为无，效果如图3-12所示。用相同的方法继续绘制不规则图形，并填充相应的颜色，效果如图3-13所示。

03 选择选择工具 ▶，用框选的方法将需要的图形同时选取，按Ctrl+G快捷键，编组选中的图形，效果如图3-14所示。

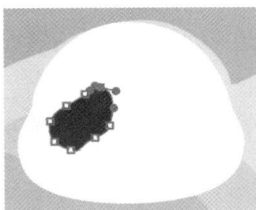　　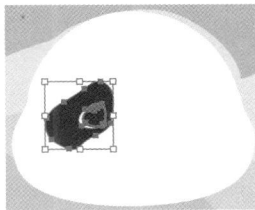

图3-12　　　　　　　图3-13　　　　　　　图3-14

04 选择镜像工具 ▷◁，按住Alt键的同时，在适当的位置单击，如图3-15所示；在弹出的"镜像"对话框中，选项的设置如图3-16所示；单击"复制"按钮，镜像并复制图形，效果如图3-17所示。

　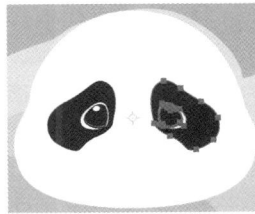

图3-15　　　　　　　图3-16　　　　　　　图3-17

05 选择钢笔工具 ✐，在适当的位置分别绘制不规则图形，如图3-18所示。选择选择工具 ▶，按住Shift键的同时，依次选取需要的图形，分别填充图形为白色、灰色（其RGB值为225、225、225），并设置描边色为无，效果如图3-19所示。按住Shift键的同时，将需要的图形同时选取，连续按Ctrl+[快捷键，将图形后移到适当的位置，效果如图3-20所示。

图3-18　　　　　　　图3-19　　　　　　　图3-20

06 选择钢笔工具 ✒️，在适当的位置绘制一条曲线，选择选择工具 ▶️，选取曲线，在属性栏中将"描边粗细"选项设置为2 pt；单击"变量宽度配置文件"右侧的按钮 ∨，在弹出的下拉列表中选择"宽度配置文件 1"选项，如图3-21所示。设置描边色为蓝灰色（其RGB值为42、63、66），填充描边，效果如图3-22所示。连续按Ctrl+[快捷键，将其后移到适当的位置，效果如图3-23所示。

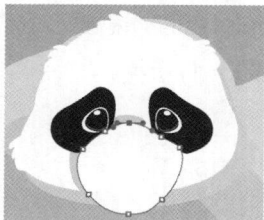 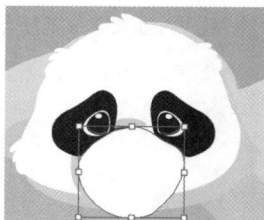 

| 图3-21 | 图3-22 | 图3-23 |

07 选择钢笔工具 ✒️，在适当的位置绘制一个不规则图形，填充图形为白色，并设置描边色为无，如图3-24所示。选择选择工具 ▶️，选取图形，连续按Ctrl+[快捷键，将其后移到适当的位置，效果如图3-25所示。用相同的方法继续绘制其他不规则图形，并填充相应的颜色，效果如图3-26所示。

08 选择选择工具 ▶️，按住Shift键的同时，依次选取需要的耳朵图形，连续按Ctrl+[快捷键，将其后移到适当的位置，效果如图3-27所示。

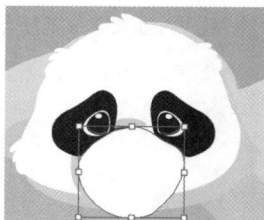

图3-24　　　　图3-25　　　　图3-26　　　　图3-27

09 选择镜像工具 ◁▶，按住Alt键的同时，在适当的位置单击，如图3-28所示；在弹出的"镜像"对话框中，选项的设置如图3-29所示；单击"复制"按钮，镜像并复制图形，效果如图3-30所示。

图3-28　　　　　　　　图3-29　　　　　　　　图3-30

10 用相同的方法分别绘制熊猫的身体和脚，效果如图3-31所示。按Ctrl+O快捷键，弹出"打开"对话框，选择学习资源中的"项目3\素材\制作旅游出行公众号首图\02"文件，单击"打开"按钮，打开文件。按Ctrl+A快捷键，全选图形，按Ctrl+C快捷键，复制图形。返回正在编辑的页面，按Ctrl+V快捷键，将其粘贴到页面中。选择选择工具▶，拖曳复制的图形到适当的位置，效果如图3-32所示。

图3-31

图3-32

11 选取塔图形，如图3-33所示，连续按Ctrl+[快捷键，将其向后移到适当的位置。旅游出行公众号首图制作完成，效果如图3-34所示。

图3-33

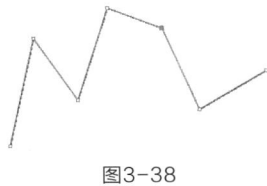

图3-34

任务知识

3.2.1 钢笔工具

Illustrator 2024中的钢笔工具是一个非常重要的工具。使用钢笔工具可以绘制直线段、曲线和任意形状的路径，也可以对路径进行精确的调整。

1. 直线段的绘制

选择钢笔工具✒，在页面中单击以确定直线段的起点，如图3-35所示。移动鼠标指针到需要的位置，再次单击以确定直线段的终点，如图3-36所示。

在需要的位置继续单击以确定其他锚点，可以绘制出折线，如图3-37所示。双击折线上的锚点，该锚点会被删除，相邻两个锚点将自动连接，如图3-38所示。

图3-35　　图3-36　　　　　　　图3-37　　　　　　　　　　图3-38

2. 曲线的绘制

选择钢笔工具✒，在页面中按住鼠标左键以确定曲线的起点。拖曳鼠标，起点的两端分别出现一条控制线，释放鼠标左键，如图3-39所示。

移动鼠标指针到需要的位置，再次按住鼠标左键并拖曳鼠标，出现一条曲线。拖曳鼠标的同时，第2个锚点两端也出现了控制线。按住鼠标左键不放，随着鼠标的拖动，曲线的形状也随之发生变化，如图3-40所示。

重复操作，则可以绘制出连续、平滑的曲线，如图3-41所示。

图3-39　　　　　　　图3-40　　　　　　　　　　图3-41

3.2.2　建立与释放复合路径

使用钢笔工具不但可以绘制直线段和曲线，还可以绘制既包含直线段又包含曲线的复合路径。

复合路径是指由两个或两个以上的开放或闭合路径所组成的路径。在复合路径中，路径间重叠在一起的区域被镂空，呈透明的状态，如图3-42和图3-43所示。

图3-42　　　　图3-43

1. 建立复合路径

（1）使用命令建立复合路径。

绘制并选中两个图形对象，如图3-44所示。选择"对象"＞"复合路径"＞"建立"命令（快捷键为Ctrl+8），可以看到两个对象成为复合路径后的效果，如图3-45所示。

（2）使用快捷菜单建立复合路径。

图3-44　　　　图3-45

绘制并选中两个图形对象，用鼠标右键单击选中的对象，在弹出的快捷菜单中选择"建立复合路径"命令，两个对象成为复合路径。

2. 复合路径与编组的区别

虽然使用编组选择工具 也能将组成复合路径的各个路径单独选中，但复合路径和编组是有区别的。编组是组合在一起的一组对象，其中的每个对象都是独立的，各个对象可以有不同的外观属性；而复合路径被认为是一条路径，整个复合路径中只能有一种填充和描边属性。编组与复合路径的效果分别如图3-46和图3-47所示。

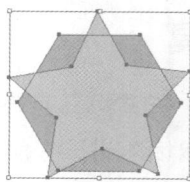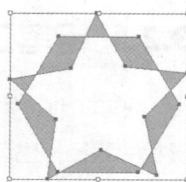

图3-46　　　　图3-47

3. 释放复合路径

（1）使用命令释放复合路径。

选中复合路径，选择"对象"＞"复合路径"＞"释放"命令（快捷键为Alt+Shift+Ctrl+8），可以释放复合路径。

（2）使用快捷菜单释放复合路径。

选中复合路径，在绘图页面中单击鼠标右键，在弹出的快捷菜单中选择"释放复合路径"命令，可以释放复合路径。

3.2.3　添加、删除和转换锚点

绘制路径后，可以对路径进行控制，包含添加、删除和转换锚点等操作。

1. 添加锚点

使用添加锚点工具 可以沿路径创建锚点。绘制一段路径，如图3-48所示。选择添加锚点工具 ，在路径上的任意位置单击，路径上就会增加新的锚点，如图3-49所示。

图3-48　　　　　　　　　　　图3-49

2. 删除锚点

使用删除锚点工具 可以从路径中删除锚点。绘制一段路径，如图3-50所示。选择删除锚点工具 ，在路径上的任意一个锚点处单击，该锚点就会被删除，如图3-51所示。

图3-50　　　　　　　　　　　图3-51

3. 转换锚点

使用锚点工具 可以将路径上的点在角点和平滑点之间进行转换。绘制一段闭合的路径，如图3-52所示。选择锚点工具 ，按住鼠标并拖曳锚点，可以将锚点转换为平滑点，如图3-53所示。单击路径上的平滑锚点，锚点会被转换成角点，效果如图3-54所示。

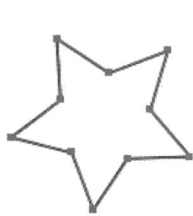 

图3-52　　　　　　　图3-53　　　　　　　图3-54

3.2.4 剪刀工具、美工刀工具

使用剪刀工具可以在锚点处或沿路径段分割路径。使用美工刀工具可以将形状剪切成多个形状。

1. 剪刀工具

绘制一段路径，如图3-55所示。选择剪刀工具 ✂，单击路径上任意一点，路径就会从单击的地方被剪切为两条路径，如图3-56所示。按↓键，移动剪切的锚点，即可看见剪切后的效果，如图3-57所示。

| 图3-55 | 图3-56 | 图3-57 |

2. 美工刀工具

绘制一个闭合路径，如图3-58所示。选择美工刀工具 🖊，在需要的位置按住鼠标左键，从路径的上方至下方拖曳出一条线，如图3-59所示，释放鼠标左键，闭合路径被裁切为两个闭合路径，如图3-60所示。选中路径的右半部分，按→键，移动路径，可以看见路径被裁切为两部分，如图3-61所示。

| 图3-58 | 图3-59 | 图3-60 | 图3-61 |

3.2.5 "路径查找器"面板

在Illustrator 2024中编辑路径时，"路径查找器"面板是最常用的工具之一。使用"路径查找器"面板可以使许多简单的路径经过特定的运算形成各种复杂的路径。

1. 认识"路径查找器"面板

选择"窗口">"路径查找器"命令（快捷键为Shift+Ctrl+F9），弹出"路径查找器"面板，如图3-62所示。"形状模式"选项组中有5个按钮，从左至右分别是"联集"按钮 🔲、"减去顶层"按钮 🔲、"交集"按钮 🔲、"差集"按钮 🔲和"扩展"按钮。前4个按钮用于通过不同的组合方式将多个图形制作成对应的复合图形，而"扩展"按钮则用于把复合图形转变为复合路径。

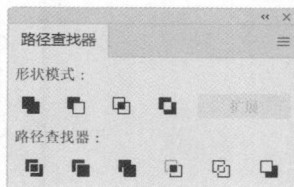

图3-62

"路径查找器"选项组中有6个按钮，从左至右分别是"分割"按钮 🔲、"修边"按钮 🔲、"合并"按钮 🔲、"裁剪"按钮 🔲、"轮廓"按钮 🔲和"减去后方对象"按钮 🔲。这组按钮主要用于把

对象分解成各个独立的部分，或者删除对象中不需要的部分。

2. 使用"路径查找器"面板

（1）"联集"按钮 ■。

选中两个对象，如图3-63所示，单击"联集"按钮 ■，生成新的对象，效果如图3-64所示。新对象的填充和描边属性与位于顶层的对象的填充和描边属性相同。

（2）"减去顶层"按钮 ■。

选中两个对象，如图3-65所示，单击"减去顶层"按钮 ■，生成新的对象，效果如图3-66所示。单击"减去顶层"按钮可以在最下层对象的基础上，将被上层对象挡住的部分和上层的所有对象同时删除，只剩下最下层对象的剩余部分。

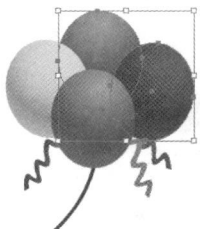 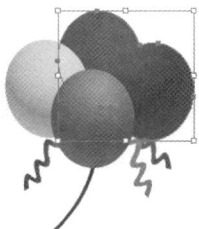 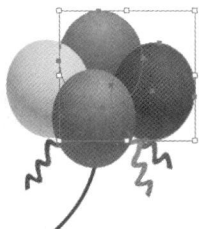

图3-63　　　　　　　图3-64　　　　　　　图3-65　　　　　　　图3-66

（3）"交集"按钮 ■。

选中两个对象，如图3-67所示，单击"交集"按钮 ■，生成新的对象，效果如图3-68所示。单击"交集"按钮可以将图形没有重叠的部分删除，而仅保留重叠部分。所生成的新对象的填充和描边属性与位于顶层的对象的填充和描边属性相同。

（4）"差集"按钮 ■。

选中两个对象，如图3-69所示，单击"差集"按钮 ■，生成新的对象，效果如图3-70所示。单击"差集"按钮可以删除对象间重叠的部分，所生成的新对象的填充和描边属性与位于顶层的对象的填充和描边属性相同。

 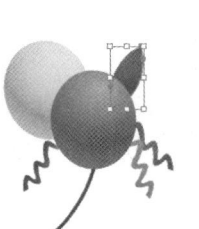

图3-67　　　　　　　图3-68　　　　　　　图3-69　　　　　　　图3-70

（5）"分割"按钮 ■。

选中两个对象，如图3-71所示，单击"分割"按钮 ■，生成新的对象，效果如图3-72所示。单击"分割"按钮可以分离相互重叠的对象，从而得到多个独立的对象。所生成的新对象的填充和描边属性与位于顶层的对象的填充和描边属性相同。移动对象后的效果如图3-73所示。

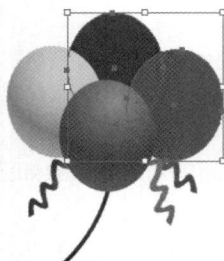

图3-71　　　　　　　　　　图3-72　　　　　　　　　　图3-73

（6）"修边"按钮 。

选中两个对象，如图3-74所示，单击"修边"按钮 ，生成新的对象，效果如图3-75所示。单击"修边"按钮可以删除所有对象的描边和被上层对象挡住的部分，新生成的对象保持原来的填充属性。移动对象后的效果如图3-76所示。

图3-74　　　　　　　　　　图3-75　　　　　　　　　　图3-76

（7）"合并"按钮 。

选中两个对象，如图3-77所示，单击"合并"按钮 ，生成新的对象，效果如图3-78所示。如果填充属性相同，描边属性不同，或填充和描边属性一致，单击"合并"按钮可以删除所有对象的描边，且合并具有相同颜色的对象。如果描边属性相同，填充属性不同，单击"合并"按钮可以删除所有对象的描边和被上层对象挡住的部分，新对象保留原来的填充属性。这相当于"修边"按钮 的功能。移动对象后的效果如图3-79所示。

图3-77　　　　　　　　　　图3-78　　　　　　　　　　图3-79

（8）"裁剪"按钮 。

选中两个对象，如图3-80所示，单击"裁剪"按钮 ，生成新的对象，效果如图3-81所示。"裁剪"按钮的工作原理和"剪切蒙版"命令相似，对重叠的图形来说，单击"裁剪"按钮可以把顶层对象形状之外的图形部分修剪掉，同时顶层对象本身消失。取消选取状态后的效果如图3-82所示。

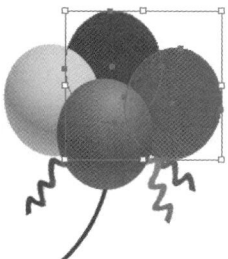

图3-80　　　　　　　　图3-81　　　　　　　　图3-82

（9）"轮廓"按钮 回 。

选中两个对象，如图3-83所示，单击"轮廓"按钮 回 ，生成新的对象，效果如图3-84所示。单击"轮廓"按钮可以勾勒出所有对象的轮廓。取消选取状态后的效果如图3-85所示。

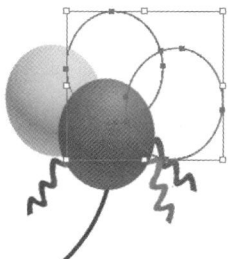

图3-83　　　　　　　　图3-84　　　　　　　　图3-85

（10）"减去后方对象"按钮 回 。

选中两个对象，如图3-86所示，单击"减去后方对象"按钮 回 ，生成新的对象，效果如图3-87所示，单击"减去后方对象"按钮可以使位于顶层的对象减去下层对象的形状。取消选取状态后的效果如图3-88所示。

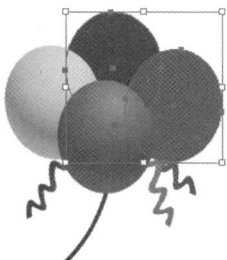

图3-86　　　　　　　　图3-87　　　　　　　　图3-88

任务3.3　掌握路径命令的使用

在Illustrator 2024中，除了能够使用工具箱中的各种编辑工具对路径进行编辑外，还可以应用"路径"菜单中的命令对路径进行编辑。选择"对象"＞"路径"命令，弹出的子菜单中包含12个命令，如图3-89所示。

连接(J)	Ctrl+J
平均(V)...	Alt+Ctrl+J
轮廓化描边(U)	
偏移路径(O)...	
反转路径方向(E)	
简化(M)...	
平滑...	
添加锚点(A)	
移去锚点(R)	
分割下方对象(D)	
分割为网格(S)...	
清理(C)...	

图3-89

任务实践 绘制家居装修App图标

任务目标 学习使用"路径查找器"面板、"偏移路径"命令绘制家居装修App图标。

任务要点 使用椭圆工具、"缩放"命令、"联集"按钮绘制外轮廓，使用"偏移路径"命令对绘制的路径进行偏移。最终效果参看学习资源中的"项目3\效果\绘制家居装修App图标.ai"，效果如图3-90所示。

图3-90

任务操作

01 按Ctrl+N快捷键，弹出"新建文档"对话框，设置文档的宽度为640 px，高度为480 px，方向为横向，颜色模式为"RGB颜色"，光栅效果为"屏幕（72 ppi）"，单击"创建"按钮，新建一个文档。

02 选择椭圆工具 ⬭，按住Shift键的同时，在页面中绘制一个圆形，如图3-91所示。选择"对象">"变换">"缩放"命令，在弹出的"比例缩放"对话框中进行设置，如图3-92所示；单击"复制"按钮，缩小并复制圆形，效果如图3-93所示。

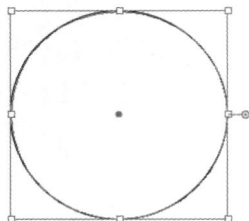

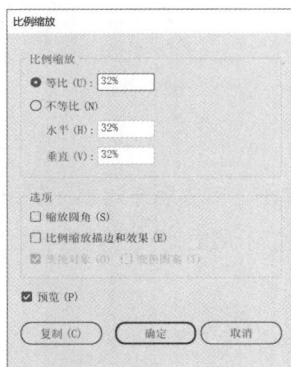

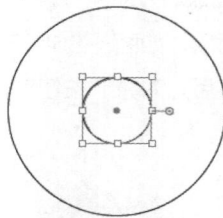

图3-91　　　　　　　　　图3-92　　　　　　　　　图3-93

03 选择选择工具 ▶，向左下角拖曳复制的圆形到适当的位置，效果如图3-94所示。按住Alt键的同时，向右上角拖曳圆形到适当的位置，复制圆形，效果如图3-95所示。

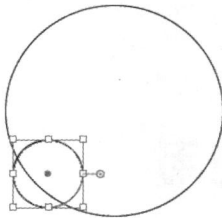

图3-94　　　　　　　　　图3-95

04 用框选的方法将所绘制的圆形同时选取，如图3-96所示。选择"窗口">"路径查找器"命令，弹出"路径查找器"面板，单击"联集"按钮 ◧，如图3-97所示，生成新的对象，效果如图3-98所示。

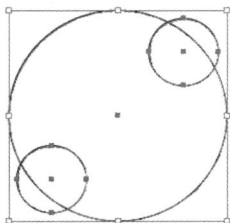

图3-96　　　　　　　　　图3-97　　　　　　　　　图3-98

05 填充图形为白色，并设置描边色为无，效果如图3-99所示。选择"对象" > "路径" > "偏移路径"命令，在弹出的"偏移路径"对话框中进行设置，如图3-100所示，单击"确定"按钮，偏移路径，效果如图3-101所示。设置填充色为蓝色（其RGB值为55、219、255），填充图形，效果如图3-102所示。

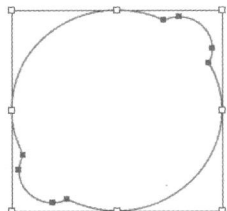

图3-99　　　　　　　　　图3-100　　　　　　　　图3-101　　　　　　　　图3-102

06 选择"对象" > "路径" > "偏移路径"命令，在弹出的"偏移路径"对话框中进行设置，如图3-103所示，单击"确定"按钮，偏移路径，效果如图3-104所示。设置填充色为蓝色（其RGB值为42、205、255），填充图形，效果如图3-105所示。

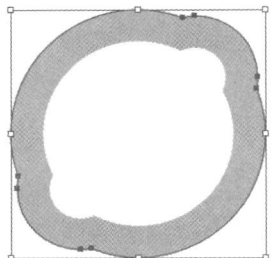

图3-103　　　　　　　　　图3-104　　　　　　　　图3-105

07 按Ctrl+O快捷键，弹出"打开"对话框，选择学习资源中的"项目3\素材\绘制家居装修App图标\01"文件，单击"打开"按钮，打开文件。按Ctrl+A快捷键，全选图形，按Ctrl+C快捷键，复制图形。返回正在编辑的页面，按Ctrl+V快捷键，将复制的图形粘贴到页面中，选择选择工具，将其拖曳到适当的位置，效果如图3-106所示。家居装修App图标绘制完成，效果如图3-107所示。

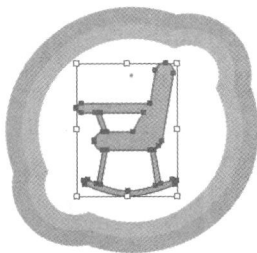

图3-106　　　　　　　　　图3-107

任务知识

3.3.1 "连接"命令

使用"连接"命令可以将开放路径的两个端点用一条直线段连接起来，从而形成新的路径。如果连接的两个端点在同一条路径上，将形成一条新的闭合路径；如果连接的两个端点在不同的开放路径上，将形成一条新的开放路径。

选择直接选择工具 ▷，用框选的方法选择要进行连接的两个端点，如图3-108所示。选择"对象">"路径">"连接"命令（快捷键为Ctrl+J），两个端点之间将出现一条直线段，把开放路径连接起来，效果如图3-109所示。

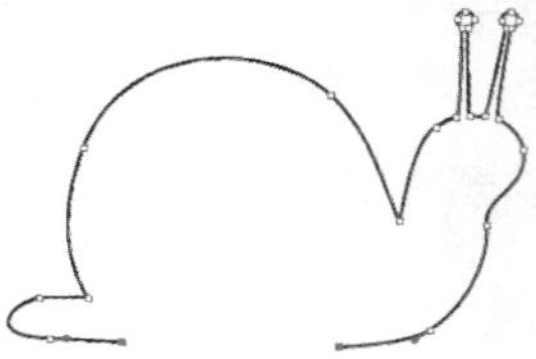

图3-108 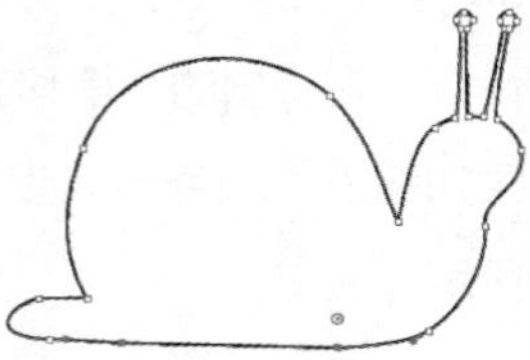　　图3-109

> **提示**　如果要在两条路径间进行连接，这两条路径必须属于同一个组。文本路径中的终点不能用于连接。

3.3.2 "平均"命令

使用"平均"命令可以将路径上的所有点按一定的方式平均分布，从而绘制对称的图案。

选中要进行平均分布的锚点，选择"对象">"路径">"平均"命令（快捷键为Ctrl+Alt+J），弹出"平均"对话框，对话框中包括3个选项，如图3-110所示。选中"水平"单选项可以将选定的锚点按水平方向进行平均分布处理。选中"垂直"单选项可以将选定的锚点按垂直方向进行平均分布处理。选中"两者兼有"单选项可以将选定的锚点按水平和垂直两个方向进行平均分布处理。

图3-110

3.3.3 "轮廓化描边"命令

使用"轮廓化描边"命令可以在已有描边的两侧创建新的路径。可以理解为新路径由两条路径组成，这两条路径是原来对象描边两侧的边缘。无论是对开放路径还是对闭合路径使用"轮廓化描边"命令，得到的都将是闭合路径。

绘制并选中一条路径，如图3-111所示。选择"对象">"路径">"轮廓化描边"命令，创建对象的描边轮廓，效果如图3-112所示。应用渐变工具为描边轮廓填充渐变色，效果如图3-113所示。

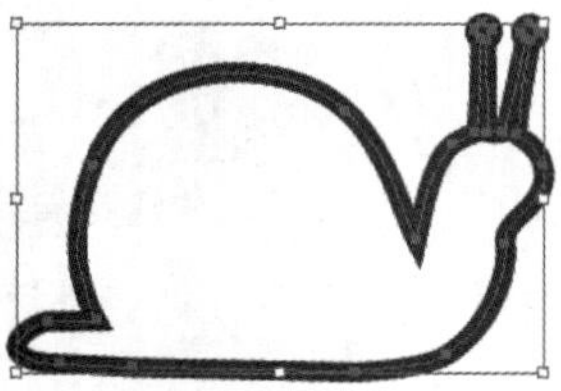

图3-111 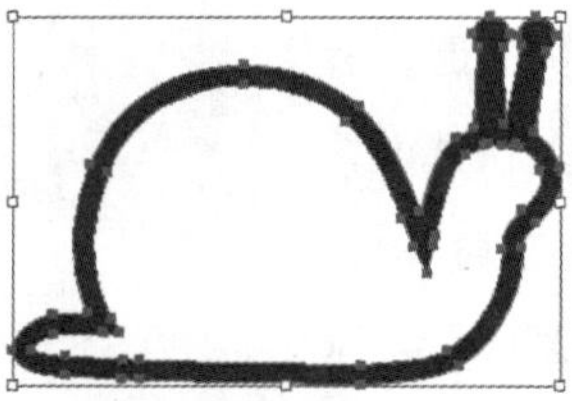　　　　　　　图3-112 　　　　　　　图3-113

3.3.4 "偏移路径"命令

使用"偏移路径"命令可以在已有路径的外部或内部创建一条新的路径，新路径与原路径之间的距离可以按需要设置。

选中要偏移的对象，如图3-114所示。选择"对象">"路径">"偏移路径"命令，弹出"偏移路径"对话框，如图3-115所示。"位移"选项用于设置偏移的距离，设置的数值为正，新路径在原路径的外部，如图3-116所示；设置的数值为负，新路径在原路径的内部，如图3-117所示。"连接"选项用于设置新路径拐角处的连接方式。设置"斜接限制"选项会影响连接区域的大小。

图3-114　　　　　　　　　　　　图3-115

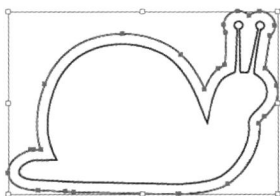　　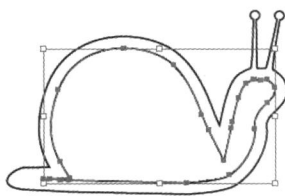

图3-116　　　　　　　　　图3-117

3.3.5 "反转路径方向"命令

选择"对象">"路径">"反转路径方向"命令，可以让复合路径的终点转换为起点。

3.3.6 "简化"命令

使用"简化"命令可以在尽量不改变图形原始形状的基础上通过删除多余的锚点来简化路径，为修改和编辑路径提供了方便。

打开并选中一张存在大量锚点的图像，选择"对象">"路径">"简化"命令，弹出相应的面板，如图3-118所示。

"最少锚点数"选项 ⬚：当滑块接近"最少锚点数"选项时，锚点较少，修改后的路径与原路径会有一些细微偏差。

"最大锚点数"选项 ⬚：当滑块接近"最大锚点数"选项时，修改后的路径将具有更多锚点，并且更接近原路径。

"自动简化"按钮 ⬚：默认情况下处于选中状态，系统将自动删除多余的锚点，并计算出一条简化的路径。

"更多选项"按钮 ⋯ ：单击此按钮，弹出"简化"对话框，如图3-119所示。在对话框中，"简化曲线"选项用于设置路径简化的精度。"角点角度阈值"选项用于处理尖锐的角点。勾选"转换为直线"复选框，将在每对锚点间绘制一条直线段。勾选"显示原始路径"复选框，在预览简化后的效果时，将显示出原路径以进行对比。单击"确定"按钮，简化后的路径与原路径相比，外观更加平滑，锚点数更少，效果如图3-120所示。

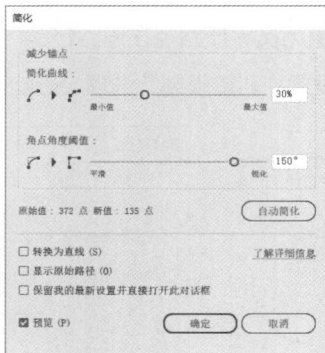
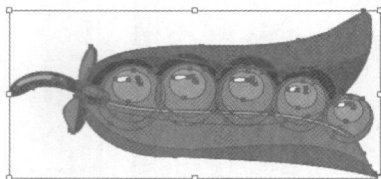

图3-118　　　　　　　　　　　　　图3-119　　　　　　　　　　　　　图3-120

3.3.7 "平滑"命令

使用"平滑"命令可以平滑复杂的路径。选中要平滑的路径，如图3-121所示，选择"对象">"路径">"平滑"命令，弹出相应的面板，如图3-122所示。拖曳平滑滑块，可以设置所需的平滑度，如图3-123所示。

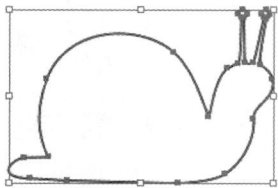
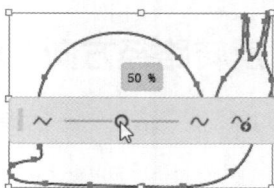

图3-121　　　　　　　　　　　图3-122　　　　　　　　　　　图3-123

"最小平滑"选项 ～ ：向左拖曳平滑滑块，接近或等于最小平滑值，最小平滑值为0%。

"最大平滑"选项 ～ ：向右拖曳平滑滑块，接近或等于最大平滑值，最大平滑值为100%。

"自动平滑"按钮 ～ ：单击此按钮，可以自动平滑路径。

3.3.8 "添加锚点"命令

使用"添加锚点"命令可以在两个相邻的锚点中间添加一个锚点。重复执行该命令，可以添加更多的锚点。

选中要添加锚点的路径，如图3-124所示。选择"对象">"路径">"添加锚点"命令，添加锚点后的效果如图3-125所示。重复执行多次"添加锚点"命令，得到的效果如图3-126所示。

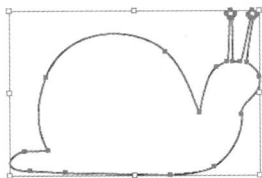 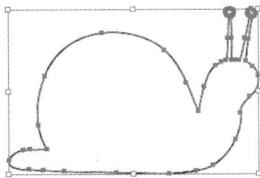

图3-124　　　　　　　　图3-125　　　　　　　　图3-126

3.3.9　"移去锚点"命令

选择"对象">"路径">"移去锚点"命令，可以通过移除多余的锚点简化路径，降低路径的复杂性。锚点较少的路径更易于编辑、显示和打印。

3.3.10　"分割下方对象"命令

使用"分割下方对象"命令可以用已有的路径切割位于它下方的闭合路径。

（1）用开放路径分割对象。

选择一个对象作为被切割对象，如图3-127所示。创建一个开放路径作为切割对象，将其放在被切割对象之上，如图3-128所示。选择"对象">"路径">"分割下方对象"命令，切割后，移动对象得到新的切割后的对象，效果如图3-129所示。

图3-127　　　　　　　　图3-128　　　　　　　　图3-129

（2）用闭合路径分割对象。

选择一个对象作为被切割对象，如图3-130所示。创建一个闭合路径作为切割对象，将其放在被切割对象之上，如图3-131所示。选择"对象">"路径">"分割下方对象"命令，切割后，移动对象得到新的切割后的对象，效果如图3-132所示。

图3-130　　　　　　　　图3-131　　　　　　　　图3-132

3.3.11　"分割为网格"命令

使用"分割为网格"命令可以将一个或多个对象分割为按行和列排列的网格对象。

选择一个对象，如图3-133所示。选择"对象">"路径">"分割为网格"命令，弹出"分割为网格"对话框，如图3-134所示。在对话框的"行"选项组中，"数量"选项用于设置对象的行数；在"列"选项组中，"数量"选项用于设置对象的列数。单击"确定"按钮，效果如图3-135所示。

图3-133

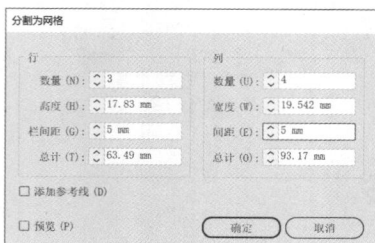
图3-134

图3-135

3.3.12 "清理"命令

选择"对象">"路径">"清理"命令，弹出"清理"对话框，如图3-136所示。利用该对话框可以删除当前文档中3种多余的对象：游离点、未上色对象和空文本路径。如果文档中没有上述类型的对象，就会弹出一个提示对话框，提示当前文档不需要清理，如图3-137所示。

图3-136

图3-137

项目实践 绘制可口冰激凌插图

项目要点 使用椭圆工具、"路径查找器"面板和钢笔工具绘制冰激凌球，使用矩形工具、"变换"面板、镜像工具、直接选择工具和直线段工具绘制冰激凌筒。最终效果参看学习资源中的"项目3\效果\绘制可口冰激凌插图.ai"，效果如图3-138所示。

图3-138

课后习题 绘制传统图案纹样

习题要点 使用星形工具、直接选择工具、旋转工具、椭圆工具、直线段工具和"偏移路径"命令绘制花托，使用椭圆工具、锚点工具绘制花瓣，使用椭圆工具、直线段工具、旋转工具绘制花蕊。最终效果参看学习资源中的"项目3\效果\绘制传统图案纹样.ai"，效果如图3-139所示。

图3-139

项目 4

/

对象的组织

/

本项目旨在帮助读者掌握对象的对齐和分布，对象和图层
顺序的调整，以及对象的控制等功能。通过本项目的学
习，读者可以高效、快速地组织多个对象，以使工作更加
得心应手。

学习目标
- 掌握对齐和分布对象的方法。
- 掌握调整对象和图层顺序的技巧。
- 熟练掌握对象的编组方法。
- 掌握锁定和隐藏对象的技巧。

技能目标
- 掌握"传统节日清明节文化海报"的制作方法。
- 掌握"博物院陶瓷宣传海报"的制作方法。

素养目标
- 培养良好的组织和管理能力。
- 培养良好的创意思维能力。
- 培养在对象的组织过程中细致观察的能力。

任务4.1 掌握对象的对齐和分布

选择"窗口">"对齐"命令，弹出"对齐"面板，如图4-1所示。单击面板右上方的 ≡ 图标，在弹出的下拉菜单中选择"显示选项"命令，弹出"分布间距"选项组和"分布"选项组，如图4-2所示。"对齐"选项组中包括3个按钮："对齐画板"按钮 、"对齐所选对象"按钮 、"对齐关键对象"按钮 。

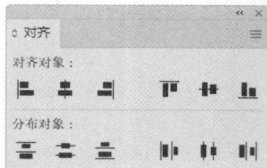

图4-1

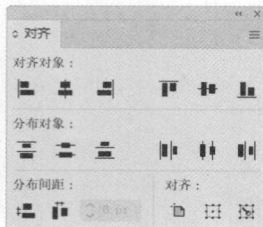

图4-2

任务实践 制作传统节日清明节文化海报

任务目标 学习使用"置入"命令、"变换"面板、"对齐"面板制作传统节日清明节文化海报。

任务要点 使用"置入"命令置入素材图片，使用"变换"面板添加参考线，使用"对齐"面板将图片对齐。最终效果参看学习资源中的"项目4\效果\制作传统节日清明节文化海报.ai"，效果如图4-3所示。

图4-3

任务操作

01 按Ctrl+N快捷键，弹出"新建文档"对话框，设置文档的宽度为420 mm，高度为570 mm，方向为竖向，颜色模式为"CMYK颜色"，光栅效果为"高（300 ppi）"，单击"创建"按钮，新建一个文档。

02 选择"文件">"置入"命令，弹出"置入"对话框，选择学习资源中的"项目4\素材\制作传统节日清明节文化海报\01"文件，单击"置入"按钮。在页面中单击置入图片。单击属性栏中的"嵌入"按钮，嵌入图片，效果如图4-4所示。

03 选择"窗口">"对齐"命令，弹出"对齐"面板，在"对齐"选项组中，单击"对齐画板"按钮 ，如图4-5所示。再分别单击"水平居中对齐"按钮 和"垂直居中对齐"按钮 ，使图片与页面居中对齐，效果如图4-6所示。按Ctrl+2快捷键，锁定所选对象。

图4-4　　　　　　　　　　　　　图4-5　　　　　　　　　　　　图4-6

04 按Ctrl+R快捷键，显示标尺。选择选择工具 ▶，从上方标尺处拖曳出一条水平参考线，选择"窗口">"变换"命令，弹出"变换"面板，将"Y"选项设置为22 mm，如图4-7所示；按Enter键确定操作，效果如图4-8所示。使用相同的方法，在548 mm处新建一条水平参考线，如图4-9所示。

图4-7　　　　　　　　　　　　图4-8　　　　　　　　　　　图4-9

05 使用选择工具 ▶ 从左侧标尺处拖曳出一条垂直参考线，在"变换"面板中，将"X"选项设置为22 mm，如图4-10所示；按Enter键确定操作，效果如图4-11所示。使用相同的方法，在398 mm处新建一条垂直参考线，如图4-12所示。

06 选择"文件">"置入"命令，弹出"置入"对话框，选择学习资源中的"项目4\素材\制作传统节日清明节文化海报\02~04"文件，单击"置入"按钮，在页面中分别单击置入图片。单击属性栏中的"嵌入"按钮，嵌入图片。选择选择工具 ▶，分别调整图片的大小，并拖曳图片到靠近参考线的位置，效果如图4-13所示。

图4-10　　　　　　　　　　　　

图4-10　　　　　　　图4-11　　　　　　　图4-12　　　　　　　图4-13

07 使用选择工具 ▶ 选取下方图片，按住Alt键的同时，拖曳图片到适当的位置，复制图片，并调整其大小，效果如图4-14所示。用相同的方法分别复制其他图片，并调整其大小，效果如图4-15所示。

08 按住Shift键的同时，使用选择工具 ▶ 将上方图片同时选取，在"对齐"面板的"对齐"选项组中，单击"对齐所选对象"按钮 ⊞，如图4-16所示。单击"垂直顶对齐"按钮 ▀，图片按顶对齐，效果如图4-17所示。

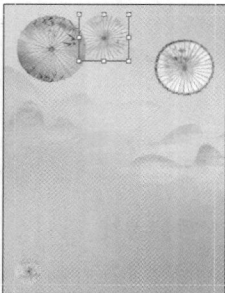

图4-14　　　　　图4-15　　　　　图4-16　　　　　图4-17

09 按住Shift键的同时，使用选择工具 ▶ 将右侧图片同时选取，在"对齐"面板中单击"水平右对齐"按钮 ▀，图片按右对齐，效果如图4-18所示。

10 选择"文件">"置入"命令，弹出"置入"对话框，选择学习资源中的"项目4\素材\制作传统节日清明节文化海报\05"文件，单击"置入"按钮，在页面中单击置入图片。单击属性栏中的"嵌入"按钮，嵌入图片，效果如图4-19所示。

11 在"对齐"面板的"对齐"选项组中，单击"对齐画板"按钮 ▤，如图4-20所示。分别单击"水平居中对齐"按钮 ▋ 和"垂直居中对齐"按钮 ▋，使图片与页面居中对齐，效果如图4-21所示。

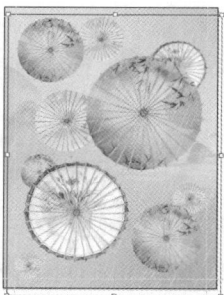
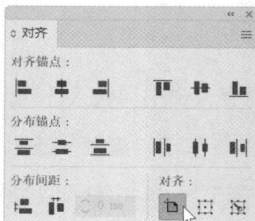

图4-18　　　　　图4-19　　　　　图4-20　　　　　图4-21

12 按Ctrl+O快捷键，弹出"打开"对话框，选择学习资源中的"项目4\素材\制作传统节日清明节文化海报\06"文件，单击"打开"按钮，打开文件。选择选择工具 ▶，选取需要的图形和文字，按Ctrl+C快捷键，复制图形和文字。返回正在编辑的页面，按Ctrl+V快捷键，将复制的图形和文字粘贴到页面中，并将其拖曳到适当的位置，效果如图4-22所示。传统节日清明节文化海报制作完成，效果如图4-23所示。

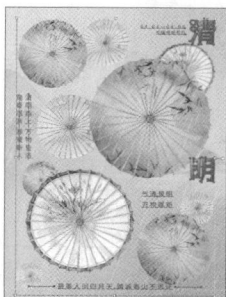
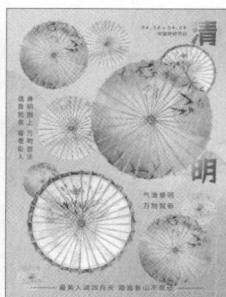

图4-22　　　　　图4-23

任务知识

4.1.1 对齐对象

　　"对齐"面板的"对齐对象"选项组中包括6个按钮："水平左对齐"按钮、"水平居中对齐"按钮、"水平右对齐"按钮、"垂直顶对齐"按钮、"垂直居中对齐"按钮、"垂直底对齐"按钮。

　　单击不同的按钮，效果如图4-24所示。

原图　　　　　　水平左对齐

水平居中对齐　　　　水平右对齐　　　　垂直顶对齐　　　　垂直居中对齐　　　　垂直底对齐

图4-24

4.1.2 分布对象

　　"对齐"面板中的"分布对象"选项组包括6个按钮："垂直顶分布"按钮、"垂直居中分布"按钮、"垂直底分布"按钮、"水平左分布"按钮、"水平居中分布"按钮、"水平右分布"按钮。

　　单击不同的按钮，效果如图4-25所示。

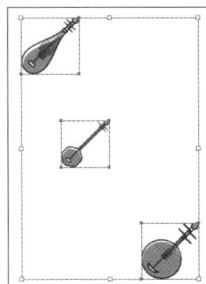

原图　　　　　　垂直顶分布

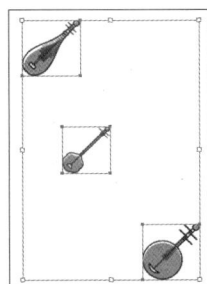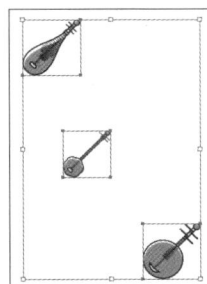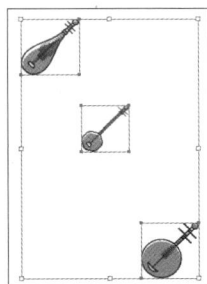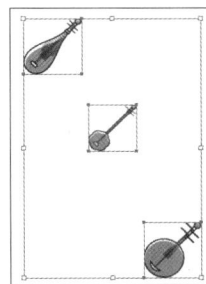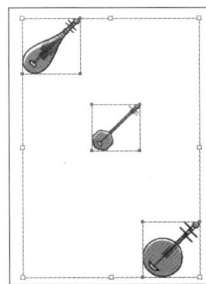

垂直居中分布　　　　垂直底分布　　　　水平左分布　　　　水平居中分布　　　　水平右分布

图4-25

4.1.3 分布间距

要精确指定对象间的距离，需使用"对齐"面板中的"分布间距"选项组，其中包括"垂直分布间距"按钮🖳和"水平分布间距"按钮🖳。

1. 垂直分布间距

选取要对齐的多个对象，如图4-26所示，再单击被选取对象中的任意一个对象，该对象将作为其他对象进行分布时的参照，如图4-27所示。在"对齐"面板下方的数值框中输入10 mm，如图4-28所示。

单击"对齐"面板中的"垂直分布间距"按钮🖳，所有被选取的对象将以中间的图像作为参照按设置的数值等距离垂直分布，效果如图4-29所示。

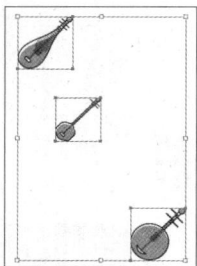
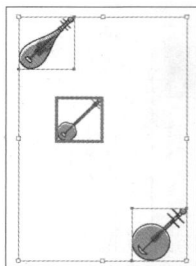
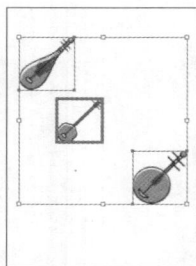

图4-26　　　　　　图4-27　　　　　　　　图4-28　　　　　　　　图4-29

2. 水平分布间距

选取要对齐的对象，如图4-30所示，再单击被选取对象中的任意一个对象，该对象将作为其他对象进行分布时的参照，如图4-31所示。在"对齐"面板下方的数值框中输入3 mm，如图4-32所示。

单击"对齐"面板中的"水平分布间距"按钮🖳，所有被选取的对象将以右下方的图像作为参照按设置的数值等距离水平分布，效果如图4-33所示。

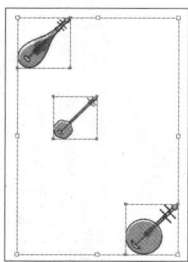
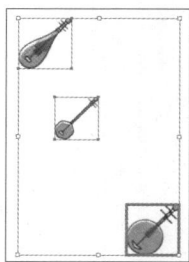
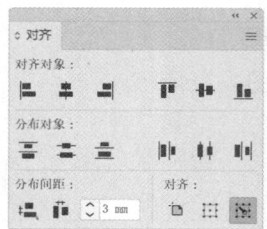
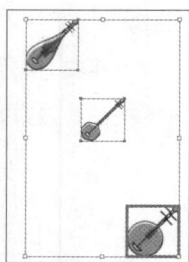

图4-30　　　　　　图4-31　　　　　　　　图4-32　　　　　　　　图4-33

任务4.2　掌握对象和图层顺序的调整

对象之间存在着堆叠关系，后绘制的对象一般显示在先绘制的对象之上。在实际操作中，可以根据需要改变对象的堆叠顺序。

任务知识

4.2.1　对象的顺序

选择"对象">"排列"命令，其子菜单包括5个命令："置于顶层"命令、"前移一层"命令、"后移一层"命令、"置于底层"命令和"发送至当前图层"命令，使用这些命令可以改变图形对象的顺序。对象间堆叠的效果如图4-34所示。

图4-34

选中要排序的对象，用鼠标右键单击页面，在弹出的快捷菜单中选择"排列"子菜单中的命令，可以对对象进行排序。还可以应用快捷键来对对象进行排序。

1. 置于顶层

将选取的对象移到所有对象的上方。选取要移动的对象，如图4-35所示。用鼠标右键单击页面，在弹出的快捷菜单中选择"排列">"置于顶层"命令，对象移到顶层，效果如图4-36所示。

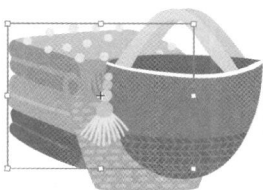

图4-35　　　　　　　图4-36

2. 前移一层

将选取的对象向前移动一层。选取要移动的对象，如图4-37所示。用鼠标右键单击页面，在弹出的快捷菜单中选择"排列">"前移一层"命令，对象向前移动一层，效果如图4-38所示。

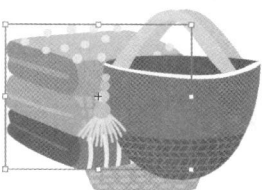

图4-37　　　　　　　图4-38

3. 后移一层

将选取的对象向后移动一层。选取要移动的对象，如图4-39所示。用鼠标右键单击页面，在弹出的快捷菜单中选择"排列">"后移一层"命令，对象向后移动一层，效果如图4-40所示。

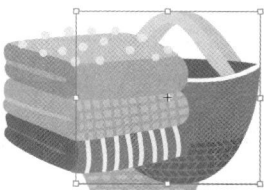

图4-39　　　　　　　图4-40

4. 置于底层

将选取的对象移到所有对象的下方。选取要移动的对象，如图4-41所示。用鼠标右键单击页面，在弹出的快捷菜单中选择"排列">"置于底层"命令，对象将移到底层，效果如图4-42所示。

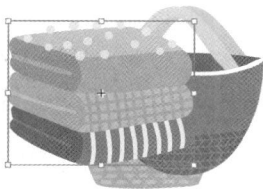
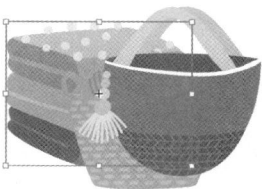

图4-41　　　　　　　图4-42

5. 发送至当前图层

选择"窗口">"图层"命令，弹出"图层"面板，在"图层1"上方新建"图层2"，如图4-43所示。选取要发送到当前图层的对象，如图4-44所示，这时"图层1"变为当前图层，如图4-45所示。

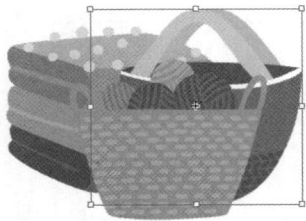

图4-43　　　　　　　　　　图4-44　　　　　　　　　　图4-45

单击"图层2"，使"图层2"成为当前图层，如图4-46所示。用鼠标右键单击页面，在弹出的快捷菜单中选择"排列">"发送至当前图层"命令，所选对象被发送到当前图层（即"图层2"），页面效果如图4-47所示，"图层"面板效果如图4-48所示。

图4-46　　　　　　　　　　图4-47　　　　　　　　　　图4-48

4.2.2　使用图层排列对象

1. 通过改变图层的排列顺序改变对象的排序

页面中对象的排列顺序如图4-49所示，"图层"面板中对象的排列顺序如图4-50所示。毛线篮子对象在"图层3"中，提包对象在"图层2"中，毛巾对象在"图层1"中。

> **提示** 在"图层"面板中，图层的顺序越靠上，该图层中包含的对象在页面中的排列顺序越靠前。

如果想使提包对象位于毛线篮子对象之上，选中"图层3"并按住鼠标左键不放，将"图层3"向下拖曳至"图层2"的下方，如图4-51所示。释放鼠标左键，提包对象就移到了毛线篮子对象的前面，效果如图4-52所示。

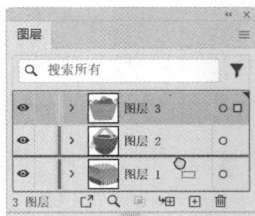

图4-49　　　　　　图4-50　　　　　　　　图4-51　　　　　　图4-52

2. 在图层之间移动对象

选取要移动的毛线篮子对象，如图4-53所示。"图层3"的右侧出现一个彩色小方块，如图4-54所示。用鼠标将它拖曳到"图层2"上，如图4-55所示。

图4-53

图4-54

图4-55

释放鼠标左键，页面中的毛线篮子对象随着"图层"面板中彩色小方块的移动，移动到了最前面。此时"图层"面板如图4-56所示，对象的效果如图4-57所示。

图4-56

图4-57

任务4.3　掌握对象的控制

在Illustrator 2024中，可以对多个图形进行编组，从而组成一个图形组，还可以锁定和隐藏对象。

任务实践　制作博物院陶瓷宣传海报

任务目标　使用"编组"命令、编组选择工具、锁定所选对象快捷键和"对齐"面板制作博物院陶瓷宣传海报。

任务要点　使用"置入"命令、钢笔工具、编组选择工具和锁定所选对象快捷键制作背景，使用"对齐"面板、"透明度"面板制作纹理效果。最终效果参看学习资源中的"项目4\效果\制作博物院陶瓷宣传海报.ai"，效果如图4-58所示。

图4-58

任务操作

01 按Ctrl+N快捷键，弹出"新建文档"对话框，设置文档的宽度为210 mm，高度为285 mm，方向为竖向，颜色模式为"CMYK颜色"，光栅效果为"高（300 ppi）"，单击"创建"按钮，新建一个文档。

02 选择矩形工具▢，绘制一个与页面大小相等的矩形，设置填充色为蓝色（其CMYK值为61、17、33、0），填充图形，并设置描边色为无，效果如图4-59所示。

03 选择"文件">"置入"命令，弹出"置入"对话框，选择学习资源中的"项目4\素材\制作博物院陶瓷宣传海报\01"文件，单击"置入"按钮，在页面中单击置入图片。单击属性栏中的"嵌入"按钮，嵌入图片。选择选择工具▶，拖曳图片到适当的位置，并调整其大小，效果如图4-60所示。

图4-59   图4-60

04 选择钢笔工具✐，沿着瓷器轮廓勾勒一条闭合路径，填充图形为白色，并设置描边色为无，效果如图4-61所示。

05 选择选择工具▶，选取闭合路径，按Ctrl+[快捷键，将图形后移一层，如图4-62所示。按↑键和→键微调图形到适当的位置，效果如图4-63所示。

06 按Ctrl+C快捷键复制图形，按Shift+Ctrl+V快捷键就地粘贴图形。设置填充色为灰绿色（其CMYK值为35、20、26、0），填充图形，效果如图4-64所示。

图4-61   图4-62   图4-63   图4-64

07 使用选择工具▶拖曳图形到适当的位置，并调整其大小，如图4-65所示。按住Alt+Shift组合键的同时，水平向右拖曳图形到适当的位置，复制图形，效果如图4-66所示。连续按Ctrl+D快捷键，按需复制出多个图形，效果如图4-67所示。

图4-65   图4-66   图4-67

08 按住Shift键的同时，使用选择工具▶将需要的图形同时选取，按Ctrl+G快捷键，将其编组，如图4-68所示。按住Alt+Shift组合键的同时，垂直向下拖曳编组图形到适当的位置，复制编组图形，效果如图4-69所示。

图4-68　　　　　　图4-69

09 选择编组选择工具 ，选取需要的图形，按住Alt+Shift组合键的同时，水平向右拖曳图形到适当的位置，复制图形，效果如图4-70所示。

10 选择选择工具 ，选取图形，按住Shift键的同时，单击上方图形，将其同时选取，如图4-71所示。再次单击上方图形将其作为参照对象，如图4-72所示。

图4-70　　　　　　　图4-71　　　　　　　图4-72

11 选择"窗口" > "对齐"命令，弹出"对齐"面板，单击"对齐关键对象"按钮 ，如图4-73所示，再单击"水平居中对齐"按钮 ，图形居中对齐，效果如图4-74所示。按住Alt+Shift组合键的同时，垂直向下拖曳图形到适当的位置，复制图形，效果如图4-75所示。按住Shift键的同时，将需要的图形同时选取，按Ctrl+G快捷键，编组图形，效果如图4-76所示。

图4-73　　　　　　图4-74　　　　　　　图4-75　　　　　　　图4-76

12 选取背景矩形，按Ctrl+C快捷键复制图形，按Shift+Ctrl+V快捷键就地粘贴图形，如图4-77所示。按住Shift键的同时，单击编组图形，如图4-78所示，按Ctrl+7快捷键，建立剪切蒙版，效果如图4-79所示。连续按Ctrl+[快捷键，将编组图形后移到适当的位置，效果如图4-80所示。按Ctrl+2快捷键，锁定所选对象。

图4-77

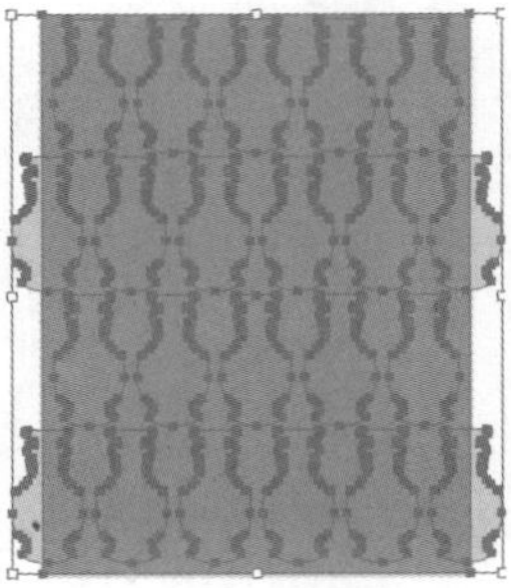

图4-78

图4-79

图4-80

13 按Ctrl+O快捷键，弹出"打开"对话框，选择学习资源中的"项目4\素材\制作博物院陶瓷宣传海报\02"文件，单击"打开"按钮，打开文件。选择选择工具 ▶，选取需要的文字，按Ctrl+C快捷键，复制文字。返回正在编辑的页面，按Ctrl+V快捷键，将其粘贴到页面中，并拖曳复制的文字到适当的位置，效果如图4-81所示。

14 选择"文件">"置入"命令，弹出"置入"对话框，选择学习资源中的"项目4\素材\制作博物院陶瓷宣传海报\03"文件，单击"置入"按钮，在页面中单击置入图片。单击属性栏中的"嵌入"按钮，嵌入图片。选择选择工具 ▶，拖曳图片到适当的位置，效果如图4-82所示。

15 选择"窗口">"透明度"命令，弹出"透明度"面板，将混合模式设置为"正片叠底"，其他选项的设置如图4-83所示；按Enter键确定操作，效果如图4-84所示。

图4-81

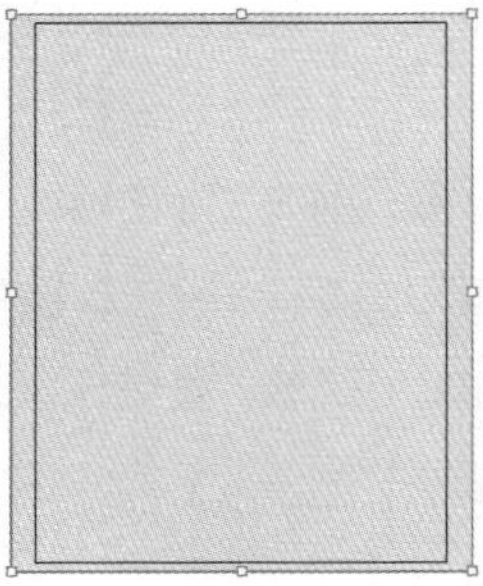

图4-82

图4-83

图4-84

16 选择矩形工具 ▢，绘制一个与页面大小相等的矩形，如图4-85所示。选择选择工具 ▶，按住Shift键的同时，单击下方图片将图片和矩形同时选取，如图4-86所示，按Ctrl+7快捷键，建立剪切蒙版，效果如图4-87所示。博物院陶瓷宣传海报制作完成，效果如图4-88所示。

图4-85

图4-86

图4-87

图4-88

任务知识

4.3.1 编组对象

使用"编组"命令可以将多个对象编组在一起，使其成为一个对象。使用选择工具 ▶ 选取要编组的对象，编组之后，单击任何一个对象，其他对象都会被一起选取。

1. 创建编组

选取要编组的对象，选择"对象">"编组"命令（快捷键为Ctrl+G），将选取的对象编组。选择其中的任何一个对象，其他对象也会同时被选取，如图4-89所示。

将多个对象编组后，其外观并没有变化，当对任何一个对象进行编辑时，其他对象也随之发生相应的变化。如果需要单独编辑编组中的个别对象，而不改变其他对象的状态，可以选择编组选择工具 ▶，用鼠标按住要移动的对象不放，拖曳对象到合适的位置，如图4-90所示，其他的对象并没有变化。

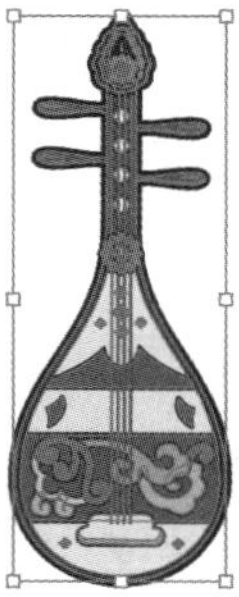

图4-89    图4-90

> **提示** 使用"编组"命令还可以对几个不同的编组进行编组，或将编组与对象进行编组。在对几个编组之间进行编组时，原来的编组并不会消失，它们与新得到的编组是嵌套的关系。所有的对象将自动移到最上方对象的图层中，并形成编组。

2. 取消编组

选取要取消编组的对象，如图4-91所示。选择"对象">"取消编组"命令（快捷键为Shift+Ctrl+G），取消编组的对象。此时可通过单击选取任意一个对象，如图4-92所示。

使用"取消编组"命令只能取消一层编组。例如，对两个编组使用"编组"命令得到一个新的编组，使用"取消编组"命令取消这个新编组后，得到两个原始的编组。

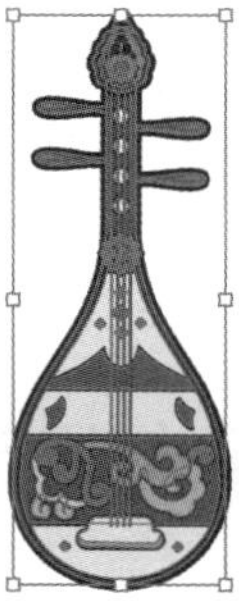

图4-91 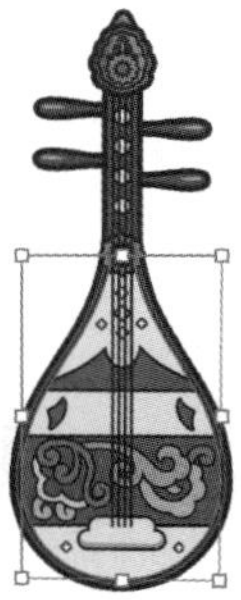   图4-92

4.3.2 锁定与解锁对象

锁定对象可以防止操作时误选对象，也可以防止多个对象重叠在一起而只需选择一个对象时，其他对象连带被选取。

1. 锁定所选对象

选取要锁定的黄色吹风机，如图4-93所示。选择"对象">"锁定">"所选对象"命令（快捷键为Ctrl+2），将所选对象锁定。锁定后，当移动其他对象时，锁定对象不会随之移动，如图4-94所示。

2. 锁定上方所有图稿

选取蓝色吹风机，如图4-95所示。选择"对象"＞"锁定"＞"上方所有图稿"命令，蓝色吹风机上方的黄色吹风机和紫色吹风机被锁定。当移动蓝色吹风机时，黄色吹风机和紫色吹风机不会随之移动，如图4-96所示。

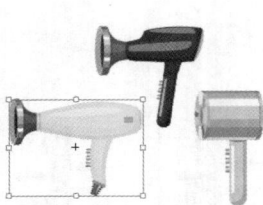
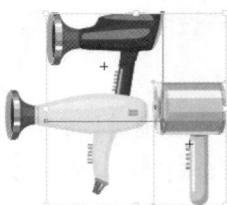
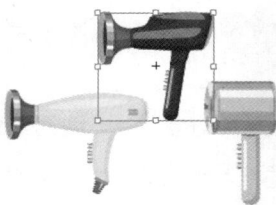
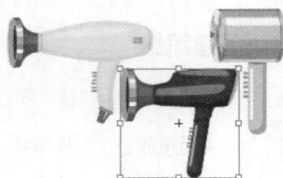

| 图4-93 | 图4-94 | 图4-95 | 图4-96 |

3. 锁定其他图层

蓝色吹风机、黄色吹风机、紫色吹风机分别在不同的图层上，如图4-97所示。选取紫色吹风机，如图4-98所示。选择"对象"＞"锁定"＞"其他图层"命令，在"图层"面板中，除了紫色吹风机所在的图层外，其他图层都被锁定了。被锁定图层的左边将会出现🔒图标，如图4-99所示。锁定图层中的对象在页面中也被锁定了。

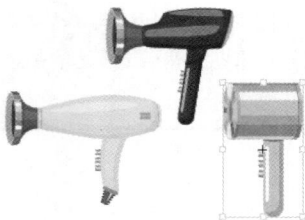

| 图4-97 | 图4-98 | 图4-99 |

4. 解除锁定

选择"对象"＞"全部解锁"命令（快捷键为Alt+Ctrl+2），被锁定的对象会被解锁。

4.3.3 隐藏与显示对象

在Illustrator中，可以将当前不需要编辑的对象隐藏起来，避免妨碍其他对象的编辑。

1. 隐藏所选对象

选取要隐藏的黄色吹风机，如图4-100所示。选择"对象"＞"隐藏"＞"所选对象"命令（快捷键为Ctrl+3），所选对象被隐藏起来，效果如图4-101所示。

2. 隐藏上方所有图稿

选取蓝色吹风机，如图4-102所示。选择"对象"＞"隐藏"＞"上方所有图稿"命令，蓝色吹风机之上的所有对象都被隐藏，如图4-103所示。

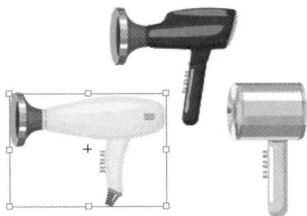
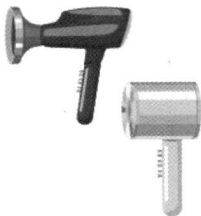

图4-100　　　　　图4-101　　　　　图4-102　　　　　图4-103

3. 隐藏其他图层

选取紫色吹风机，如图4-104所示。选择"对象">"隐藏">"其他图层"命令，在"图层"面板中，除了紫色吹风机所在的图层外，其他图层都被隐藏了，图标消失了，如图4-105所示。其他图层中的对象在页面中也被隐藏了，效果如图4-106所示。

图4-104　　　　　　　图4-105　　　　　　图4-106

4. 显示所有对象

当对象被隐藏后，选择"对象">"显示全部"命令（快捷键为Alt+Ctrl+3），所有对象都将显示出来。

项目实践　制作民间剪纸海报

项目要点　使用矩形工具、"变换"面板、"对齐"面板制作海报背景，使用文字工具和"字符"面板添加文字内容。最终效果参看学习资源中的"项目4\效果\制作民间剪纸海报.ai"，效果如图4-107所示。

图4-107

课后习题　制作现代家居画册内页

习题要点　使用矩形工具绘制背景底图，使用"锁定"子菜单中的命令锁定所选对象，使用"置入"命令插入素材图片，使用"对齐"面板对齐素材图片，使用文字工具、"字符"面板添加文字内容，使用"编组"命令编组需要的图形。最终效果参看学习资源中的"项目4\效果\制作现代家居画册内页.ai"，效果如图4-108所示。

图4-108

项目5

/

填充与描边

/

本项目旨在帮助读者掌握Illustrator 2024中各类填充工具和命令的使用方法，以及描边和符号的添加和编辑技巧。通过本项目的学习，读者可以利用各类填充与描边功能绘制出漂亮的图形，还可将需要重复使用的图形制作成符号，以提高工作效率。

学习目标

● 掌握3种颜色模式的区别与应用方法。

● 熟练掌握不同的填充方法。

● 熟练掌握描边和符号的使用技巧。

技能目标

● 掌握"围棋插画"的绘制方法。

● 掌握"风景插画"的绘制方法。

● 掌握"雪景插画"的绘制方法。

素养目标

● 培养对图形构图、色彩和细节的敏锐感知能力。

● 培养能够准确地描绘和处理各种细节的能力。

● 培养对图像色彩的好奇心并能掌握不同的色彩调整方法。

任务5.1　熟悉颜色模式

　　Illustrator 2024提供了RGB、CMYK、Web安全RGB、HSB和灰度5种颜色模式。最常用的是CMYK模式和RGB模式，其中CMYK是默认的颜色模式。不同的颜色模式所包含的基本色不同。

任务知识

5.1.1　RGB模式

　　RGB模式源于有色光的三原色原理。它是一种加色模式，通过红色、绿色、蓝色3种颜色相叠加而产生更多的颜色。同时，RGB也是色光的颜色模式。在编辑图像时，RGB模式是最佳的选择，因为它可以提供全屏幕的多达24位的色彩范围。RGB模式的"颜色"面板如图5-1所示，可以在该面板中设置R、G、B的值。

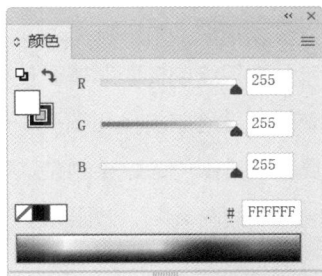

图5-1

5.1.2　CMYK模式

　　CMYK模式主要应用于印刷领域。它通过反射某些颜色的光并吸收另外一些颜色的光来产生不同的颜色，是一种减色模式。CMYK代表印刷时用的4种油墨颜色：C代表青色，M代表洋红色，Y代表黄色，K代表黑色。CMYK模式的"颜色"面板如图5-2所示，可以在该面板中设置C、M、Y、K的值。CMYK模式是印刷图片、插图等最常用的一种颜色模式。在印刷中通常都要进行四色分色，出四色胶片，然后再进行印刷。

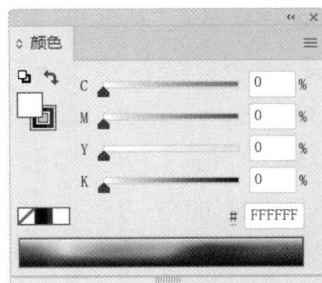

图5-2

5.1.3　灰度模式

　　灰度模式又叫8位深度模式。每个像素用8个二进制位表示，能产生2^8级（即256级）灰色调。当一个彩色模式文件被转换为灰度模式文件时，所有的颜色信息都将从文件中丢失。

　　灰度模式的"颜色"面板如图5-3所示，只有1个亮度调节滑块，0代表白色，100代表黑色。灰度模式经常应用在成本比较低的黑白印刷中。另外，将图像从彩色模式转换为双色调模式或位图模式时，必须先转换为灰度模式，然后由灰度模式转换为双色调模式或位图模式。

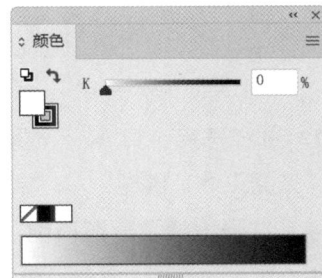

图5-3

任务5.2 掌握颜色填充与描边

Illustrator 2024中用于填充的内容包括"色板"面板中的单色对象、图案对象和渐变对象，以及"颜色"面板中的自定义颜色。另外，色板库提供了多种色谱、渐变对象和图案对象。

任务实践 绘制围棋插画

任务目标 学习使用渐变工具、"符号库"子菜单中的命令和"描边"命令绘制围棋插画。

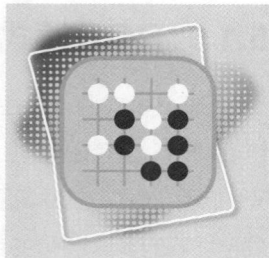

任务要点 使用钢笔工具、渐变工具、"高斯模糊"命令、"点状图案矢量包"面板绘制插画背景，使用圆角矩形工具、"描边"面板、直线段工具和椭圆工具绘制棋盘和棋子，使用圆角矩形工具、添加锚点工具、直接选择工具和"投影"命令绘制装饰框。最终效果参看学习资源中的"项目5\效果\绘制围棋插画.ai"，效果如图5-4所示。

图5-4

任务操作

01 按Ctrl+N快捷键，弹出"新建文档"对话框，设置文档的宽度为1024 px，高度为1024 px，方向为横向，颜色模式为"RGB颜色"，光栅效果为"屏幕（72 ppi）"，单击"创建"按钮，新建一个文档。

02 选择钢笔工具 ，在页面中绘制一个不规则图形，如图5-5所示。双击渐变工具 ，弹出"渐变"面板，单击"线性渐变"按钮 ，在色带上设置4个渐变滑块，将渐变滑块的位置分别设置为0、30、65、100，并设置RGB值分别为0（3、93、165）、30（0、158、218）、65（233、237、247）、100（229、115、155），其他选项的设置如图5-6所示，图形被填充渐变色，设置描边色为无，效果如图5-7所示。

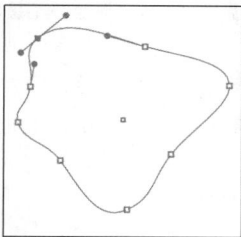

图5-5

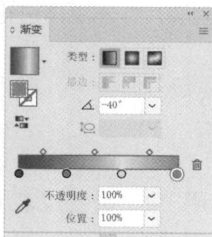

图5-6

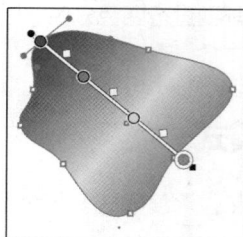

图5-7

03 选择选择工具 ，选取图形。选择"效果">"模糊">"高斯模糊"命令，在弹出的"高斯模糊"对话框中进行设置，如图5-8所示。单击"确定"按钮，图形效果如图5-9所示。

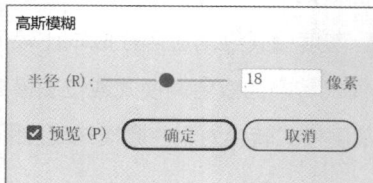

图5-8

图5-9

04 选择"窗口">"符号库">"点状图案矢量包"命令，弹出"点状图案矢量包"面板，选取需要的符号"点状图案矢量包15"，如图5-10所示。拖曳符号到页面外，效果如图5-11所示。

05 在属性栏中单击"断开链接"按钮，断开符号链接，效果如图5-12所示。选择"对象">"复合路径">"建立"命令，效果如图5-13所示。

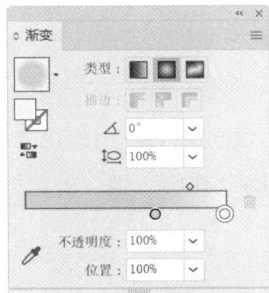

图5-10　　　　　　图5-11　　　　　　图5-12　　　　　　图5-13

06 在"渐变"面板中单击"径向渐变"按钮 ⬤，在色带上设置两个渐变滑块，将渐变滑块的位置分别设置为65、100，并设置RGB值分别为65（255、206、0）、100（255、255、0），其他选项的设置如图5-14所示，图形被填充渐变色，设置描边色为无，效果如图5-15所示。选择选择工具 ▶，拖曳渐变图形到页面中适当的位置，并调整其大小，效果如图5-16所示。

图5-14　　　　　　　　　图5-15　　　　　　　　　图5-16

07 选择圆角矩形工具 ⬜，在页面中单击，弹出"圆角矩形"对话框，选项的设置如图5-17所示，单击"确定"按钮，出现一个圆角矩形。选择选择工具 ▶，拖曳圆角矩形到适当的位置，效果如图5-18所示。设置填充色为黄色（其RGB值为255、206、0），填充图形；设置描边色为橘色（其RGB值为255、154、0），填充描边，效果如图5-19所示。

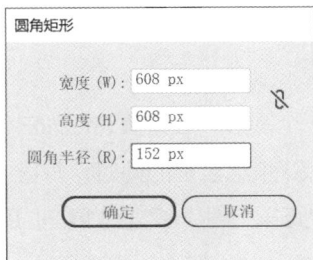

图5-17　　　　　　　　图5-18　　　　　　　　图5-19

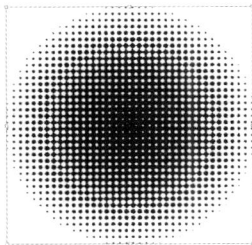

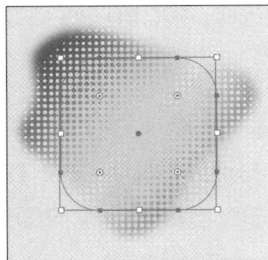

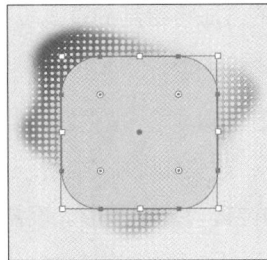

08 选择"窗口" > "描边"命令，弹出"描边"面板，单击"对齐描边"选项中的"使描边内侧对齐"按钮 ⊾，其他选项的设置如图5-20所示。按Enter键确定操作，效果如图5-21所示。

图5-20   图5-21

09 选择直线段工具 ⁄，按住Shift键的同时，在页面外绘制一条直线段，设置描边色为橘色（其RGB值为255、154、0），效果如图5-22所示。在"描边"面板中，单击"端点"选项中的"圆头端点"按钮 ⊂，其他选项的设置如图5-23所示。按Enter键确定操作，效果如图5-24所示。

图5-22   图5-23   图5-24

10 选择选择工具 ▶，按住Alt+Shift组合键的同时，垂直向下拖曳直线段到适当的位置，复制直线段，效果如图5-25所示。连续按Ctrl+D快捷键，按需复制出多条直线段，效果如图5-26所示。

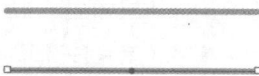

11 用框选的方法将所绘制的直线段同时选取，按Ctrl+C快捷键，复制直线段，按Shift+Ctrl+V快捷键，就地粘贴直线段。选择"窗口" > "变换"命令，弹出"变换"面板，将"旋转"选项设置为90°，如图5-27所示。按Enter键确定操作，效果如图5-28所示。

图5-25   图5-26   图5-27   图5-28

12 用框选的方法将绘制的直线段同时选取，按Ctrl+G快捷键，编组直线段，并将其拖曳到页面中适当的位置，效果如图5-29所示。

13 选择椭圆工具 ◯，按住Shift键的同时，在适当的位置绘制一个圆形，设置填充色为白色，并设置描边色为无，效果如图5-30所示。选择选择工具 ▶，按住Alt+Shift组合键的同时，垂直向下拖曳圆形到适当的位置，复制圆形。设置填充色为深蓝色（其RGB值为53、53、87），填充图形，效果如图5-31所示。用相同的方法复制出其他圆形，并拖曳到适当的位置，效果如图5-32所示。

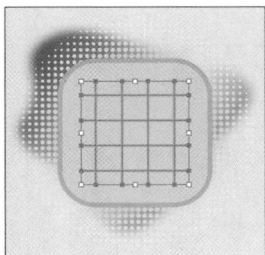
图5-29

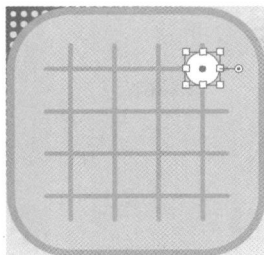
图5-30

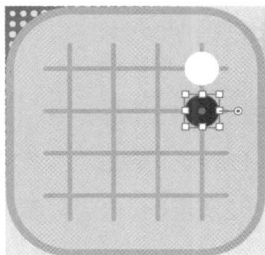
图5-31

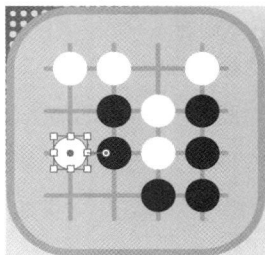
图5-32

14 选择圆角矩形工具 ▢，在页面中单击，弹出"圆角矩形"对话框，选项的设置如图5-33所示，单击"确定"按钮，出现一个圆角矩形。选择选择工具 ▶，拖曳圆角矩形到页面中适当的位置，效果如图5-34所示。

图5-33

图5-34

15 选择添加锚点工具 ✎，在圆角矩形左右两侧分别单击，添加两个锚点，如图5-35所示。选择直接选择工具 ▷，选取左侧的锚点，向右拖曳锚点到适当的位置，如图5-36所示。选取右侧的锚点，向左拖曳锚点到适当的位置，效果如图5-37所示。

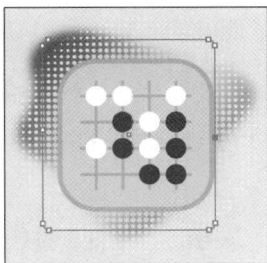
图5-35

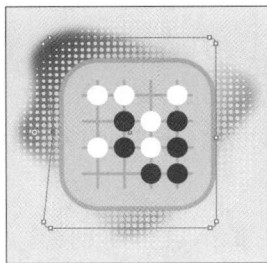
图5-36

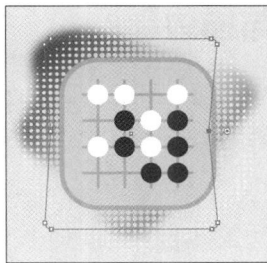
图5-37

16 选择选择工具 ▶，选取图形，设置描边色为白色，在属性栏中将"描边粗细"选项设置为10 pt；按Enter键确定操作，效果如图5-38所示。在"变换"面板中，将"旋转"选项设置为10.7°，如图5-39所示；按Enter键确定操作，效果如图5-40所示。

图5-38

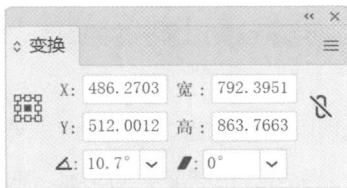
图5-39

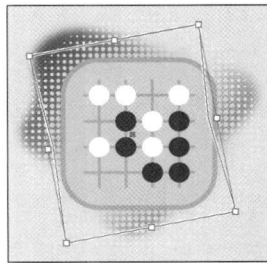
图5-40

17 选择"效果">"风格化">"投影"命令，弹出"投影"对话框，设置投影色为蓝色（其RGB值为0、158、218），其他选项的设置如图5-41所示；单击"确定"按钮，效果如图5-42所示。

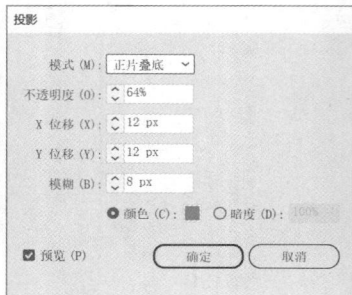

图5-41

图5-42

18 连续按Ctrl+[快捷键，将图形后移到适当的位置，效果如图5-43所示。围棋插画绘制完成，效果如图5-44所示。

图5-43

图5-44

任务知识

5.2.1 填充与描边

应用工具箱中的填色和描边工具，可以指定所选对象的填充色和描边色。单击按钮（快捷键为X），可以切换填色显示框和描边显示框的位置。按Shift+X快捷键，可使选定对象的填充色和描边色互换。

在填色和描边工具下面有3个按钮，它们分别是"颜色"按钮、"渐变"按钮和"无"按钮。

5.2.2 "描边"面板

描边其实就是对象的描边线，对描边进行填充时，可以对其进行一定的设置，如更改描边的形状、粗细及设置为虚线描边等。

选择"窗口">"描边"命令（快捷键为Ctrl+F10），弹出"描边"面板，如图5-45所示。"描边"面板主要用来设置对象描边的属性，如粗细、形状等。

在"描边"面板中，"粗细"选项用于设置描边的宽度；"端点"选项用于指定描边各线段的首端和尾端的形状样式，包括平头端点、圆头端点和方头端点；"边角"选项用于指定一段描边的拐角形状，包括斜接连接、圆角连接和斜角连接；"限制"选项用于设置斜角的长度，它

图5-45

将决定描边沿路径改变方向时伸展的长度；"对齐描边"选项用于设置描边与路径的对齐方式，包括使描边居中对齐 ┗、使描边内侧对齐 ┗ 和使描边外侧对齐 ┗；勾选"虚线"复选框可以创建描边的虚线效果。

1. 设置描边的粗细

当需要设置描边的粗细时，可在"粗细"选项的下拉列表中选择合适的粗细值，也可以直接在数值框中输入合适的数值。

单击工具箱下方的"描边"按钮 ▣，使用星形工具 ☆ 绘制一个星形并保持其选取状态，效果如图5-46所示。在"描边"面板的"粗细"选项的下拉列表中选择需要的描边粗细值，或者直接在数值框中输入合适的数值。这里设置的数值为20 pt，如图5-47所示；星形的描边粗细被改变，效果如图5-48所示。

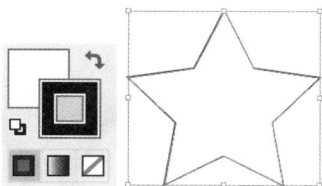

图5-46　　　　　　　　　　　图5-47　　　　　　　　　　图5-48

2. 设置描边的填充

保持星形的选取状态，如图5-49所示。在"色板"面板中选取所需的填充样本，对象描边的填充效果如图5-50所示。

图5-49　　　　　　　　　　　　　　　　图5-50

保持星形的选取状态，如图5-51所示。在"颜色"面板中调配所需的颜色，如图5-52所示，或双击工具箱下方的"描边"按钮 ▣，弹出"拾色器"对话框，如图5-53所示。在该对话框中可以调配所需的颜色，对象描边的颜色填充效果如图5-54所示。

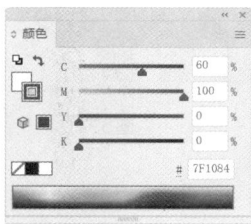
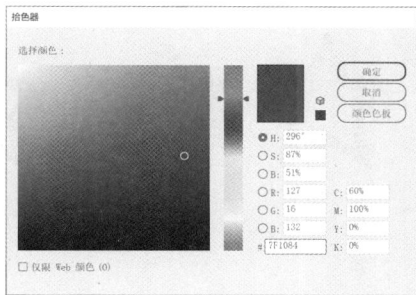

图5-51　　　　　　　　图5-52　　　　　　　　　　图5-53　　　　　　　　　图5-54

3. 设置"限制"选项

"限制"选项用于设置描边沿路径改变方向时伸展的长度。将"限制"选项设置为2和20时的对象描边效果如图5-55所示。

图5-55

4. 设置"端点"和"边角"选项

端点是指一段描边的首端和末端，可以为描边的首端和末端选择不同的样式来改变描边端点的形状。使用钢笔工具 ✐ 绘制一段描边，单击"描边"面板中的3个不同端点样式的按钮 ▣ ▢ ▣，选定的端点样式会应用到选定的描边中，效果如图5-56所示。

平头端点　　　　圆头端点　　　　方头端点

图5-56

边角是指一段描边的拐点，边角样式就是指描边拐点的形状。绘制多边形的描边，单击"描边"面板中的3个不同边角样式的按钮 ▣ ▣ ▣，选定的边角样式会应用到选定的描边中，效果如图5-57所示。

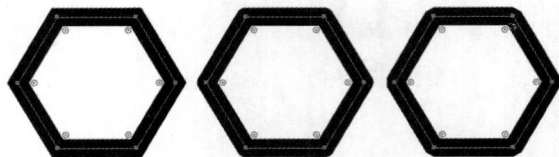

斜接连接　　　　圆角连接　　　　斜角连接

图5-57

5. 设置"虚线"选项

虚线选项里包括6个数值框，勾选"虚线"复选框，数值框被激活，第1个数值框中默认的虚线值为12 pt，如图5-58所示。

"虚线"选项用来设定虚线段的长度。在数值框中输入的数值越大，虚线段的长度就越长；反之，输入的数值越小，虚线段的长度就越短。设置不同虚线段长度的描边效果如图5-59所示。

"间隙"选项用来设定虚线段之间的距离。输入的数值越大，虚线段之间的距离越大；反之，输入的数值越小，虚线段之间的距离就越小。设置不同虚线段间隙的描边效果如图5-60所示。

图5-58

图5-59

图5-60

6. 设置"箭头"选项

"描边"面板中有两个下拉列表按钮 箭头：，左侧的是"起点的箭头"按钮 ──∨，右侧的是"终点的箭头"按钮 ──∨。选中要添加箭头的曲线，如图5-61所示。单击"起点的箭头"按钮 ──∨，弹出"起点的箭头"下拉列表，选择需要的箭头，如图5-62所示。曲线的起点会出现选择的箭头，效果如图5-63所示。单击"终点的箭头"按钮 ──∨，弹出"终点的箭头"下拉列表，选择需要的箭头，如图5-64所示。曲线的终点会出现选择的箭头，效果如图5-65所示。

图5-61　　　　　　　　　　　　图5-62

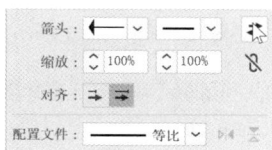

图5-63　　　　　　　　图5-64　　　　　　　　图5-65

"互换箭头起始处和结束处"按钮 ⇄ 用于互换起始箭头和终点箭头。选中曲线，如图5-66所示。在"描边"面板中单击"互换箭头起始处和结束处"按钮 ⇄，如图5-67所示，效果如图5-68所示。

图5-66　　　　　　　　图5-67　　　　　　　　图5-68

在"缩放"选项中，左侧的是"箭头起始处的缩放因子"按钮 ↕ 100%，右侧的是"箭头结束处的缩放因子"按钮 ↕ 100%，设置需要的数值，可以缩放曲线的起始箭头和结束箭头。选中要缩放的曲线，如图5-69所示。单击"箭头起始处的缩放因子"按钮 ↕ 100%，将"箭头起始处的缩放因子"设置为200%，如图5-70所示，效果如图5-71所示。单击"箭头结束处的缩放因子"按钮 ↕ 100%，将"箭头结束处的缩放因子"设置为200%，效果如图5-72所示。

单击"缩放"选项右侧的"链接箭头起始处和结束处缩放"按钮 ⅋，可以同时改变起始箭头和结束箭头的大小。

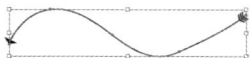
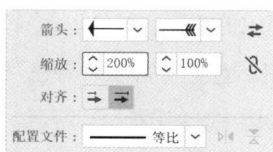

图5-69　　　　　　　　图5-70　　　　　　　　图5-71　　　　　　　　图5-72

在"对齐"选项中，左侧的是"将箭头提示扩展到路径终点外"按钮，右侧的是"将箭头提示放置于路径终点处"按钮，这两个按钮分别用于设置箭头在终点外和箭头在终点处。选中曲线，如图5-73所示。单击"将箭头提示扩展到路径终点外"按钮，如图5-74所示，效果如图5-75所示。单击"将箭头提示放置于路径终点处"按钮，箭头在路径终点处显示，效果如图5-76所示。

| 图5-73 | 图5-74 | 图5-75 | 图5-76 |

在"配置文件"选项中，单击"配置文件"按钮，弹出宽度配置文件下拉列表，如图5-77所示。在下拉列表中选择任意一个宽度配置文件可以改变曲线描边的形状。选中曲线，如图5-78所示。单击"配置文件"按钮，在弹出的下拉列表中选择任意一个宽度配置文件，如图5-79所示，效果如图5-80所示。

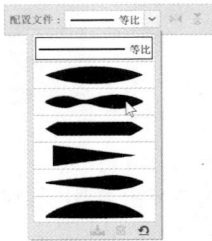

| 图5-77 | 图5-78 | 图5-79 | 图5-80 |

"配置文件"选项右侧有两个按钮，分别是"纵向翻转"按钮和"横向翻转"按钮。单击"纵向翻转"按钮，可使曲线描边的样式纵向翻转。单击"横向翻转"按钮，可使曲线描边的样式横向翻转。

5.2.3 "颜色"面板

"颜色"面板用于设置对象的填充色。单击"颜色"面板右上方的 ☰ 图标，在弹出的下拉菜单中可选择当前取色时使用的颜色模式，如图5-81所示。无论选择哪一种颜色模式，面板中都将显示出相关的颜色内容。

选择"窗口">"颜色"命令，弹出"颜色"面板。"颜色"面板中的 按钮用来进行填充色和描边色之间的切换，其使用方法与工具箱中 按钮的使用方法相同。

将鼠标指针移到取色区域，鼠标指针变为吸管形状，单击可以吸取颜色，如图5-82所示。拖曳各个颜色滑块或在各个数值框中输入有效的数值，可以调配出更精确的颜色。

更改或设定对象的描边色时，选取已有的对象，在"颜色"面板中单击"描边"按钮，选取或调配出新颜色，这时新颜色将被应用到当前选定对象的描边中，如图5-83所示。

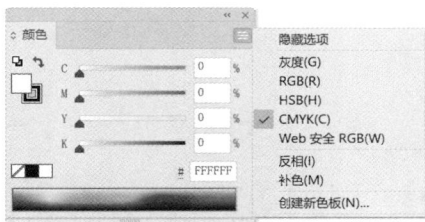
图5-81

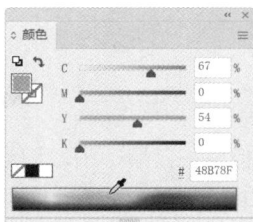
图5-82

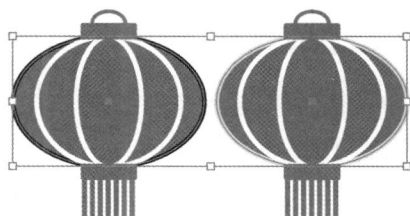
图5-83

5.2.4　"色板"面板

选择"窗口">"色板"命令，弹出"色板"面板，在"色板"面板中单击需要的颜色或图案，可以将其选中，如图5-84所示。

"色板"面板提供了多种颜色和图案，并且允许用户添加并存储自定义的颜色和图案。单击"显示'色板类型'菜单"按钮 ，可以使所有样本显示出来；单击"色板选项"按钮 ，可以打开"色板选项"对话框；单击"新建颜色组"按钮 ，可以新建颜色组；"新建色板"按钮 用于定义和新建一个新的样本；"删除色板"按钮 用于将选定的样本从"色板"面板中删除。

绘制一个图形，如图5-85所示，单击"填色"按钮，如图5-86所示。选择"窗口 > 色板"命令，弹出"色板"面板，在"色板"面板中单击需要的颜色或图案，对图形内部进行填充，效果如图5-87所示。

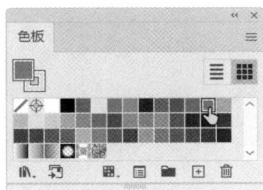
图5-84

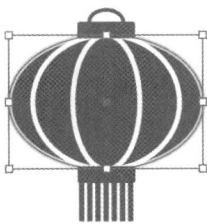
图5-85

图5-86

图5-87

在Illustrator 2024中，除了"色板"面板中默认的样本外，色板库中还提供了多种样本。选择"窗口">"色板库"命令，或单击"色板"面板左下角的"'色板库'菜单"按钮 ，打开的菜单中有多种样本可供选择。

任务5.3　掌握渐变填充与图案填充

渐变填充是指使用两种或多种不同颜色在同一条直线上进行过渡填充。进行渐变填充有多种方法，可以使用渐变工具 ，也可以使用"渐变"面板和"颜色"面板，还可以使用"色板"面板。

任务实践 绘制风景插画

任务目标 学习使用填充工具和渐变工具绘制风景插画。

任务要点 使用渐变工具、"渐变"面板填充背景、山峰和土丘，使用"颜色"面板填充树干图形，使用网格工具添加并填充网格点。最终效果参看学习资源中的"项目5\效果\绘制风景插画.ai"，效果如图5-88所示。

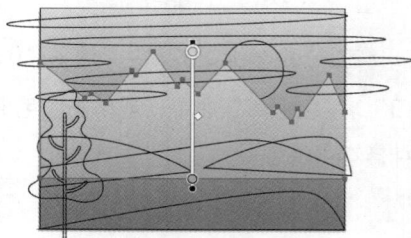

图5-88

任务操作

01 按Ctrl+O快捷键，弹出"打开"对话框，选择学习资源中的"项目5\素材\绘制风景插画\01"文件，单击"打开"按钮，打开文件，如图5-89所示。选择选择工具 ▶，选取背景矩形，双击渐变工具 ■，弹出"渐变"面板，单击"线性渐变"按钮 ■，在色带上设置两个渐变滑块，将渐变滑块的位置分别设置为0、100，并设置RGB值分别为0（255、234、179）、100（235、108、40），其他选项的设置如图5-90所示，图形被填充渐变色，设置描边色为无，效果如图5-91所示。

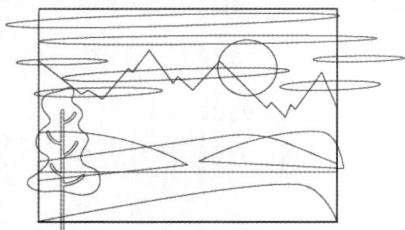

图5-89

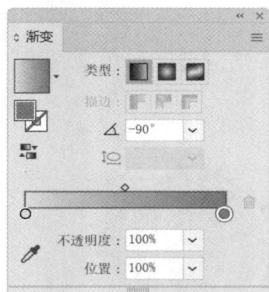

图5-90

图5-91

02 选择选择工具 ▶，选取山峰图形，在"渐变"面板中单击"线性渐变"按钮 ■，在色带上设置两个渐变滑块，将渐变滑块的位置分别设置为0、100，并设置RGB值分别为0（235、189、26）、100（255、234、179），其他选项的设置如图5-92所示，图形被填充渐变色，设置描边色为无，效果如图5-93所示。

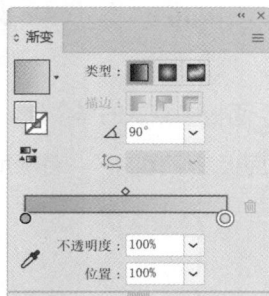

图5-92

图5-93

03 选择选择工具 ▶，选取土丘图形，在"渐变"面板中单击"线性渐变"按钮 ■，在色带上设置两个渐变滑块，将渐变滑块的位置分别设置为10、100，并设置RGB值分别为10（108、216、157）、100（50、127、123），其他选项的设置如图5-94所示，图形被填充渐变色，设置描边色为无，效果如图5-95所示。用相同的方法填充其他图形，效果如图5-96所示。

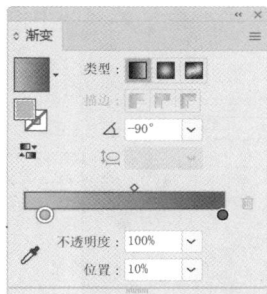

图5-94　　　　　　　　　　　　　图5-95　　　　　　　　　　　　　图5-96

04　选择编组选择工具 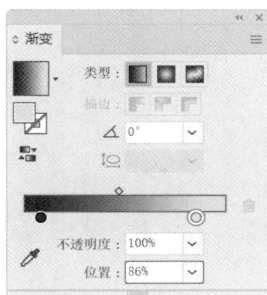，选取树叶图形，如图5-97所示，在"渐变"面板中单击"线性渐变"按钮 ，在色带上设置两个渐变滑块，将渐变滑块的位置分别设置为8、86，并设置RGB值分别为8（11、67、74）、86（122、255、191），其他选项的设置如图5-98所示，图形被填充渐变色，设置描边色为无，效果如图5-99所示。

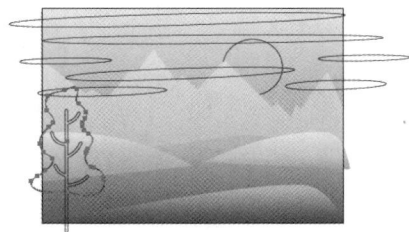

图5-97　　　　　　　　　　　　　图5-98　　　　　　　　　　　　　图5-99

05　选择编组选择工具 ，选取树干图形，如图5-100所示，选择"窗口">"颜色"命令，在弹出的"颜色"面板中进行设置，如图5-101所示；按Enter键确定操作，效果如图5-102所示。

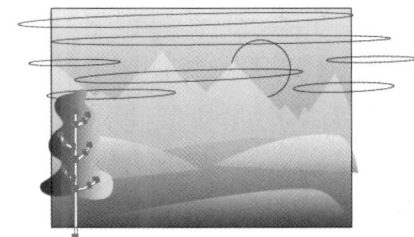

图5-100　　　　　　　　　　　　图5-101　　　　　　　　　　　　图5-102

06　选择选择工具 ，选取树木图形，按住Alt键的同时，向右拖曳图形到适当的位置，复制图形，并调整复制的图形的大小，效果如图5-103所示。按Ctrl+ [快捷键，将复制的图形后移一层，效果如图5-104所示。

图5-103　　　　　　　　　　　　图5-104

07 选择编组选择工具 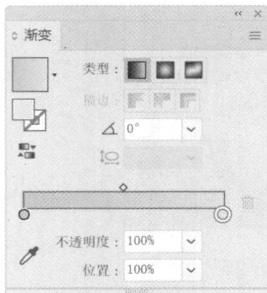，选取小树干图形，在"渐变"面板中单击"线性渐变"按钮，在色带上设置两个渐变滑块，将渐变滑块的位置分别设置为0、100，并设置RGB值分别为0（85、224、187）、100（255、234、179），其他选项的设置如图5-105所示，图形被填充渐变色，设置描边色为无，效果如图5-106所示。

图5-105　　　　　　　　　　　图5-106

08 用相同的方法复制出其他树木图形并调整其大小和排序，效果如图5-107所示。选择选择工具，按住Shift键的同时，依次选取云图形，填充图形为白色，并设置描边色为无，效果如图5-108所示。在属性栏中将"不透明度"选项设置为20%，按Enter键确定操作，效果如图5-109所示。

图5-107　　　　　　　　图5-108　　　　　　　　图5-109

09 使用选择工具 选取太阳图形，填充图形为白色，并设置描边色为无，效果如图5-110所示。在属性栏中将"不透明度"选项设置为80%，按Enter键确定操作，效果如图5-111所示。

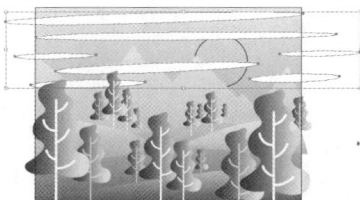

图5-110　　　　　　　　　　　　图5-111

10 选择网格工具，在圆形中心单击，添加网格点，如图5-112所示。设置网格点填充色（其RGB值为255、246、127），填充网格，效果如图5-113所示。选择选择工具，在页面空白处单击，取消选取状态，效果如图5-114所示。风景插画绘制完成。

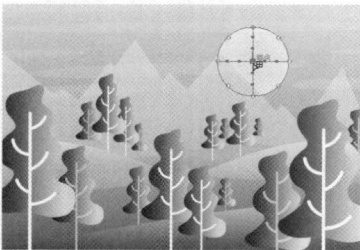  

图5-112　　　　　　　　图5-113　　　　　　　　图5-114

任务知识

5.3.1　创建渐变填充

选择绘制好的图形，如图5-115所示。单击工具箱下部的"渐变"按钮 ▨，对图形进行渐变填充，效果如图5-116所示。选择渐变工具 ▨，在需要的起点处按住鼠标左键，拖曳到需要的终点处释放鼠标左键，如图5-117所示，渐变填充的效果如图5-118所示。

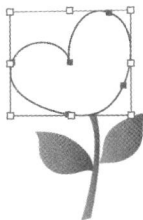　　

| 图5-115 | 图5-116 | 图5-117 | 图5-118 |

在"色板"面板中单击需要的渐变样本，对图形进行渐变填充，效果如图5-119所示。

图5-119

5.3.2　"渐变"面板

在"渐变"面板中可以设置渐变的类型，包括"线性渐变""径向渐变""任意形状渐变"，也可以设置渐变的起始颜色、中间颜色和终止颜色，还可以设置渐变的位置和角度等。

双击渐变工具 ▨ 或选择"窗口">"渐变"命令（快捷键为Ctrl+F9），弹出"渐变"面板，如图5-120所示。在"类型"选项中可以选择"线性渐变""径向渐变""任意形状渐变"，如图5-121所示。

"角度"选项的数值框中显示的是当前渐变的角度，重新输入数值后按Enter键，可以改变渐变的角度，如图5-122所示。

图5-120

类型：▨ ▨ ▨

图5-121

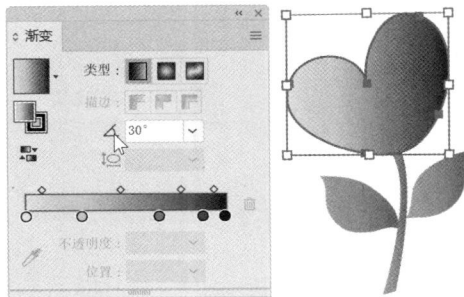

图5-122

单击"渐变"面板中的渐变滑块，"位置"选项的数值框中显示的是该滑块在渐变颜色中的位置百分比，如图5-123所示。拖动渐变滑块，可以改变其位置，即改变颜色的渐变梯度，如图5-124所示。

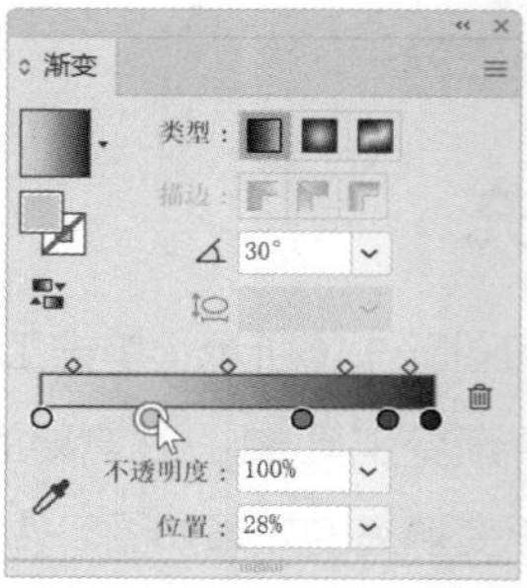

图5-123 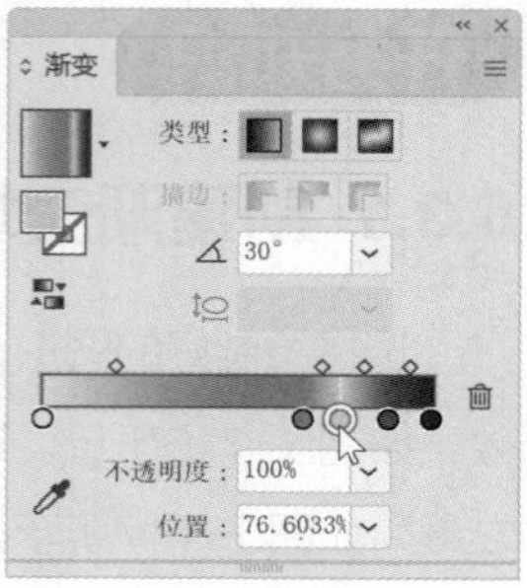　　　　　图5-124

在色带底边单击，可以添加一个渐变滑块，如图5-125所示。在"颜色"面板中可以调配颜色，如图5-126所示，改变添加的渐变滑块的颜色，如图5-127所示。用鼠标按住渐变滑块不放并将其拖出"渐变"面板，可以直接删除渐变滑块。

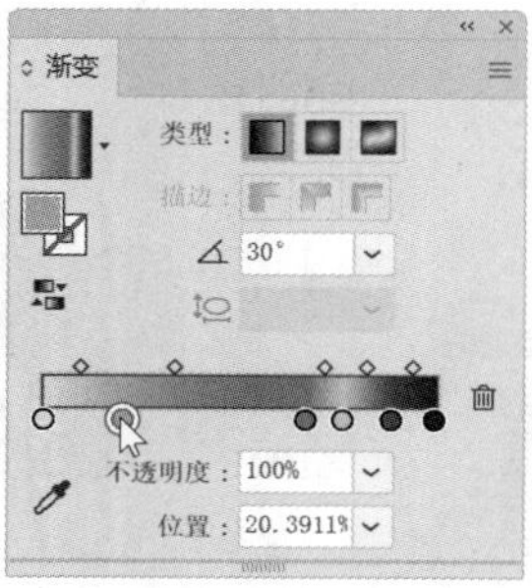

图5-125 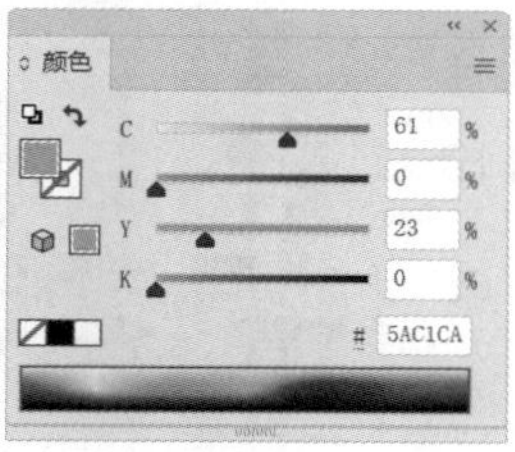　　　　　图5-126 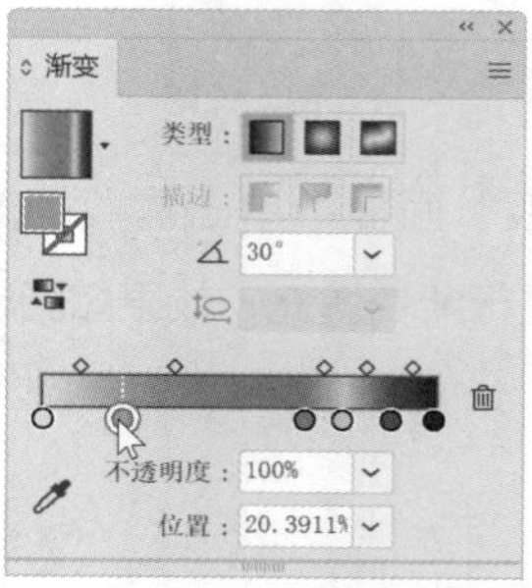　　　　　图5-127

双击色带上的渐变滑块，弹出"颜色"面板，可以快速地选取所需的颜色。

5.3.3 渐变填充的样式

1. 线性渐变填充

线性渐变填充是一种比较常用的渐变填充样式，通过"渐变"面板，可以精确地指定线性渐变的起始颜色和终止颜色，还可以调整渐变方向。通过调整中心点的位置，可以生成不同的颜色渐变效果。

选择绘制好的图形，如图5-128所示。双击渐变工具█，弹出"渐变"面板。"渐变"面板色带中会显示默认的从白色到黑色的线性渐变样式，如图5-129所示。在"渐变"面板的"类型"选项中，单击"线性渐变"按钮█，如图5-130所示，图形将被线性渐变填充，如图5-131所示。

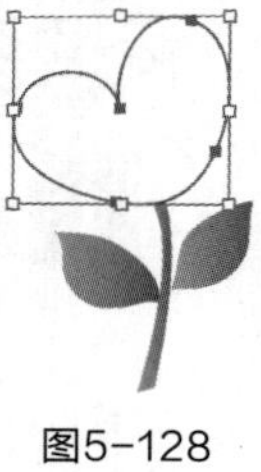

图5-128 　　　　　图5-129　　　　　图5-130　　　　　图5-131

单击"渐变"面板中的起始颜色滑块 ○，如图5-132所示，然后在"颜色"面板中调配所需的颜色，设置渐变的起始颜色。再单击终止颜色滑块 ●，如图5-133所示，设置渐变的终止颜色，效果如图5-134所示，图形的线性渐变填充效果如图5-135所示。

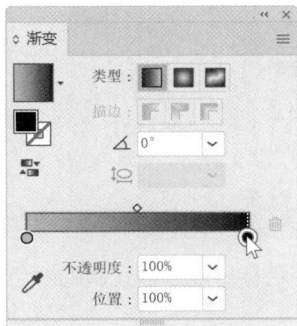
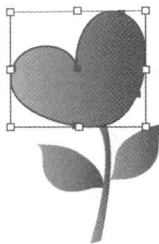

图5-132　　　　　　　　图5-133　　　　　　　　图5-134　　　　　　图5-135

拖动色带上边的控制滑块，如图5-136所示，可以改变颜色的渐变位置，同时"位置"选项的数值框中的数值发生变化。在"位置"选项的数值框中输入数值也可以改变颜色的渐变位置，图形的线性渐变填充效果也随之改变，如图5-137所示。

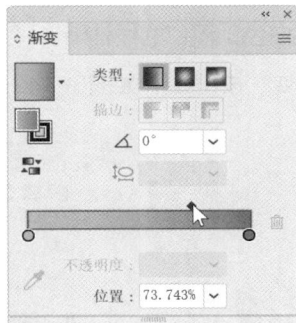

如果要改变颜色渐变的方向，选择渐变工具 后直接在图形中拖曳即可。当需要精确地改变渐变方向时，可通过"渐变"面板中的"角度"选项来控制图形的渐变方向。

图5-136　　　　　　　图5-137

2．径向渐变填充

径向渐变填充是Illustrator 2024的另一种渐变填充样式，与线性渐变填充不同，它是从起始颜色开始以圆的形式向外发散，逐渐过渡到终止颜色。它的起始颜色和终止颜色，以及渐变填充中心点的位置都是可以改变的。使用径向渐变填充可以生成多种渐变填充效果。

选择绘制好的图形，如图5-138所示。双击渐变工具 ，弹出"渐变"面板。"渐变"面板色带中会显示默认的从白色到黑色的线性渐变样式，如图5-139所示。在"渐变"面板的"类型"选项中，单击"径向渐变"按钮 ，如图5-140所示，图形将被径向渐变填充，效果如图5-141所示。

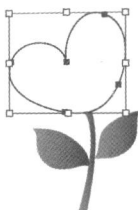

图5-138　　　　　　图5-139　　　　　　　　图5-140　　　　　　图5-141

单击"渐变"面板中的起始颜色滑块◎或终
止颜色滑块◉，然后在"颜色"面板中调配颜色，
即可改变图形的渐变颜色，效果如图5-142所示。
拖动色带上边的控制滑块，可以改变颜色的中心渐
变位置，效果如图5-143所示。使用渐变工具▣
也可改变颜色的中心渐变位置，效果如图5-144
所示。

图5-142　　　　图5-143　　　　图5-144

3. 任意形状渐变填充

使用任意形状渐变填充可以在某个形状内使色标形成逐渐过渡的颜色混合，可以是有序混合，也可
以是随意混合，混合的效果更自然、平滑。

选择绘制好的图形，如图5-145所示。双击渐变工具▣，弹出"渐变"面板。"渐变"面板的色带
中会显示默认的从白色到黑色的线性渐变样式，如图5-146所示。在"渐变"面板的"类型"选项中，
单击"任意形状渐变"按钮▣，如图5-147所示，图形将被任意形状渐变填充，效果如图5-148所示。

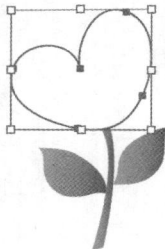  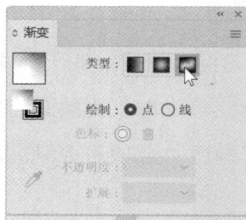 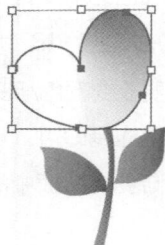

图5-145　　　　图5-146　　　　图5-147　　　　图5-148

在"绘制"选项中选中"点"单选项，可以在对象中创建单独点形式的色标，如图5-149所示；选
中"线"单选项，可以在对象中创建连线形式的色标，如图5-150所示。

在对象中将鼠标指针放置在线上，鼠标指针变为形状，如图5-151所示，单击可以添加一个色
标，如图5-152所示；在"颜色"面板中调配颜色，即可改变图形的渐变颜色，如图5-153所示。

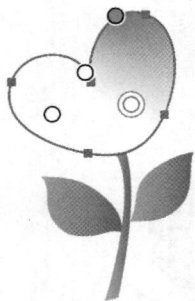 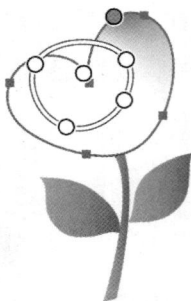 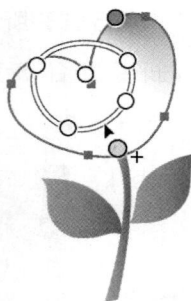 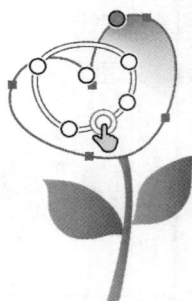 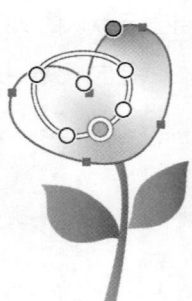

图5-149　　　　图5-150　　　　图5-151　　　　图5-152　　　　图5-153

在对象中拖曳色标，可以移动色标，如图5-154所示；在"渐变"面板的"色标"选项中，单击"删除色标"按钮 🗑，可以删除选中的色标，如图5-155所示。

在"点"模式下，"扩展"选项被激活，可以设置色标周围的渐变的扩展区域，默认情况下，色标的扩展幅度的取值范围为0%～100%。

图5-154　　　　　　图5-155

5.3.4　创建图案填充

在Illustrator 2024中可以将基本图形定义为图案，作为图案的基本图形不能包含渐变颜色、渐变网格、图案和位图。

使用星形工具 ☆ 绘制3个星形，同时选取3个星形，如图5-156所示。选择"对象" > "图案" > "建立"命令，弹出提示框和"图案选项"面板，如图5-157所示，同时页面进入图案编辑模式。单击提示框中的"确定"按钮，在"图案选项"面板中设置图案的名称、大小和重叠方式等，设置完成后，单击页面左上方的"完成"按钮，定义的图案就添加到"色板"面板中了，如图5-158所示。

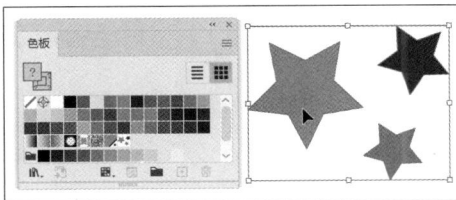

图5-156　　　　　　　　　图5-157　　　　　　　　　图5-158

在"色板"面板中单击新定义的图案并将其拖曳到页面中，如图5-159所示。选择"对象" > "取消编组"命令，可以取消图案组合，重新编辑图案，效果如图5-160所示。选择"对象" > "编组"命令，将新编辑的图案组合，将图案拖曳到"色板"面板中，如图5-161所示，该图案就添加到"色板"面板中了，如图5-162所示。

图5-159　　　　　　　　　图5-160

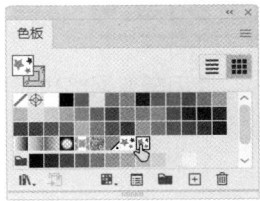

图5-161　　　　　　　　　图5-162

使用多边形工具 ⬡ 绘制一个多边形，如图5-163所示。在"色板"面板中单击新定义的图案，如图5-164所示，多边形的图案填充效果如图5-165所示。

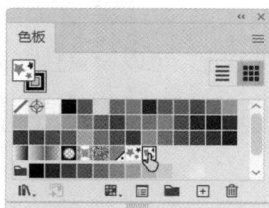

图5-163　　　　　　　图5-164　　　　　　　图5-165

Illustrator 2024自带一些图案库。选择"窗口">"图形样式库"子菜单下的各种样式，可以加载不同的样式库。选择"其他库"命令，可以加载外部样式库。

5.3.5　使用图案填充

选择"窗口">"色板库">"图案"命令，可以在子菜单中选择"基本图形""自然""装饰"等多种类型的图案填充图形。选择"装饰">"Vonster图案"命令，弹出"Vonster图案"面板，如图5-166所示。

绘制一个图形，如图5-167所示。在工具箱下方单击"描边"按钮，再在"Vonster图案"面板中选择需要的图案，如图5-168所示，图案就填充到了图形的描边上，效果如图5-169所示。

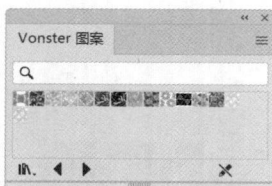
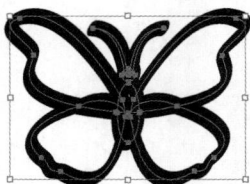
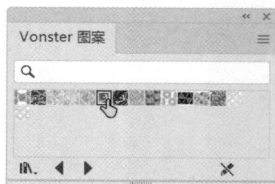

图5-166　　　　　　图5-167　　　　　　图5-168　　　　　　图5-169

在工具箱下方单击"填充"按钮，在"Vonster图案"面板中选择需要的图案，如图5-170所示，图案就填充到了图形的内部，效果如图5-171所示。

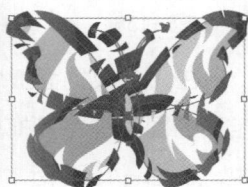

图5-170　　　　　　图5-171

任务5.4　掌握渐变网格填充

使用渐变网格功能可以使图形颜色产生细微的变化，也可以对图形进行多个方向、多种颜色的渐变填充。

任务知识

5.4.1 创建渐变网格

使用网格工具可以在图形中创建渐变网格，使图形颜色的变化更加柔和自然。

1. 使用网格工具创建渐变网格

使用椭圆工具 ⬭ 绘制一个椭圆形并保持其选取状态，如图5-172所示。选择网格工具 ⊞，在椭圆形中单击，将椭圆形建立为渐变网格对象，椭圆形中增加了横竖两条线交叉形成的网格，如图5-173所示，继续在椭圆形中单击，可以增加新的网格，效果如图5-174所示。

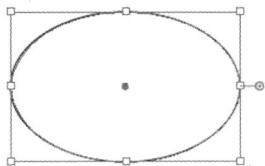 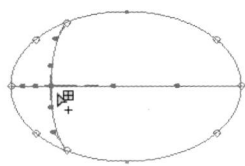 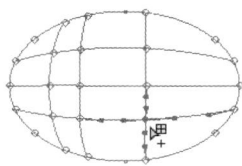

图5-172　　　　　　　　图5-173　　　　　　　　图5-174

在网格中横竖两条线交叉形成的点就是网格点，而横线和竖线就是网格线。

2. 使用"创建渐变网格"命令创建渐变网格

使用椭圆工具 ⬭ 绘制一个椭圆形并保持其选取状态，如图5-175所示。选择"对象">"创建渐变网格"命令，弹出"创建渐变网格"对话框，如图5-176所示，设置选项后，单击"确定"按钮，可以为图形创建渐变网格，效果如图5-177所示。

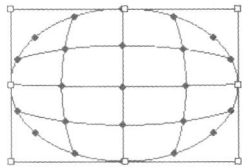

图5-175　　　　　　　　图5-176　　　　　　　　图5-177

在"创建渐变网格"对话框中，在"行数"选项的数值框中可以输入水平方向网格的行数；在"列数"选项的数值框中可以输入垂直方向网络的列数；在"外观"选项的下拉列表中可以选择创建渐变网格后图形高光部位的表现方式，有"平淡色""至中心""至边缘"3种方式可以选择；在"高光"选项的数值框中可以设置高光处的强度，当数值为0时，图形没有高光，只有均匀的填充颜色。

5.4.2 编辑渐变网格

1. 添加网格点

使用椭圆工具 ⬭ 绘制一个椭圆形并保持其选取状态，如图5-178所示。选择网格工具 ⊞，在椭圆形中单击，建立渐变网格对象，如图5-179所示。在椭圆形中的其他位置再次单击，可以添加网格点，如图5-180所示，同时添加了网格线。在椭圆形中单击，可以继续添加网格点，如图5-181所示。

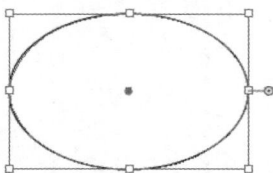
图5-178

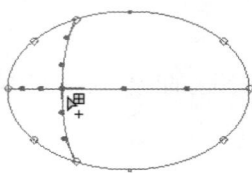
图5-179

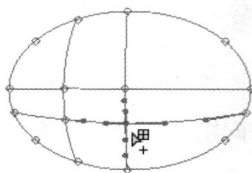
图5-180

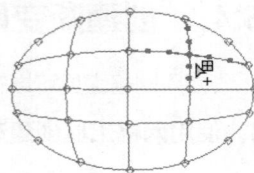
图5-181

2. 删除网格点

选择网格工具，在按住Alt键的同时，将鼠标指针移至网格点，鼠标指针变为形状，如图5-182所示。单击网格点即可将网格点删除，效果如图5-183所示。

图5-182

图5-183

3. 编辑网格颜色

使用直接选择工具选中网格点，如图5-184所示，在"色板"面板中选择需要的颜色，如图5-185所示，可以在网格点周围填充颜色，效果如图5-186所示。

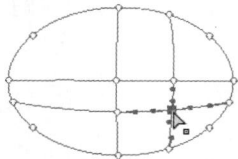
图5-184

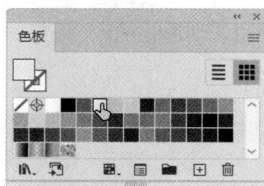
图5-185

图5-186

使用直接选择工具选中左上角的网格，如图5-187所示，在"色板"面板中选择需要的颜色，如图5-188所示，可以为网格填充颜色，效果如图5-189所示。

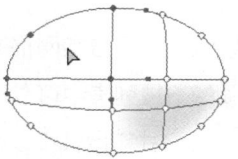
图5-187

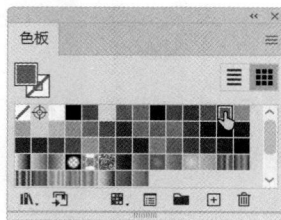
图5-188

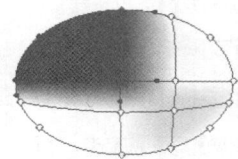
图5-189

使用直接选择工具在网格点上单击并拖曳网格点，可以移动网格点，效果如图5-190所示。拖曳网格点的控制手柄可以调节网格线，效果如图5-191所示。

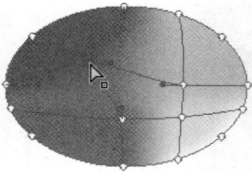
图5-190

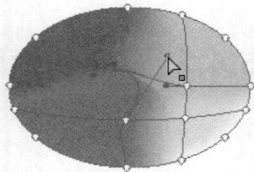
图5-191

任务5.5　掌握符号的使用

　　符号是一种能存储在"符号"面板中，并且可以在一个插图中重复使用的对象。Illustrator 2024提供了"符号"面板，专门用来创建、存储和编辑符号。

　　当需要在一个插图中多次制作同样的对象，并需要对对象进行多次类似的编辑操作时，可以使用符号来完成。这样可以大大提高效率、节省时间。例如，在一个网站设计中多次应用到一个按钮的图样，这时就可以将这个按钮的图样定义为符号，从而对按钮符号进行重复使用。利用符号工具组中的相应工具可以对符号范例进行各种编辑操作。默认的"符号"面板如图5-192所示。

　　如果在插图中应用了符号集合，那么使用选择工具选取符号范例，会把整个符号集合选中。此时，被选中的符号集合只能被移动，而不能被编辑。图5-193所示为应用到插图中的符号范例与符号集合。

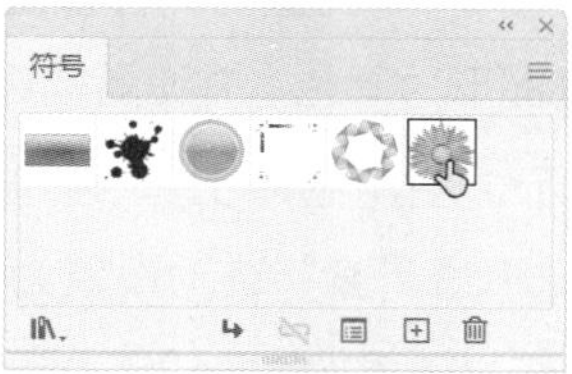

图5-192 　　　　　　　　图5-193

> **提示**　在Illustrator 2024中的各种对象（如普通的图形、文本对象、复合路径、渐变网格等）均可以被定义为符号。

任务实践　绘制雪景插画

任务目标　学习使用"符号"命令、"符号库"命令绘制雪景插画。

任务要点　使用钢笔工具、渐变工具、椭圆工具和"新建符号"按钮添加符号，使用符号喷枪工具、符号移位器工具、符号缩放器工具、符号着色器工具应用和编辑符号，使用"自然"命令绘制云彩图形。最终效果参看学习资源中的"项目5\效果\绘制雪景插画.ai"，如图5-194所示。

图5-194

任务操作

01 按Ctrl+O快捷键，弹出"打开"对话框，选择学习资源中的"项目5\素材\绘制雪景插画\01"文件，单击"打开"按钮，打开文件，效果如图5-195所示。

02 选择钢笔工具 ✐，在页面外绘制一个不规则图形，如图5-196所示。双击渐变工具 ▦，弹出"渐变"面板，单击"线性渐变"按钮 ▦，在色带上设置两个渐变滑块，将渐变滑块的位置分别设置为0、100，并设置RGB值分别为0（28、153、215）、100（163、177、218），其他选项的设置如图5-197所示，图形被填充渐变色，设置描边色为无，效果如图5-198所示。

图5-195

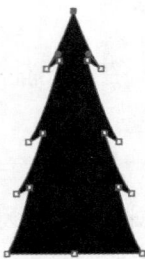

图5-196

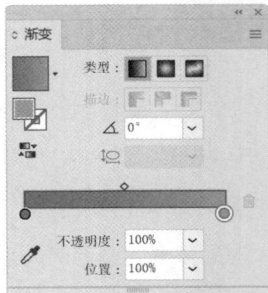

图5-197

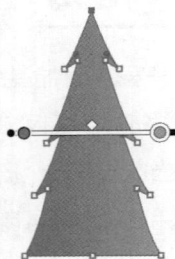

图5-198

03 选择钢笔工具 ✐，在适当的位置绘制一个不规则图形，填充图形为黑色，并设置描边色为无，如图5-199所示。使用选择工具 ▶ 选取图形，在属性栏中将"不透明度"选项设置为10%，按Enter键确定操作，效果如图5-200所示。用框选的方法将所绘制的图形全部选取，按Ctrl+G快捷键，编组图形，效果如图5-201所示。

图5-199

图5-200

图5-201

04 选择"窗口">"符号"命令，弹出"符号"面板，如图5-202所示。单击"符号"面板下方的"新建符号"按钮 ⊞，弹出"符号选项"对话框，选项的设置如图5-203所示，单击"确定"按钮，选取的树图形被定义为"树"符号，如图5-204所示。

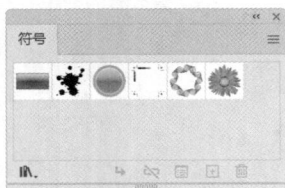

图5-202

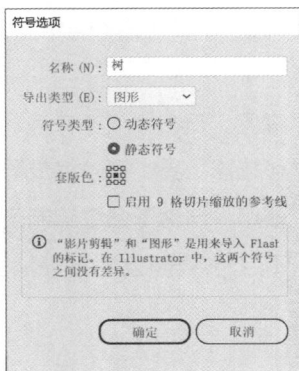

图5-203

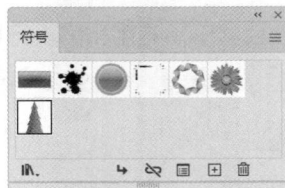

图5-204

05 选择符号喷枪工具 ，选取"树"符号，在页面外拖曳鼠标，喷绘图形，如图5-205所示。选择符号移位器工具 ，在绘制的树图形上拖曳鼠标，调整其位置，效果如图5-206所示。

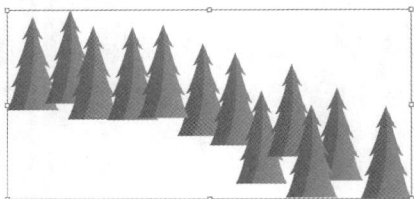

图5-205

图5-206

06 选择符号缩放器工具 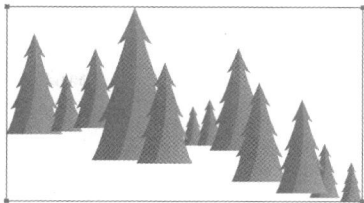 ，在绘制的树图形上拖曳鼠标，调整其大小，效果如图5-207所示。选择符号着色器工具 ，设置填充色为蓝色（其RGB值为0、48、155），并设置描边色为无，在需要的树图形上分别单击，填充图形，效果如图5-208所示。

图5-207　　　　　　　　图5-208

07 选择选择工具 ，拖曳树图形到页面中适当的位置，连续按Ctrl+[快捷键，将图形后移到适当的位置，效果如图5-209所示。用相同的方法绘制其他符号图形，拖曳到适当的位置，并调整堆叠顺序，效果如图5-210所示。

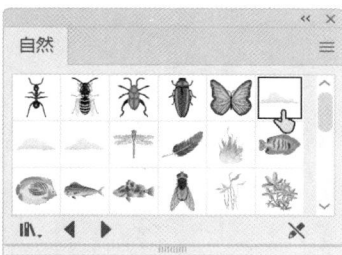

图5-209　　　　　　　　图5-210

08 选择"窗口">"符号库">"自然"命令，弹出"自然"面板，选择需要的"云彩1"符号，如图5-211所示，将其拖曳到适当的位置，效果如图5-212所示。选择选择工具 ，向下拖曳云彩图形上方中间的控制手柄到适当的位置，调整其大小，

图5-211　　　　　　　　图5-212

图5-213　　　　　　　　图5-214

效果如图5-213所示。向右拖曳云彩图形右侧中间的控制手柄，调整其大小，效果如图5-214所示。

09 按住Alt键的同时，使用选择工具 向右下方拖曳云彩图形到适当的位置，复制图形，如图5-215所示。连续按Ctrl+[快捷键，将其后移到适当的位置，效果如图5-216所示。用相同的方法在页面中添加"云彩2"符号、"云彩3"符号，效果如图5-217所示。

图5-215　　　　　　　图5-216　　　　　　　图5-217

10 选择椭圆工具 ，按住Shift键的同时，在适当的位置绘制一个圆形，填充图形为白色，并设置描边色为无，效果如图5-218所示。单击"符号"面板下方的"新建符号"按钮 ⊞，弹出"符号选项"对话框，选项的设置如图5-219所示，单击"确定"按钮，选取的圆形被定义为"雪花"符号，如图5-220所示。

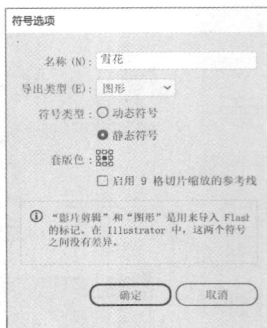

图5-218　　　　图5-219　　　　图5-220

11 选择符号喷枪工具 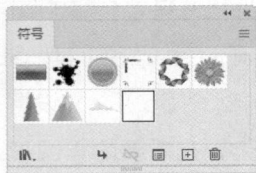，选取"雪花"符号，在适当的位置拖曳鼠标，绘制雪花图形，如图5-221所示。选择符号缩放器工具 👝，在绘制的雪花上拖曳鼠标，调整其大小，效果如图5-222所示。雪景插画绘制完成，效果如图5-223所示。

图5-221　　　　　　图5-222　　　　　　图5-223

任务知识

5.5.1 "符号"面板

"符号"面板具有创建、存储和编辑符号的功能。单击面板右上方的 ≡ 图标，弹出下拉菜单，如图5-224所示。

"符号"面板下边有以下6个按钮。

"符号库菜单"按钮 ⍳：单击该按钮可以打开包含多种符号库的下拉菜单，可以选择调用。

"置入符号实例"按钮 ↳：单击该按钮，将当前选中的一个符号范例放置在页面的中心。

"断开符号链接"按钮 ✂：单击该按钮，将添加到页面中的符号范例与"符号"面板断开链接。

图5-224

"符号选项"按钮 ▤：单击该按钮可以打开"符号选项"对话框，对相关的选项进行设置。

"新建符号"按钮 ⊞：单击该按钮可以将选中的对象定义为符号，并添加到"符号"面板中。

"删除符号"按钮 🗑：单击该按钮可以删除"符号"面板中选中的符号。

5.5.2　创建和应用符号

1. 创建符号

在"符号"面板中单击"新建符号"按钮 ⊞ ，可以将选中的对象定义为符号，并添加到"符号"面板中。

将选中的对象直接拖曳到"符号"面板中，弹出"符号选项"对话框，单击"确定"按钮，可以创建符号，如图5-225所示。

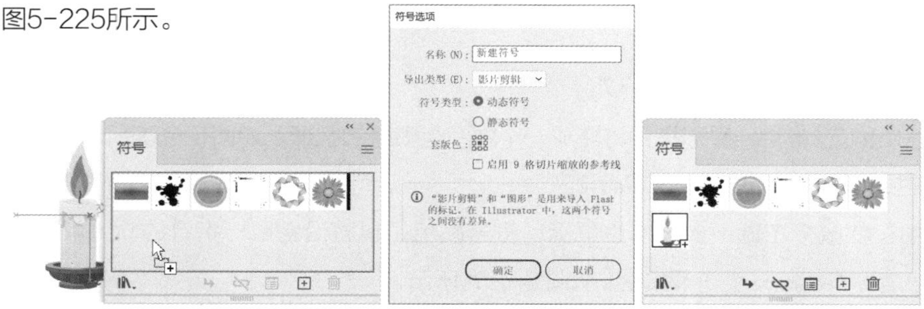

图5-225

2. 应用符号

在"符号"面板中选中需要的符号，直接将其拖曳到当前页面中，得到一个符号范例，如图5-226所示。

使用符号喷枪工具 可以同时创建多个符号范例，并且可以将它们作为一个符号集合。

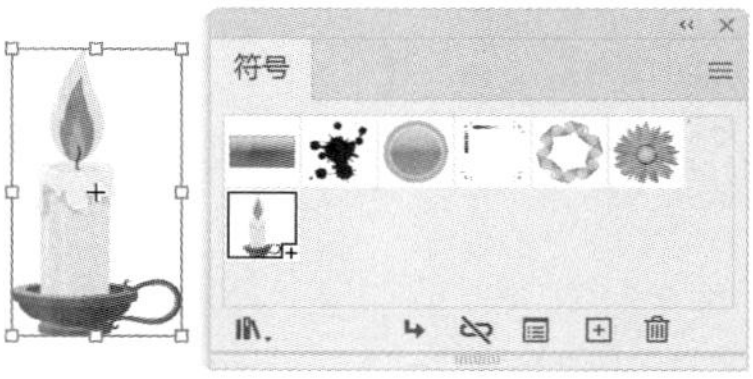

图5-226

5.5.3　使用符号工具

Illustrator 2024工具箱的符号工具组中包含8个符号工具，展开的符号工具组如图5-227所示。

符号喷枪工具：创建符号集合，可以将"符号"面板中的符号应用到插图中。

符号移位器工具：移动符号范例。

符号紧缩器工具：对符号范例进行紧缩变形。

符号缩放器工具：对符号范例进行放大操作；按住Alt键，可以对符号范例进行缩小操作。

符号旋转器工具：对符号范例进行旋转操作。

符号着色器工具：使用当前颜色为符号范例填色。

符号滤色器工具：增加符号范例的透明度；按住Alt键，可以减小符号范例的透明度。

符号样式器工具：将当前样式应用到符号范例中。

双击任意一个符号工具都将弹出"符号工具选项"对话框，可在其中设置符号工具的属性，如图5-228所示。

图5-227

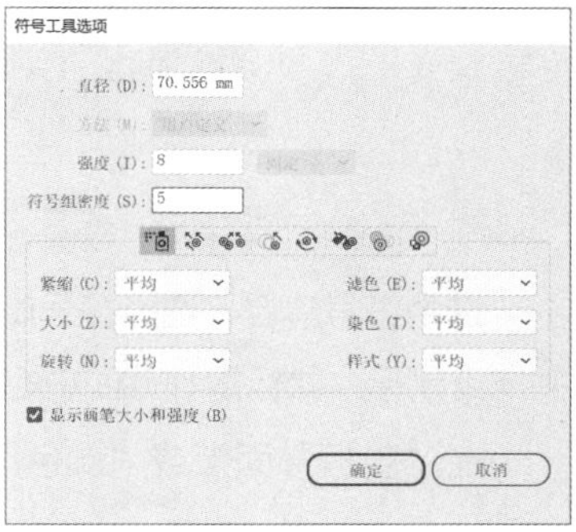

图5-228

"直径"选项：设置笔刷直径。这里的笔刷指的是选取符号工具后，鼠标指针的形状。

"强度"选项：设定拖曳鼠标时，符号范例变化的速度，数值越大，被操作的符号范例变化得越快。

"符号组密度"选项：设定符号集合中包含符号范例的密度，数值越大，符号集合所包含的符号范例的数量就越多。

"显示画笔大小和强度"复选框：勾选该复选框，在使用符号工具时可以看到笔刷，不勾选该复选框则隐藏笔刷。

使用符号工具应用符号的具体操作如下。

选择符号喷枪工具 🖱️，鼠标指针将变成一个中间有喷壶的圆形，如图5-229所示。在"符号"面板中选择一种需要的符号，如图5-230所示。

在页面中按住鼠标左键不放并拖曳鼠标，符号喷枪工具将沿着鼠标指针的轨迹喷射出多个符号范例，这些符号范例将组成一个符号集合，如图5-231所示。

图5-229   图5-230   图5-231

选中符号集合，再选择符号移位器工具 ✥️，将鼠标指针移到要移动的符号范例上，按住鼠标左键不放并拖曳鼠标，鼠标指针范围中的符号范例将随其移动，如图5-232所示。

选中符号集合，选择符号紧缩器工具 ✥️，将鼠标指针移到要紧缩的符号范例上，按住鼠标左键不放并拖曳鼠标，符号范例被紧缩，如图5-233所示。

选中符号集合，选择符号缩放器工具 ⭕，将鼠标指针移到要调整的符号范例上，按住鼠标左键不放并拖曳鼠标，鼠标指针范围中的符号范例将变大，如图5-234所示。按住Alt键并拖曳鼠标，则可缩小符号范例。

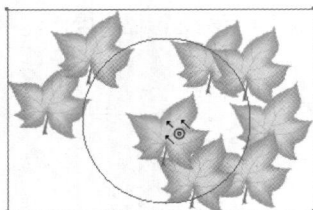

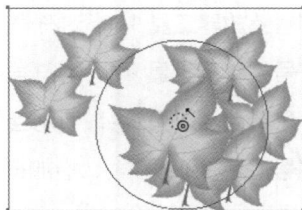

图5-232   图5-233   图5-234

选中符号集合，选择符号旋转器工具 👁️，将鼠标指针移到要旋转的符号范例上，按住鼠标左键不放并拖曳鼠标，鼠标指针范围中的符号范例将旋转，如图5-235所示。

在"色板"面板或"颜色"面板中设定一种颜色作为当前色，选中符号集合，选择符号着色器工具 🎨，将鼠标指针移到要填充颜色的符号范例上，按住鼠标左键不放并拖曳鼠标，鼠标指针范围中的符号范例被填充当前色，如图5-236所示。

选中符号集合，选择符号滤色器工
具，将鼠标指针移到要改变透明度的
符号范例上，按住鼠标左键不放并拖曳鼠
标，鼠标指针范围中的符号范例的透明度
将增大，如图5-237所示。按住Alt键并
拖曳鼠标，可以减小符号范例的透明度。

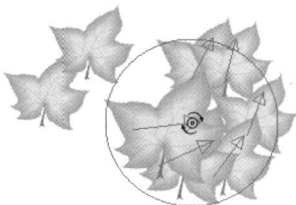

图5-235　　　　　　　　图5-236

选中符号集合，选择符号样式器工具，在"图形样式"面板中选中一种样式，将鼠标指针移到要
改变样式的符号范例上，按住鼠标左键不放并拖曳鼠标，鼠标指针范围中的符号范例将被改变样式，如
图5-238所示。

选中符号集合，选择符号喷枪工具，按住Alt键，在要删除的符号范例上按住鼠标左键不放并拖
曳鼠标，鼠标指针经过的区域中的符号范例被删除，如图5-239所示。

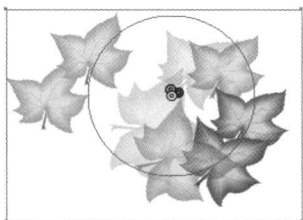 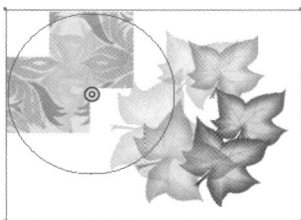 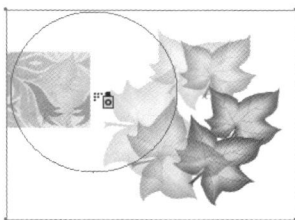

图5-237　　　　　　　图5-238　　　　　　　图5-239

项目实践　制作农副产品西红柿海报

项目要点 使用矩形工具、"色板库"命令、"渐变"面板、"色板"面板绘
制海报背景，使用椭圆工具、"创建渐变网格"命令、"色板"面板、"封套
扭曲"子菜单中的命令、星形工具绘制西红柿，使用"高斯模糊"命令为图形
添加模糊效果。最终效果参看学习资源中的"项目5\效果\制作农副产品西红柿
海报.ai"，如图5-240所示。

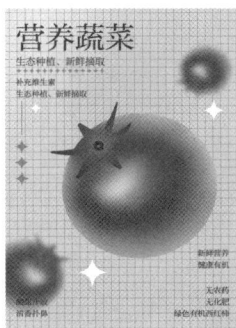

图5-240

课后习题　制作化妆品Banner

习题要点 使用矩形工具、直接选择工具和填充工具绘制背景，使
用"投影"命令为边框添加投影效果，使用钢笔工具、渐变工具、
"创建渐变网格"命令、矩形工具和圆角矩形工具绘制香水瓶。最
终效果参看学习资源中的"项目5\效果\制作化妆品Banner.ai"，如
图5-241所示。

图5-241

项目 6

文本的编辑

本项目旨在帮助读者掌握Illustrator 2024中文本的创建与编辑方法、字符格式与段落格式的设置方法，以及图文混排等功能。通过本项目的学习，读者可以应用各种外观和样式属性制作出绚丽多彩的文本效果。

学习目标

- 掌握创建与编辑文本的方法。
- 熟练掌握字符格式的设置方法。
- 熟练掌握段落格式的设置方法。
- 了解分栏和链接文本框的技巧。
- 掌握图文混排的方法。

技能目标

- 掌握"工艺品风筝绘制活动宣传单"的制作方法。
- 掌握"传统工艺扎染推广广告"的制作方法。
- 掌握"陶艺展览海报"的制作方法。

素养目标

- 具备良好的文字排版能力。
- 培养积极主动的学习能力。

任务6.1　掌握创建与编辑文本

　　工具箱中共有7种文字工具，依次为文字工具 T 、区域文字工具 ⊤ 、路径文字工具 ↖ 、直排文字工具 ⊤ 、直排区域文字工具 ⊤ 、直排路径文字工具 ↖ 、修饰文字工具 ⊤ 。使用前6种工具可以输入各种类型的文字，以满足不同的文字处理需要；使用第7种工具可以对文字进行修饰操作。

　　文字可以直接输入，也可以通过选择"文件" > "置入"命令从外部置入。选择各个文字工具，鼠标指针会变为不同的形状，如图6-1所示。从当前鼠标指针的形状可以看出创建的文字对象的类型。

图6-1

任务实践　制作工艺品风筝绘制活动宣传单

任务目标　学习使用文字工具、"创建轮廓"命令制作工艺品风筝绘制活动宣传单。

任务要点　使用文字工具、"创建轮廓"命令输入并编辑文字，使用文字工具、直排文字工具和"字符"面板添加宣传文字。最终效果参看学习资源中的"项目6\效果\制作工艺品风筝绘制活动宣传单.ai"，效果如图6-2所示。

图6-2

任务操作

01　按Ctrl+O快捷键，弹出"打开"对话框，选择学习资源中的"项目6\素材\制作工艺品风筝绘制活动宣传单\01"文件，单击"打开"按钮，打开文件，效果如图6-3所示。

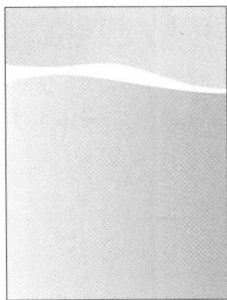

02　选择文字工具 T ，在页面中分别输入需要的文字，选择选择工具 ▶ ，在属性栏中分别选择合适的字体并设置文字大小。按住Shift键的同时，将输入的文字同时选取，设置填充色为淡粉色（其CMYK值为6、31、29、0），填充文字，效果如图6-4所示。

图6-3　　　　　　　　图6-4

03　选取上方的文字，按Shift+X快捷键，互换填色和描边，效果如图6-5所示。在属性栏中将"描边粗细"选项设置为2 pt；按Enter键确定操作，效果如图6-6所示。按Ctrl+Shift+O快捷键，创建文字轮廓，效果如图6-7所示。

 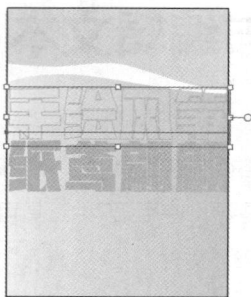

|图6-5|图6-6|图6-7|

04 按住Alt+Shift组合键的同时，使用选择工具 ▶ 垂直向下拖曳文字到适当的位置，复制文字，效果如图6-8所示。用相同的方法再复制一组文字，效果如图6-9所示。

05 选择编组选择工具 ▷ ，选中第三排文字中的"手"，按Delete键，删除选中的文字，效果如图6-10所示。

|图6-8|图6-9|图6-10|

06 选择"文件">"置入"命令，弹出"置入"对话框，选择学习资源中的"项目6\素材\制作工艺品风筝绘制活动宣传单\02"文件，单击"置入"按钮，在页面中单击置入图片。单击属性栏中的"嵌入"按钮，嵌入图片。选择选择工具 ▶ ，拖曳图片到适当的位置，并调整其大小，效果如图6-11所示。

07 选择"窗口">"变换"命令，弹出"变换"面板，将"旋转"选项设置为330°，如图6-12所示；按Enter键确定操作，效果如图6-13所示。

 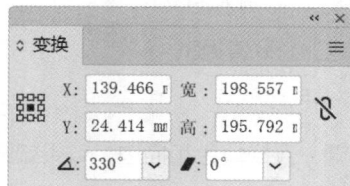 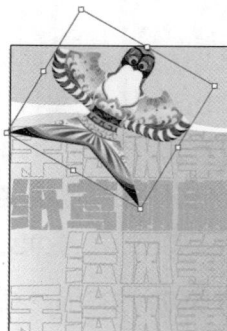

|图6-11|图6-12|图6-13|

08 按Ctrl+O快捷键，弹出"打开"对话框，选择学习资源中的"项目6\素材\制作工艺品风筝绘制活动宣传单\03"文件，单击"打开"按钮，打开文件。选择选择工具 ▶，选取需要的图形，按Ctrl+C快捷键，复制图形。返回正在编辑的页面，按Ctrl+V快捷键，将复制的图形粘贴到页面中，并将其拖曳到适当的位置，效果如图6-14所示。

09 选择文字工具 T，在适当的位置输入需要的文字，选择选择工具 ▶，在属性栏中选择合适的字体并设置文字大小，效果如图6-15所示。

10 选择直排文字工具 ↓T，在适当的位置输入需要的文字，选择选择工具 ▶，在属性栏中选择合适的字体并设置文字大小，效果如图6-16所示。

11 按Ctrl+T快捷键，弹出"字符"面板，将"设置所选字符的字距调整"选项 ↓A 设置为400，其他选项的设置如图6-17所示；按Enter键确定操作，效果如图6-18所示。

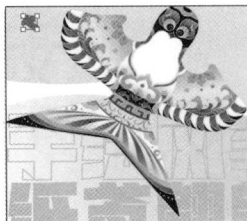

图6-14　　　　　　　　　　图6-15

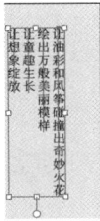

图6-16　　　　　　　　图6-17　　　　　　　　图6-18

12 按Ctrl+O快捷键，弹出"打开"对话框，选择学习资源中的"项目6\素材\制作工艺品风筝绘制活动宣传单\04"文件，单击"打开"按钮，打开文件。选择选择工具 ▶，选取需要的图形和文字，按Ctrl+C快捷键，复制图形和文字。返回正在编辑的页面，按Ctrl+V快捷键，将复制的图形和文字粘贴到页面中，并将其拖曳到适当的位置，效果如图6-19所示。工艺品风筝绘制活动宣传单制作完成，效果如图6-20所示。

图6-19　　　　　　　　　图6-20

任务知识

6.1.1 文字工具

使用文字工具 T 和直排文字工具 ↓T 可以直接输入沿水平方向和垂直方向排列的文字。

1. 输入点文本

选择文字工具 T 或直排文字工具 ↓T，在绘图页面中单击，出现一个带有选中文本的文本区域，如图6-21所示。输入文本，如图6-22所示。

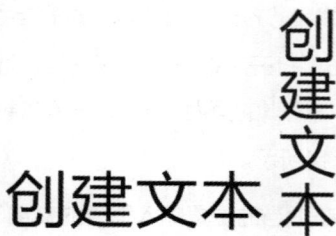

图6-21　　　　　　　　　　图6-22

提示 当需要换行时，按Enter键即可。

结束文本的输入后，选择选择工具 ▶ 即可选中所输入的文字，这时文字周围将出现一个矩形框选框，文本上的细线是文字基线，效果如图6-23所示。

2. 输入文本块

使用文字工具 **T** 或直排文字工具 **↓T** 可以绘制文本框，在文本框中可以输入文字，形成文本块。

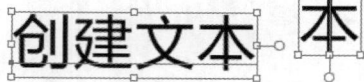

图6-23

选择文字工具 **T** 或直排文字工具 **↓T**，在页面中需要输入文字的位置按住鼠标左键并拖曳，如图6-24所示。当绘制的文本框大小符合需要时，释放鼠标左键，页面中会出现一个边框为蓝色且带有选中文本的矩形文本框，如图6-25所示。

可以在矩形文本框中输入文字，输入的文字将在指定的区域内排列，如图6-26所示。当输入的文字到矩形文本框的边界时，文字将自动换行，文本块的效果如图6-27所示。

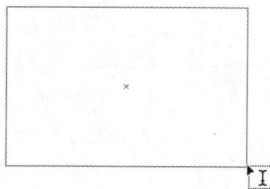
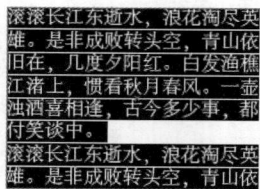
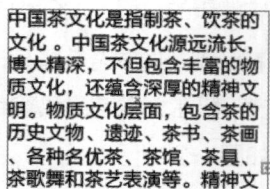
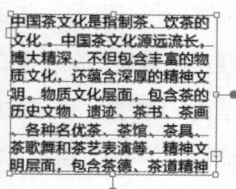

图6-24　　　　　　图6-25　　　　　　图6-26　　　　　　图6-27

3. 转换点文本和文本块

在Illustrator 2024中，文本框的外侧将显示转换点，空心状态的转换点 ⊶ 表示当前文本为点文本，实心状态的转换点 ⊷ 表示当前文本为文本块，双击转换点可转换点文本和文本块。

选择选择工具 ▶，选中输入的文本块，如图6-28所示。将鼠标指针置于右侧的转换点上，如图6-29所示；双击即可将文本块转换为点文本，如图6-30所示。再次双击，可将点文本转换为文本块，如图6-31所示。

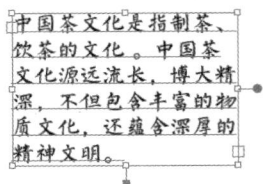
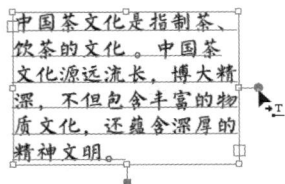
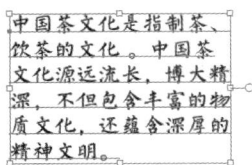
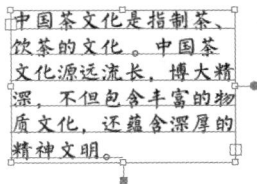

图6-28　　　　　　图6-29　　　　　　　　图6-30　　　　　　　图6-31

6.1.2　区域文字工具

在Illustrator 2024中，还可以创建任意形状的文本对象。

绘制一个填充了颜色的图形对象，如图6-32所示。选择文字工具 T 或区域文字工具 ⓣ，鼠标指针移动到图形对象的边框上时，将变成 ⓘ 形状，如图6-33所示，在图形对象上单击，图形对象的填充和描边属性被取消，图形对象转换为文本路径，并且图形对象内出现一个带有选中文本的区域，如图6-34所示。

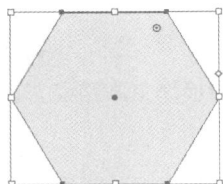
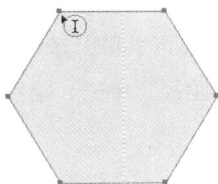

图6-32　　　　　　　图6-33　　　　　　　图6-34

在选中文本区域输入文本，输入的文本会在该对象内水平排列。如果输入的文本超出了文本路径所能容纳的范围，将出现文本溢出现象，这时文本路径的右下角会出现 ⊞ 图标，如图6-35所示。

使用选择工具 ▶ 选中文本路径，拖曳文本路径周围的控制手柄来调整文本路径的大小，以显示所有文字，效果如图6-36所示。

使用直排文字工具 ↓T 或直排区域文字工具 ⓣ 与使用文字工具 T 的方法是一样的，但使用直排文字工具 ↓T 或直排区域文字工具 ⓣ 在文本路径中创建的是竖排文字，如图6-37所示。

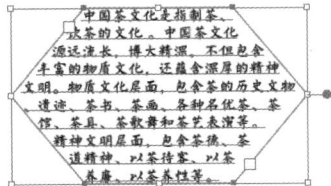
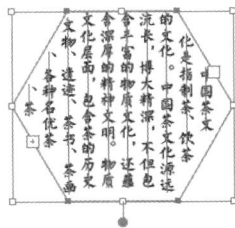

图6-35　　　　　　　图6-36　　　　　　　　图6-37

6.1.3　路径文字工具

使用路径文字工具 ～ 和直排路径文字工具 ～ 创建文本时，可以让文本沿着一个开放或闭合的路径进行水平或垂直方向的排列，路径可以是规则或不规则的。如果使用这两种工具，原来的路径将不再具有填充或描边属性。

1. 创建路径文本

（1）沿路径创建水平方向的文本。

使用钢笔工具 ✐ 在页面中绘制一个任意形状的开放路径，如图6-38所示。使用路径文字工具 ✓ 在绘制好的路径上单击，路径将转换为文本路径，且带有选中文本，如图6-39所示。

图6-38   图6-39

在选中文本区域输入需要的文字，文字将会沿着路径排列，文字的基线与路径是相切的，效果如图6-40所示。

（2）沿路径创建垂直方向的文本。

使用钢笔工具 ✐ 在页面中绘制一个任意形状的开放路径，使用直排路径文字工具 ✓ 在绘制好的路径上单击，路径将转换为文本路径，且带有选中文本，如图6-41所示。

图6-40

在选中文本区域输入需要的文字，文字将会沿着路径排列，文字的基线与路径是垂直的，效果如图6-42所示。

图6-41   图6-42

2. 编辑路径文本

如果对创建的路径文本不满意，可以对其进行编辑。

选择选择工具 ▶ 或直接选择工具 ▷ ，选取要编辑的路径文本。这时文本开始处会出现 图标，如图6-43所示。

拖曳文本左侧的 图标，可沿路径移动文本，效果如图6-44所示。将 图标向路径相反的方向拖曳，文本会翻转，效果如图6-45所示。

图6-43

图6-44

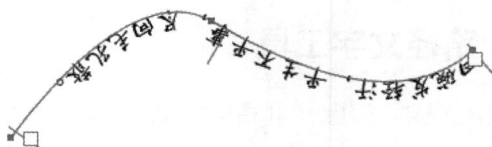

图6-45

6.1.4 编辑文本

利用修饰文字工具 可以对文本框中的文本进行属性设置和编辑操作。

选择修饰文字工具 ，选取需要编辑的文字，如图6-46所示，在属性栏中设置适当的字体和文字大小，效果如图6-47所示。再次选取需要的文字，如图6-48所示，拖曳右下角的节点以调整文字的水平比例，如图6-49所示，释放鼠标左键，效果如图6-50所示。拖曳左上角的节点可以调整文字的垂直比例，拖曳右上角的节点可以等比例缩放文字。

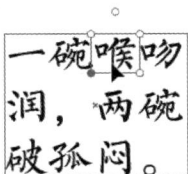 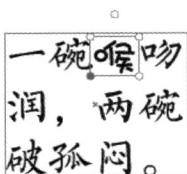 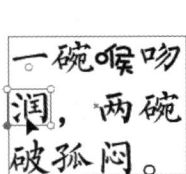 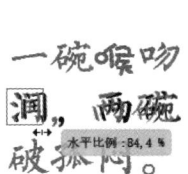

图6-46　　　　　图6-47　　　　　图6-48　　　　　图6-49　　　　　图6-50

再次选取需要的文字，如图6-51所示。拖曳左下角的节点，可以使文字的基线偏移，如图6-52所示，释放鼠标左键，效果如图6-53所示。将鼠标指针置于文字正上方的空心节点处，鼠标指针变为 形状，拖曳鼠标可旋转文字，如图6-54所示，释放鼠标左键，效果如图6-55所示。

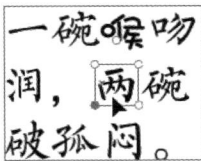 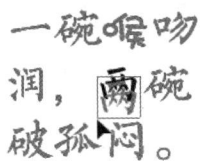

图6-51　　　　　图6-52　　　　　图6-53　　　　　图6-54　　　　　图6-55

6.1.5 创建文本轮廓

选中文本，选择"文字">"创建轮廓"命令（快捷键为Shift+Ctrl+O），创建文本轮廓，如图6-56所示。将文本转换为轮廓后，可以对文本进行渐变填充，效果如图6-57所示，还可以对文本应用滤镜，效果如图6-58所示。

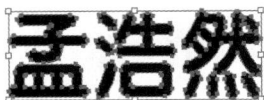  

图6-56　　　　　　图6-57　　　　　　图6-58

提示 文本转换为轮廓后，将不再具有文本的一些属性，这就需要在文本转换成轮廓之前调整文本的字号。而且将文本转换为轮廓时，文本框中的文本会全部转换为路径。不能在一行文本内转换单个文字。

任务6.2 掌握字符与段落的控制

在Illustrator 2024中，可以通过"字符"面板和"段落"面板设置字符格式与段落格式。这些格式包括文字的字体、字号、颜色、字符间距，以及段落的间距、缩进、文本对齐方式等。

任务实践 **制作传统工艺扎染推广广告**

任务目标 学习使用文字工具和"字符"面板制作传统工艺扎染推广广告。

任务要点 使用"置入"命令置入素材图片，使用文字工具、"字符"面板添加推广信息，使用钢笔工具、路径文字工具制作路径文本。最终效果参看学习资源中的"项目6\效果\制作传统工艺扎染推广广告.ai"，效果如图6-59所示。

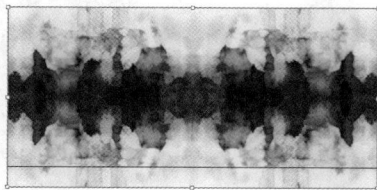

图6-59

任务操作

01 按Ctrl+N快捷键，弹出"新建文档"对话框，设置文档的宽度为1920 px，高度为850 px，方向为横向，颜色模式为"RGB颜色"，光栅效果为"屏幕（72 ppi）"，单击"创建"按钮，新建一个文档。

02 选择"文件">"置入"命令，弹出"置入"对话框，选择学习资源中的"项目6\素材\制作传统工艺扎染推广广告\01"文件，单击"置入"按钮，在页面中单击置入图片。单击属性栏中的"嵌入"按钮，嵌入图片。选择选择工具 ▶，拖曳图片到适当的位置，并调整其大小，效果如图6-60所示。

03 选择钢笔工具 ✐，在页面中绘制一个不规则图形，填充图形为白色，并设置描边色为无，如图6-61所示。

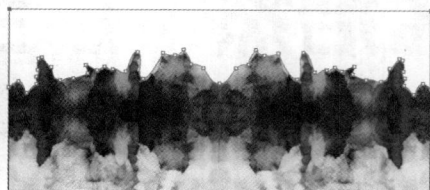

图6-60   图6-61

04 选择文字工具 T，在页面中输入需要的文字，选择选择工具 ▶，在属性栏中选择合适的字体并设置文字大小。设置填充色为浅蓝色（其RGB值为178、203、224），填充文字，效果如图6-62所示。在属性栏中将"不透明度"选项设置为50%，按Enter键确定操作，效果如图6-63所示。

 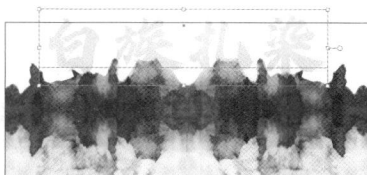

图6-62　　　　　　　　　　　　图6-63

05 按Ctrl+T快捷键，弹出"字符"面板，将"设置所选字符的字距调整"选项⚏设置为100，其他选项的设置如图6-64所示；按Enter键确定操作，效果如图6-65所示。

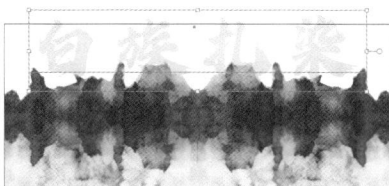

图6-64　　　　　　　　　　　　图6-65

06 选择文字工具 T，在适当的位置分别输入需要的文字，选择选择工具 ▶，在属性栏中分别选择合适的字体并设置文字大小。打开"段落"面板，单击"右对齐"按钮≡，将文字右对齐，微调文字到适当的位置，效果如图6-66所示。

07 选取文字"东方……调色板"，在"字符"面板中，将"设置所选字符的字距调整"选项⚏设置为100，其他选项的设置如图6-67所示；按Enter键确定操作，效果如图6-68所示。

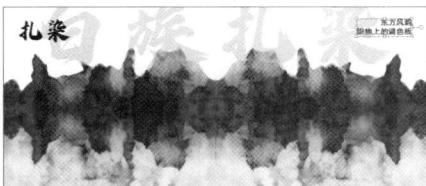  

图6-66　　　　　　　　　　图6-67　　　　　　　　　　图6-68

08 选择钢笔工具 ✐，在适当的位置绘制一条曲线路径，如图6-69所示。设置描边色为蓝色（其RGB值为0、45、124），填充描边，效果如图6-70所示。

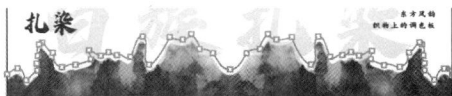

图6-69　　　　　　　　　　　　图6-70

09 选择路径文字工具 ⤳，在曲线路径上单击，出现一个带有选中文本的区域，如图6-71所示；输入需要的文字，选择选择工具 ▶，在属性栏中选择合适的字体并设置适当的文字大小；打开"段落"面板，单击"左对齐"按钮≡，将文字左对齐，效果如图6-72所示。

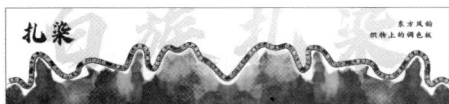 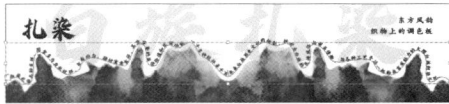

图6-71　　　　　　　　　　　　图6-72

133

10 选择矩形工具 □，在适当的位置绘制一个矩形，填充图形为白色，并设置描边色为无，效果如图6-73所示。在属性栏中将"不透明度"选项设置为50%，按Enter键确定操作，效果如图6-74所示。

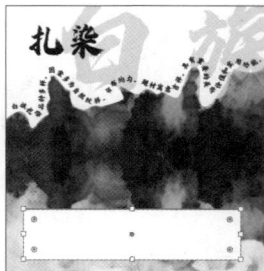

图6-73   图6-74

11 选择文字工具 T，在适当的位置按住鼠标左键不放，拖曳出一个带有选中文本的文本框，如图6-75所示；重新输入需要的文字，选择选择工具 ▶，在属性栏中选择合适的字体并设置文字大小，效果如图6-76所示。

12 在"字符"面板中，将"设置所选字符的字距调整"选项 VA 设置为100，其他选项的设置如图6-77所示；按Enter键确定操作，效果如图6-78所示。

图6-75   图6-76

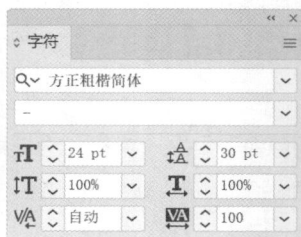

图6-77

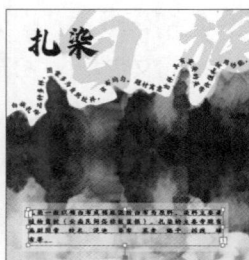

图6-78

13 按Ctrl+O快捷键，弹出"打开"对话框，选择学习资源中的"项目6\素材\制作传统工艺扎染推广广告\02"文件，单击"打开"按钮，打开文件。选择选择工具 ▶，选取需要的图形和文字，按Ctrl+C快捷键，复制图形和文字。返回正在编辑的页面，按Ctrl+V快捷键，将复制的图形和文字粘贴到页面中，并将其拖曳到适当的位置，效果如图6-79所示。传统工艺扎染推广广告制作完成，效果如图6-80所示。

图6-79

图6-80

任务知识

6.2.1 设置字符格式

在Illustrator 2024中，可以设置字符的格式。这些格式包括文字的字体、字号、颜色和字符间距等。选择"窗口">"文字">"字符"命令（快捷键为Ctrl+T），弹出"字符"面板，如图6-81所示。

图6-81

"设置字体系列"选项：单击数值框右侧的下拉按钮 ⌄ ，可以在打开的下拉列表中选择一种需要的字体。

"设置字体大小"选项 ⅰT：用于控制文字的大小，单击数值框左侧的微调按钮 ↕ ，可以逐级调整字号。

"设置行距"选项 ⅰA：用于控制文本的行距，即文本中行与行之间的距离。

"垂直缩放"选项 ⅰT：可以使文字的横向大小保持不变，纵向被缩放，缩放比例小于100%表示文字被压扁，大于100%表示文字被拉长。

"水平缩放"选项 Ⅰ：可以使文字的纵向大小保持不变，横向被缩放，缩放比例小于100%表示文字被压扁，大于100%表示文字被拉长。

"设置两个字符间的字距微调"选项 Ⅴ∆：用于细微地调整两个字符之间的水平距离。输入正值时，字距变大；输入负值时，字距变小。

"设置所选字符的字距调整"选项 Ⅴ∆：用于调整字符与字符之间的距离。

"设置基线偏移"选项 A⌄：用于调节文字的上下位置。可以通过此选项为文字制作上标或下标。输入正值时表示文字上移，输入负值时表示文字下移。

"字符旋转"选项 ⊤：用于设置字符的旋转角度。

1. 字体和字号

打开"字符"面板，在"设置字体系列"选项的下拉列表中选择一种字体即可将该字体应用到选中的文字中，各种字体的效果如图6-82所示。

Illustrator 2024提供的每种字体都有一定的字形，如常规、加粗和斜体等，具体字形因字体而定。

Illustrator	Illustrator	Illustrator
文鼎齿轮体	文鼎弹簧体	文鼎花瓣体
Illustrator	**Illustrator**	Illustrator
Arial	Arial Black	ITC Garamond

图6-82

> **提示** 默认字体单位为pt，72 pt相当于1英寸（1英寸=2.54厘米）。默认状态下字号为12 pt，可调整的范围为0.1~1296。

选中部分文本，如图6-83所示。选择"窗口">"文字">"字符"命令，弹出"字符"面板，在"设置字体系列"选项的下拉列表中选择一种字体，如图6-84所示；或选择"文字">"字体"命令，在列出的字体中进行选择。更改文本字体后的效果如图6-85所示。

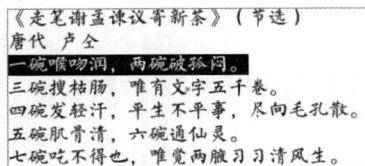
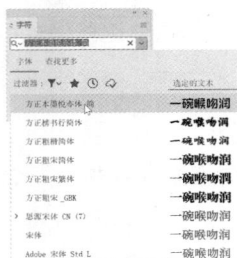

图6-83　　　　　　　　　　图6-84　　　　　　　　　　图6-85

选中文本，可以单击"设置字体大小"选项 $\mathbf{T}$ $\hat{\cdot}$ 12 pt 数值框后的下拉按钮 $\vee$，在打开的下拉列表中选择合适的字号；也可以通过单击数值框左侧的微调按钮 $\hat{\cdot}$ 来调整字号。文本字号为14 pt和16 pt时的效果如图6-86和图6-87所示。

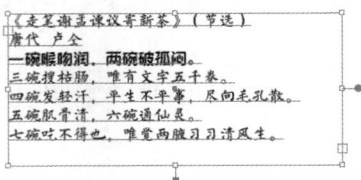
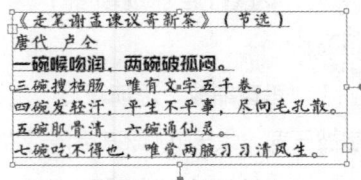

图6-86　　　　　　　　　　图6-87

2. 行距

行距是指文本中行与行之间的距离。如果没有指定行距值，系统将自动设置行距，以最合适的数值为行距。

选中文本，如图6-88所示。在"字符"面板的"设置行距"选项 $\mathbf{A}$ 的数值框中输入需要的数值，可以调整行与行之间的距离。将"设置行距"选项设置为22 pt，按Enter键确定操作，效果如图6-89所示。

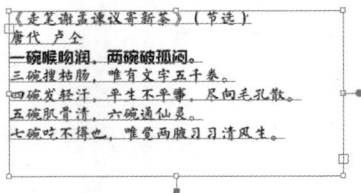
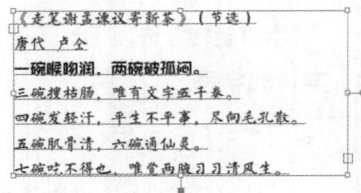

图6-88　　　　　　　　　　图6-89

3. 水平缩放或垂直缩放

当改变文本的字号时，它的高度和宽度将同时发生改变，而利用"垂直缩放"选项 $\mathbf{IT}$ 或"水平缩放"选项 $\mathbf{T}$ 可以单独改变文本的高度和宽度。

默认状态下，对于横排的文本，设置"垂直缩放"选项 $\mathbf{IT}$ 将保持文本的宽度不变，只改变文本的高度；设置"水平缩放"选项 $\mathbf{T}$ 将在保持文本高度不变的情况下，改变文本宽度；对于竖排的文本，会产生相反的效果，即"垂直缩放"选项 $\mathbf{IT}$ 用于改变文本的宽度，"水平缩放"选项 $\mathbf{T}$ 用于改变文本的高度。

选中文本，文本默认状态下的效果如图6-90所示。在"垂直缩放"选项 $\mathbf{IT}$ 的数值框内输入175%，按Enter键确定操作，文本的垂直缩放效果如图6-91所示。

在"水平缩放"选项 ![] 的数值框内输入175%，按Enter键确定操作，文本的水平缩放效果如图6-92所示。

图6-90　　　　　　　图6-91 　　　　　　　图6-92

4．字距

当需要调整文字或字符之间的距离时，可使用"字符"面板中的两个选项，即"设置两个字符间的字距微调"选项 ![VA] 和"设置所选字符的字距调整"选项 ![VA] 。"设置两个字符间的字距微调"选项 ![VA] 用于控制两个字符之间的距离。"设置所选字符的字距调整"选项 ![VA] 用于使两个或更多个被选择的字符之间保持相同的距离。

选中要设定字距的文字，如图6-93所示。在"字符"面板的"设置两个字符间的字距微调"选项 ![VA] 的下拉列表中选择"自动"选项，这时系统就会以最合适的数值设置选中文字之间的距离。

图6-93

提示　将"设置两个字符间的字距微调"选项设置为0时，将关闭自动调整文字距离的功能。

将光标插入需要调整间距的两个文字之间，如图6-94所示。在"设置两个字符间的字距微调"选项 ![VA] 的数值框中输入需要的数值，按Enter键，就可以调整两个文字之间的距离。设置数值为300，按Enter键确定操作，效果如图6-95所示；设置数值为-300，按Enter键确定操作，效果如图6-96所示。

图6-94 　　　　　　　图6-95 　　　　　　　图6-96

选中整个文本对象，如图6-97所示，在"设置所选字符的字距调整"选项 ![VA] 的数值框中输入需要的数值，按Enter键，就可以调整文本字符间的距离。设置数值为200，按Enter键确定操作，效果如图6-98所示；设置数值为-200，按Enter键确定操作，效果如图6-99所示。

图6-97　　　　　　　图6-98　　　　　　　图6-99

5．基线偏移

基线偏移就是改变文字与基线的距离，从而升高或降低被选中文字相对于其他文字的排列位置，达到突出显示的目的。使用"基线偏移"选项 ![A] 可以创建上标或下标，或在不改变文本方向的情况下，更改路径文本在路径上的排列位置。

如果"设置基线偏移"选项 $A_+^±$ 在"字符"面板中是隐藏的，可以从"字符"面板的下拉菜单中选择"显示选项"命令，如图6-100所示，显示出"基线偏移"选项 $A_+^±$，如图6-101所示。

"设置基线偏移"选项 $A_+^±$ 用于改变文本在路径上的位置。文本在路径的外侧时选中文本，如图6-102所示。在"设置基线偏移"选项 $A_+^±$ 的数值框中输入-30，按Enter键确定操作，文本移动到路径的内侧，效果如图6-103所示。

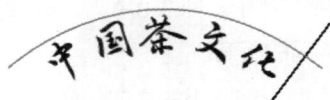

图6-102

图6-100　　　　　　　　　　　图6-101　　　　　　　　　　　图6-103

通过"设置基线偏移"选项 $A_+^±$，还可以制作出有上标和下标显示的数学等式。输入需要的数字和符号，如图6-104所示，将表示平方的字符"2"选中并使用较小的字号，如图6-105所示。再在"设置基线偏移"选项 $A_+^±$ 的数值框中输入28，按Enter键确定操作，平方字符制作完成，如图6-106所示。使用相同的方法制作其他上标字符，效果如图6-107所示。

$$22 + 52 = 29 \qquad 2\blacksquare + 52 = 29 \qquad 2^{\blacksquare} + 52 = 29 \qquad 2^2 + 5^2 = 29$$

图6-104　　　　　　　　　图6-105　　　　　　　　　图6-106　　　　　　　　　图6-107

提示　若要取消基线偏移的效果，选择相应的文本后，在"设置基线偏移"选项 $A_+^±$ 的数值框中输入0即可。

6.2.2 设置段落格式

"段落"面板提供了文本对齐、段落缩进及段落间距等，可用于处理较长的文本。选择"窗口">"文字">"段落"命令（快捷键为Alt+Ctrl+T），弹出"段落"面板，如图6-108所示。

1. 文本对齐

文本对齐是指所有的文字在段落中按一定的标准有序地排列。Illustrator 2024提供了7种文本对齐方式，分别为"左对齐"▤、"居中对齐"▤、"右对齐"▤、"两端对齐，末行左对齐"▤、"两端对齐，末行居中对齐"▤、"两端对齐，末行右对齐"▤和"全部两端对齐"▤。

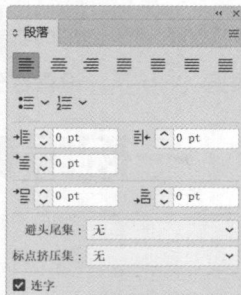

图6-108

选中要对齐的段落文本，单击"段落"面板中的各个对齐方式按钮，应用不同对齐方式的段落文本效果如图6-109所示。

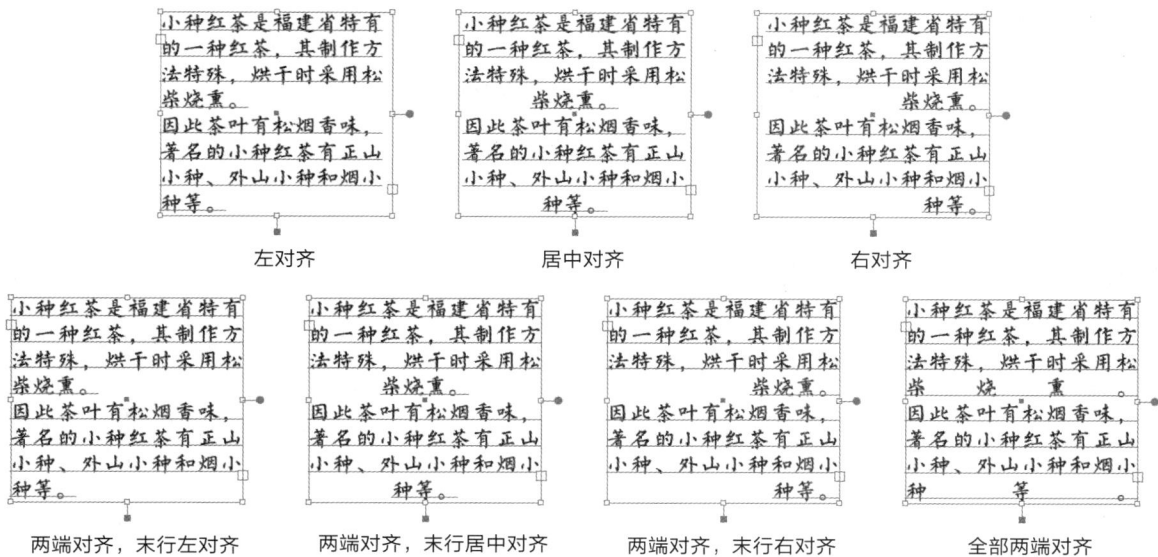

左对齐　　　　　　　　居中对齐　　　　　　　　右对齐

两端对齐，末行左对齐　　　两端对齐，末行居中对齐　　　两端对齐，末行右对齐　　　全部两端对齐

图6-109

2. 段落缩进

段落缩进是指在一个段落文本开始时需要空出的字符数。选定的段落文本可以是文本块、区域文本或路径文本。段落缩进有5种方式："左缩进"⊣、"右缩进"⊢、"首行左缩进"⊟、"段前间距"⊟和"段后间距"⊟。

选中段落文本，可以单击"左缩进"图标⊣、"右缩进"图标⊢或"首行左缩进"图标⊟右边的微调按钮⇕，一次可以调整1 pt。还可以在"左缩进""右缩进"或"首行左缩进"数值框内输入合适的数值。

> **提示**　在数值框内输入正值时，文本框和文本之间的距离变大；输入负值时，文本框和文本之间的距离缩小。

单击"段前间距"图标⊟和"段后间距"图标⊟，可以设置段落间的距离。

选中要缩进的段落文本，单击"段落"面板中的各个缩进方式按钮，应用不同缩进方式的段落文本效果如图6-110所示。

左缩进

右缩进　　　　　　　首行左缩进　　　　　　　段前间距　　　　　　　段后间距

图6-110

任务6.3 掌握图文混排

图文混排效果是版式设计中经常使用的一种效果，使用"文本绕排"子菜单中的命令可以制作出漂亮的图文混排效果。文本绕排对整个文本框起作用，文本框中的部分文本及点文本、路径文本不能进行文本绕排。

任务实践 制作陶艺展览海报

任务目标 学习使用文字工具、"文本绕排"子菜单中的命令制作陶艺展览海报。

任务要点 使用文字工具、"字符"面板添加展览信息，使用文字工具、"文本绕排"子菜单中的命令制作图文混排效果。最终效果参看学习资源中的"项目6\效果\制作陶艺展览海报.ai"，效果如图6-111所示。

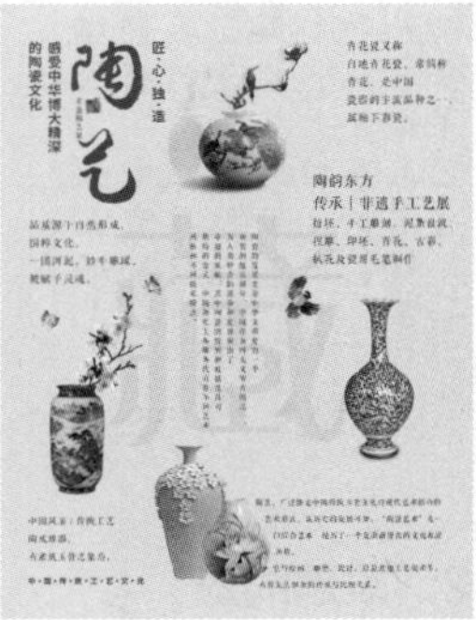

任务操作

01 按Ctrl+O快捷键，弹出"打开"对话框，选择学习资源中的"项目6\素材\制作陶艺展览海报\01"文件，单击"打开"按钮，打开文件，效果如图6-112所示。

图6-111

02 选取并复制记事本文档中需要的文字。返回Illustrator页面，选择文字工具 T，在适当的位置按住鼠标左键不放，拖曳出一个带有选中文本的文本框，如图6-113所示，将复制的文字粘贴到文本框中，选择选择工具 ▶，在属性栏中选择合适的字体并设置文字大小，效果如图6-114所示。

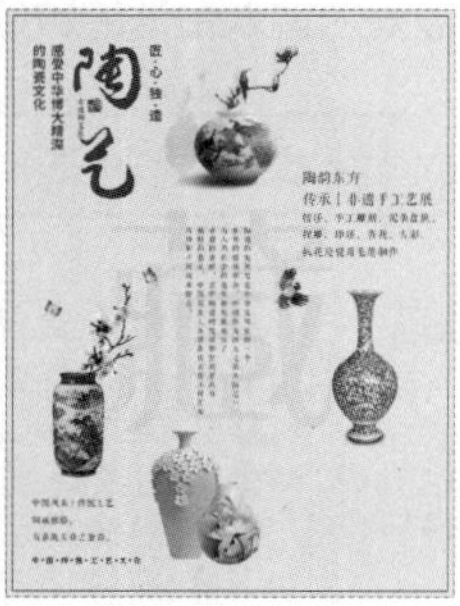

图6-112  图6-113  图6-114

03 按Ctrl+T快捷键，弹出"字符"面板，将"设置所选字符的字距调整"选项 VA 设置为50，其他选项的设置如图6-115所示；按Enter键确定操作，效果如图6-116所示。设置填充色为深灰色（其CMYK值为0、0、0、80），填充文字，效果如图6-117所示。

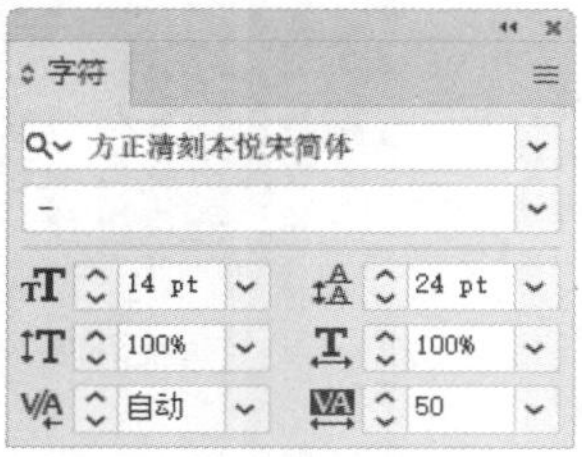

图6-115  图6-116  图6-117

04 使用选择工具 ▶ 单击 ⊞，如图6-118所示，当鼠标指针变为载入文本图符 ▥ 时，将其移动到适当的位置，如图6-119所示，拖曳鼠标，文本自动排入框中，效果如图6-120所示。

| 图6-118 | 图6-119 | 图6-120 |

05 选取并复制记事本文档中需要的文字。返回Illustrator页面，选择文字工具 T，在适当的位置按住鼠标左键不放，拖曳出一个带有选中文本的文本框，如图6-121所示，将复制的文字粘贴到文本框中，选择选择工具 ▶，在属性栏中选择合适的字体并设置文字大小。设置填充色为深灰色（其CMYK值为0、0、0、80），填充文字，效果如图6-122所示。

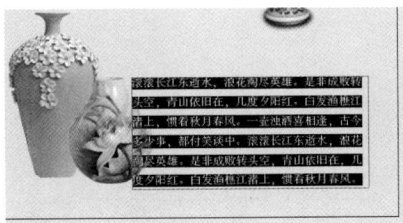
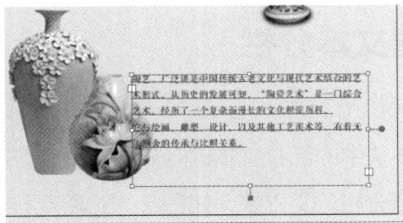

| 图6-121 | 图6-122 |

06 在"字符"面板中，将"设置所选字符的字距调整"选项 ▥ 设置为50，其他选项的设置如图6-123所示；按Enter键确定操作，效果如图6-124所示。

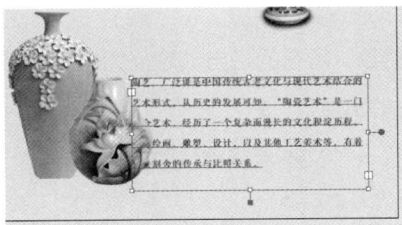
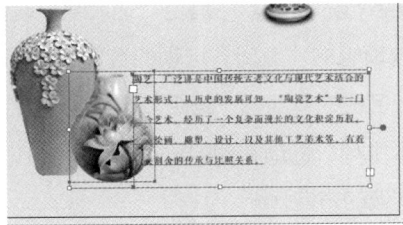

| 图6-123 | 图6-124 |

07 连续按Ctrl+ [快捷键，将文字后移至适当的位置，效果如图6-125所示。按住Shift键的同时，单击左侧的图片将其同时选取，如图6-126所示。

| 图6-125 | 图6-126 |

08 选择"对象">"文本绕排">"建立"命令，弹出提示对话框，如图6-127所示，单击"确定"按钮，建立文本绕排，效果如图6-128所示。陶艺展览海报制作完成，效果如图6-129所示。

图6-127

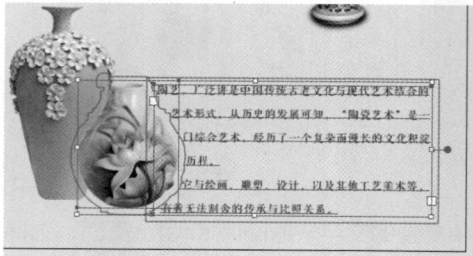

图6-128

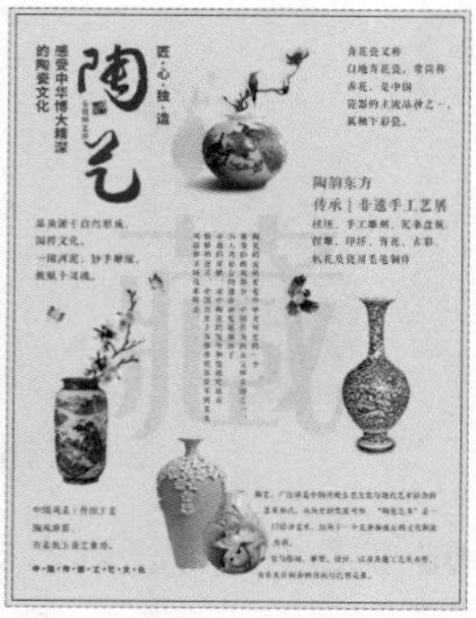

图6-129

任务知识

6.3.1 创建文本分栏

在Illustrator 2024中，可以对一个选中的文本块进行分栏，不能对点文本或路径文本进行分栏，也不能对一个文本块中的部分文本进行分栏。

选中要进行分栏的文本块，如图6-130所示，选择"文字">"区域文字选项"命令，弹出"区域文字选项"对话框，各选项的设置如图6-131所示，单击"确定"按钮，创建文本分栏，效果如图6-132所示。

图6-130

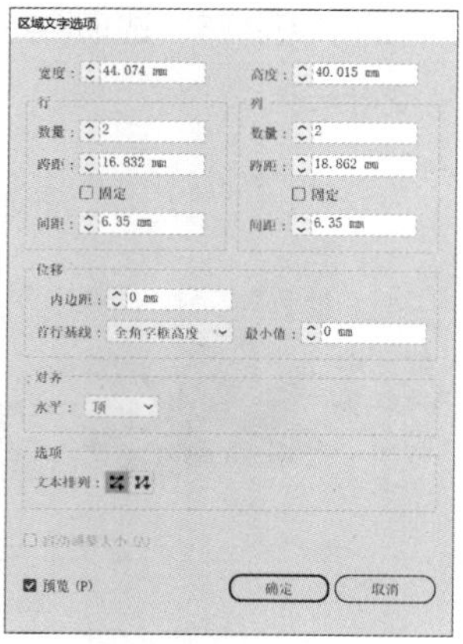

图6-131

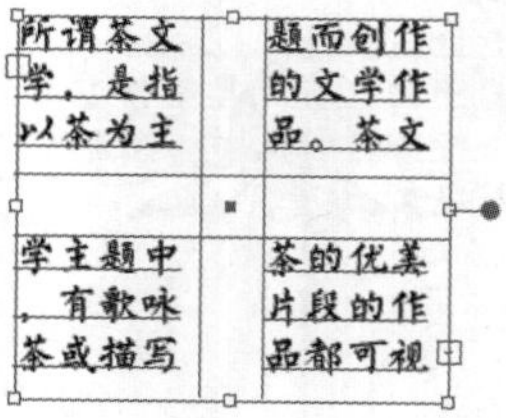

图6-132

在"行"选项组的"数量"选项的数值框中输入行数，所有的行自动定义为相同的高度，建立文本分栏后可以改变各行的高度。"跨距"选项用于设置行的高度。

在"列"选项组的"数量"选项的数值框中输入栏数，所有的栏自动定义为相同的宽度，建立文本分栏后可以改变各栏的宽度。"跨距"选项用于设置栏的宽度。

单击"文本排列"选项右侧的按钮 ⚎ ⚏，可以选择一种文本流在链接时的排列方式，按钮中的方向箭头指明了文本流的方向。

6.3.2　链接文本框

如果文本块出现文本溢出现象，可以通过调整文本块的大小显示所有的文本，也可以将溢出的文本链接到另一个文本框中，还可以进行多个文本框的链接。点文本和路径文本不能被链接。

选择有文本溢出的文本块，文本框的右下角出现⊞图标，表示因文本框太小有文本溢出。创建一个文本框，同时将文本块和文本框选中，如图6-133所示。

选择"文字">"串接文本">"创建"命令，左边的文本框中溢出的文本会自动移到右边的文本框中，效果如图6-134所示。

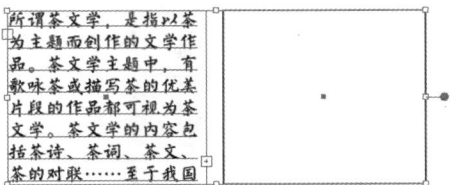
图6-133

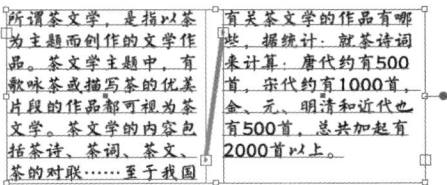
图6-134

如果右边的文本框中还有文本溢出，可以继续添加文本框来链接溢出的文本。链接的多个文本框其实还是一个文本块。选择"文字">"串接文本">"释放所选文字"命令，可以解除各文本框之间的链接状态。

6.3.3　建立文本绕排

在文本框上放置图形并调整好位置，同时选中文本框和图形，如图6-135所示。选择"对象">"文本绕排">"建立"命令，建立文本绕排，使文本和图形结合在一起，效果如图6-136所示。要增加绕排的图形，可先将图形放置在文本框上，再选择"对象">"文本绕排">"建立"命令，文本将会重新排列，效果如图6-137所示。

图6-135

图6-136

图6-137

选中文本绕排对象，选择"对象">"文本绕排">"释放"命令，可以取消文本绕排。

> **提示**　图片必须放置在文本框之上才能进行文本绕排。

项目实践　制作古琴文化展宣传海报

项目要点　使用"置入"命令添加海报背景，使用文字工具、"字符"面板添加广告内容，使用直线段工具绘制装饰线条。最终效果参看学习资源中的"项目6\效果\制作古琴文化展宣传海报.ai"，效果如图6-138所示、

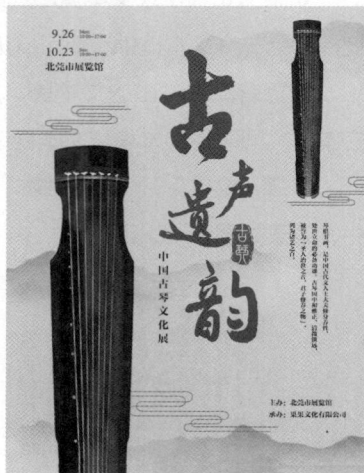

图6-138

课后习题　制作服饰类公众号封面次图

习题要点　使用"置入"命令置入素材图片，使用直线段工具、"描边"面板绘制装饰线条，使用钢笔工具、路径文字工具制作路径文本，使用文字工具、直排文字工具和"字符"面板添加海报内容。最终效果参看学习资源中的"项目6\效果\制作服饰类公众号封面次图.ai"，效果如图6-139所示。

图6-139

项目 7

图表的编辑

本项目旨在帮助读者掌握Illustrator 2024中图表的创建与设置，以及自定义图表图案的方法。通过本项目的学习，读者可以创建出各种类型的图表，以更好地展示复杂的数据。另外，通过自定义图表各部分的颜色，以及将创建的图案应用到图表中，能更加生动地表现数据内容。

学习目标

● 掌握创建与设置图表的方法。

● 了解不同图表之间的转换技巧。

● 掌握自定义图表图案的方法。

技能目标

● 掌握"在线旅游App用户流量图表"的制作方法。

● 掌握"家装消费统计图表"的制作方法。

素养目标

● 培养使用不同的功能创作图表的能力。

● 培养将图表的理论知识联系实际操作的能力。

● 培养学习和欣赏不同的图像效果的能力。

任务7.1 掌握创建与设置图表

Illustrator 2024提供了9种不同的图表工具，利用这些工具可以创建不同类型的图表。

任务实践 制作在线旅游App用户流量图表

任务目标 学习使用图表工具、"图表类型"对话框制作在线旅游App用户流量图表。

任务要点 使用椭圆工具、"路径查找器"面板、剪切蒙版制作图表底图，使用柱形图工具、"图表类型"对话框和文字工具制作柱形图，使用文字工具、"字符"面板添加文字信息。最终效果参看学习资源中的"项目7\效果\制作在线旅游App用户流量图表.ai"，效果如图7-1所示。

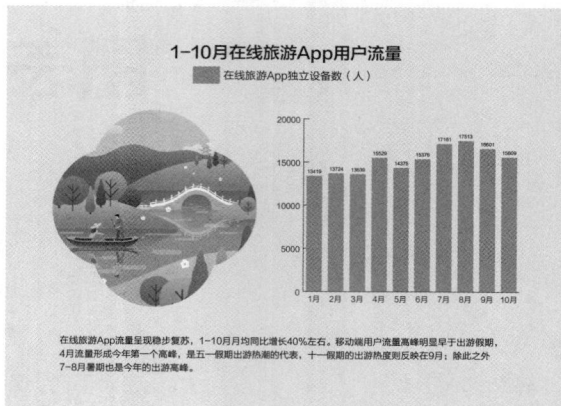

图7-1

任务操作

01 按Ctrl+N快捷键，弹出"新建文档"对话框，设置文档的宽度为254 mm，高度为190 mm，方向为横向，颜色模式为"CMYK颜色"，光栅效果为"高（300 ppi）"，单击"创建"按钮，新建一个文档。

02 选择矩形工具 ▣，绘制一个与页面大小相等的矩形，设置填充色为浅蓝色（其CMYK值为13、0、2、0），填充图形，并设置描边色为无，效果如图7-2所示。

03 选择"文件">"置入"命令，弹出"置入"对话框，选择学习资源中的"项目7\素材\制作在线旅游App用户流量图表\01"文件，单击"置入"按钮，在页面中单击置入图片，单击属性栏中的"嵌入"按钮，嵌入图片。选择选择工具 ▶，拖曳图片到适当的位置，效果如图7-3所示。选择椭圆工具 ◯，按住Shift键的同时，在适当的位置分别绘制4个圆形，效果如图7-4所示。

图7-2

图7-3

图7-4

04 选择选择工具 ▶，按住Shift键的同时，将所绘制的圆形同时选取，如图7-5所示。选择"窗口">"路径查找器"命令，弹出"路径查找器"面板，单击"联集"按钮 ◨，如图7-6所示，生成新对象，效果如图7-7所示。

　图7-5

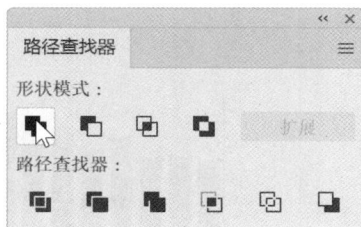
　图7-6

　图7-7

05 按住Shift键的同时，使用选择工具 ▶ 单击下方图片将其同时选取，如图7-8所示。按Ctrl+7快捷键，建立剪切蒙版，效果如图7-9所示。

06 选择文字工具 **T**，在页面中输入需要的文字。选择选择工具 ▶，在属性栏中选择合适的字体并设置文字大小，效果如图7-10所示。

　图7-8

　图7-9

　图7-10

07 选择柱形图工具 **山**，在页面中单击，弹出"图表"对话框，选项的设置如图7-11所示，单击"确定"按钮，弹出"图表数据"对话框。单击"导入数据"按钮 ，弹出"导入图表数据"对话框，选择学习资源中的"项目7\素材\制作在线旅游App用户流量图表\数据信息"文件，单击"打开"按钮，导入需要的数据，如图7-12所示。单击"应用"按钮 ✓，再关闭"图表数据"对话框，建立柱形图，效果如图7-13所示。

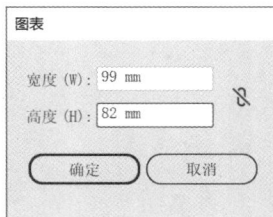
　图7-11

	在线...
1 月	13419.00
2 月	13724.00
3 月	13639.00
4 月	15529.00
5 月	14375.00
6 月	15376.00
7 月	17161.00
8 月	17513.00
9 月	16601.00
10 月	15609.00

　图7-12

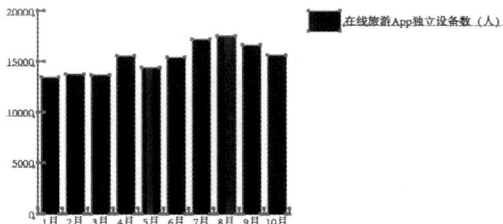
　图7-13

08 双击柱形图工具 **山**，弹出"图表类型"对话框，选项的设置如图7-14所示，单击"确定"按钮，效果如图7-15所示。

图7-14

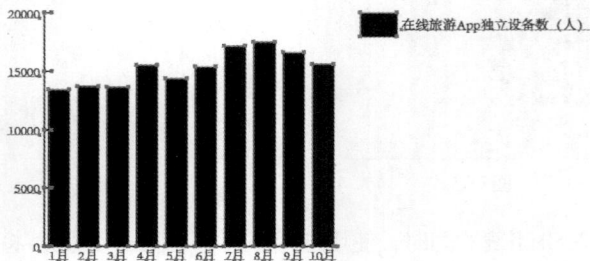
图7-15

09 选择选择工具 ▶，在属性栏中选择合适的字体并设置文字大小，效果如图7-16所示。选择编组选择工具 ▷，按住Shift键的同时，依次选取需要的矩形，设置填充色为绿色（其CMYK值为65、8、52、0），填充图形，并设置描边色为无，效果如图7-17所示。

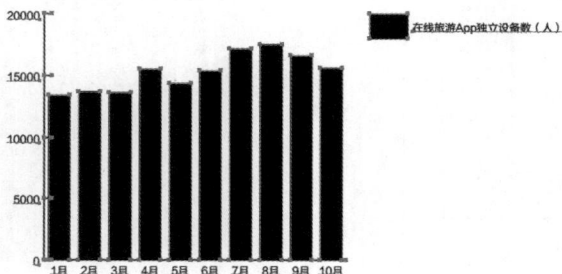
图7-16

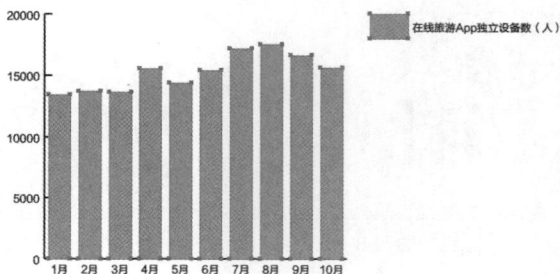
图7-17

10 按住Shift键的同时，使用编组选择工具 ▷ 依次选取需要的刻度线，如图7-18所示，设置描边色为深灰色（其CMYK值为0、0、0、80），填充描边。选取下方的刻度线，按Shift+Ctrl+] 快捷键，将刻度线置于顶层，效果如图7-19所示。

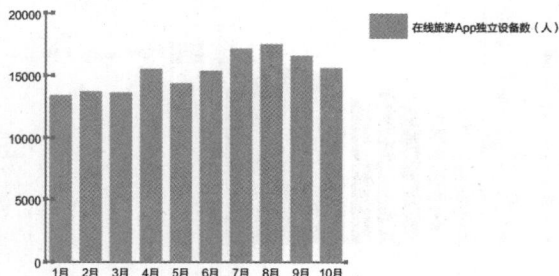
图7-18

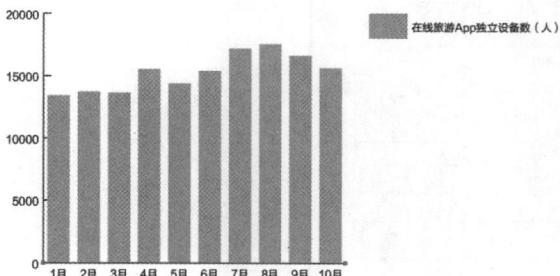
图7-19

11 选择选择工具 ▶，将柱形图拖曳到页面中适当的位置，效果如图7-20所示。选择编组选择工具 ▷，按住Shift键的同时，选取需要的图形和文字，并拖曳图形和文字到适当的位置，效果如图7-21所示。选取右侧的文字，在属性栏中设置文字大小，效果如图7-22所示。

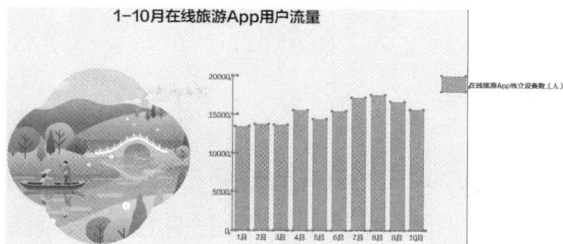

图7-20

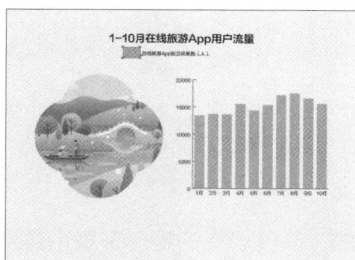

图7-21

图7-22

12 选择文字工具 T ，在适当的位置分别输入需要的数据，选择选择工具 ▶ ，在属性栏中选择合适的字体并设置文字大小，效果如图7-23所示。

13 选择文字工具 T ，在适当的位置输入需要的文字，选择选择工具 ▶ ，在属性栏中选择合适的字体并设置文字大小，效果如图7-24所示。

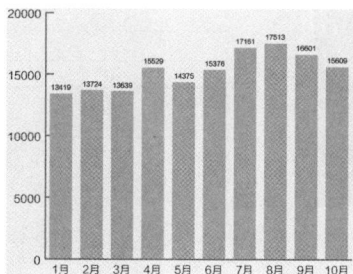

图7-23

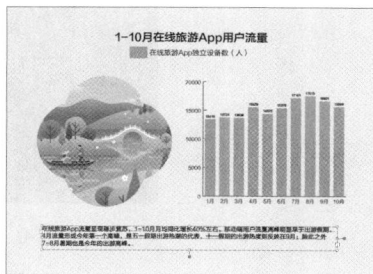

图7-24

14 按Ctrl+T快捷键，弹出"字符"面板，将"设置行距"选项 ⏐A 设置为18 pt，其他选项的设置如图7-25所示；按Enter键确定操作，效果如图7-26所示。在线旅游App用户流量图表制作完成，效果如图7-27所示。

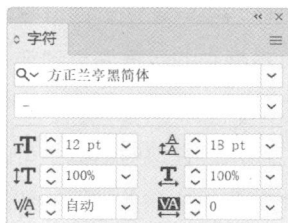

图7-25

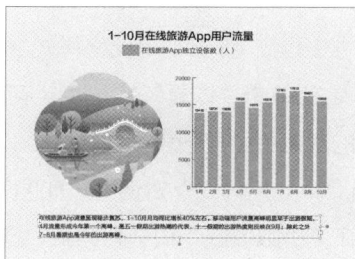

图7-26

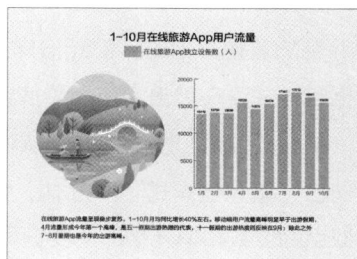

图7-27

任务知识

7.1.1 图表工具

按住工具箱中的柱形图工具按钮 ▥ 不放，将弹出图表工具组。工具组中包含的图表工具依次为柱形图工具 ▥、堆积柱形图工具 ▥、条形图工具 ▤、堆积条形图工具 ▤、折线图工具 ◩、面积图工具 ◩、散点图工具 ◪、饼图工具 ◔、雷达图工具 ◈，如图7-28所示。

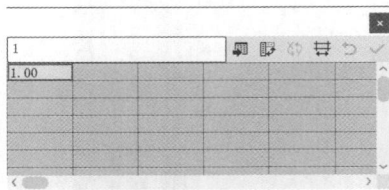

图7-28

7.1.2 柱形图

柱形图是较为常用的一种图表类型，它使用一些竖排的、高度可变的矩形来表示各种数据，矩形的高度与数据大小成正比。创建柱形图的具体步骤如下。

选择柱形图工具 ▥，在页面中拖曳鼠标，绘制出一个矩形区域来设置图表大小，或在页面上任意位置单击，在弹出的"图表"对话框的"宽度"选项和"高度"选项的数值框中输入图表的宽度和高度，如图7-29所示，设置完成后，单击"确定"按钮，将自动在页面中建立图表，如图7-30所示，同时弹出"图表数据"对话框，如图7-31所示。

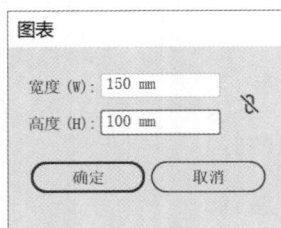

| 图7-29 | 图7-30 | 图7-31 |

在"图表数据"对话框左上方的文本框中直接输入各种文本或数值，然后按Tab键或Enter键确认，文本或数值将会被添加到"图表数据"对话框的单元格中。单击可以选取各个单元格，输入文本或数值后，再按Enter键确认。

"图表数据"对话框右上方有一组按钮。单击"导入数据"按钮 ▦，可以从外部文件中导入数据信息。单击"换位行/列"按钮 ▦，可将横排和竖排的数据交换位置。单击"切换x/y"按钮 ⇄，将调换x轴和y轴的位置。单击"单元格样式"按钮 ▤，弹出"单元格样式"对话框，可以在该对话框中设置单元格的样式。在单击"应用"按钮 ✓ 之前单击"恢复"按钮 ↻，可使文本框中的数据恢复到前一个状态。单击"应用"按钮 ✓，确认输入的数据并生成图表。

单击"单元格样式"按钮 ▤，弹出"单元格样式"对话框，如图7-32所示，在该对话框中可以设置小数点的位数和单元格的宽度。可以在"小数位数"和"列宽度"选项的文本框中输入需要的数值。另外，将鼠标指针放置在各单元格相交处时，鼠标指针将会变成 ↔ 形状，这时拖曳鼠标可调整单元格的宽度。

　　双击柱形图工具 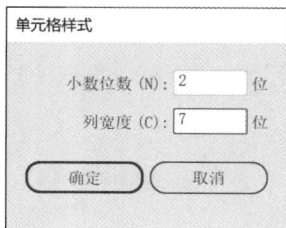，弹出"图表类型"对话框，如图7-33所示。柱形图是默认的图表，其他选项常采用默认设置，单击"确定"按钮。

　　在"图表数据"对话框中单击文本表格的第1个单元格，删除默认值1，按照文本表格的组织方式输入数据。例如，输入家电行业第一季度的销售额，如图7-34所示。

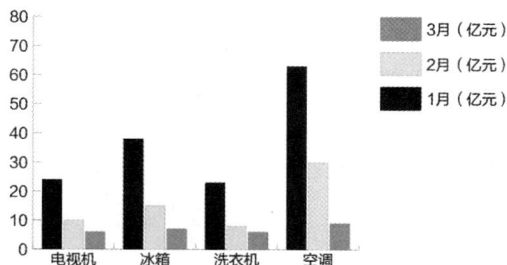

	1月（亿元）	2月（亿元）	3月（亿元）
电视机	24.00	10.00	6.00
冰箱	38.00	15.00	7.00
洗衣机	23.00	8.00	6.00
空调	63.00	30.00	9.00

图7-32　　　　　　　　　　　　图7-33　　　　　　　　　　　　图7-34

　　单击"应用"按钮 ✔，生成图表，输入的数据被应用到图表上，柱形图效果如图7-35所示，从图中可以看到，柱形图是对每一行中的数据进行比较。

　　在"图表数据"对话框中单击"换位行/列"按钮，互换行、列数据得到新的柱形图，效果如图7-36所示。在"图表数据"对话框中单击"关闭"按钮 ✖，将对话框关闭。

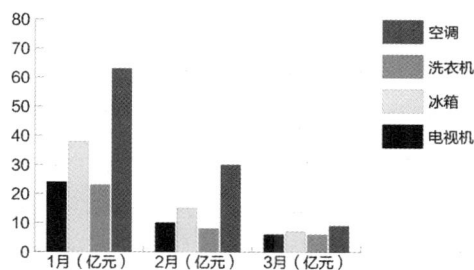

图7-35　　　　　　　　　　　　　　　　　　　图7-36

　　当需要对柱形图中的数据进行修改时，先选取要修改的图表，选择"对象">"图表">"数据"命令，弹出"图表数据"对话框，在对话框中修改数据后，单击"应用"按钮 ✔，将修改后的数据应用到选定的图表中。

　　选取图表，用鼠标右键单击页面，在弹出的快捷菜单中选择"类型"命令，弹出"图表类型"对话框，可以在对话框中选择其他的图表类型。

7.1.3　其他图表

1. 堆积柱形图

　　堆积柱形图与柱形图类似，只是它们的显示方式不同。柱形图显示的是单一的数据比较，而堆积柱形图显示的是全部数据总和的比较。因此，在进行数据总和的比较时，多用堆积柱形图来表示，效果如图7-37所示。

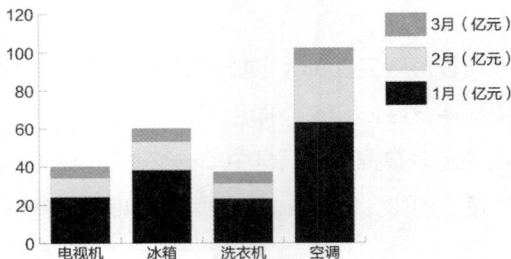

图7-37

2. 条形图和堆积条形图

条形图与柱形图类似，只是柱形图以垂直方向上的矩形显示图表中的数据，而条形图以水平方向上的矩形来显示图表中的数据，效果如图7-38所示。

堆积条形图与堆积柱形图类似，但是堆积条形图是以水平方向的矩形来显示数据总和的，堆积柱形图正好与之相反。堆积条形图的效果如图7-39所示。

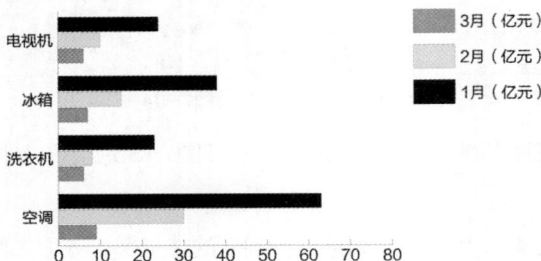

图7-38

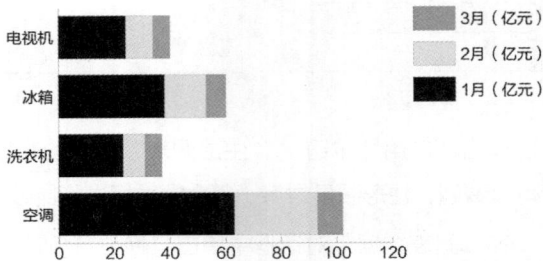

图7-39

3. 折线图

折线图可以显示出某种事物随时间变化的发展趋势，能很明显地表现出数据的走向。折线图也是一种比较常见的图表类型，给人直接明了的视觉感受。

创建折线图与创建柱形图的步骤相似，选择折线图工具 ，拖曳鼠标绘制出一个矩形区域，或在页面上任意位置单击，在弹出的"图表数据"对话框中输入相应的数据，最后单击"应用"按钮 即可创建折线图，效果如图7-40所示。

4. 面积图

面积图可以用来表示一组或多组数据。面积图通过不同的折线连接图表中所有的点，形成面积区域，并且面积区域可填充为不同的颜色。面积图其实与折线图类似，只不过在面积图中可填充颜色，效果如图7-41所示。

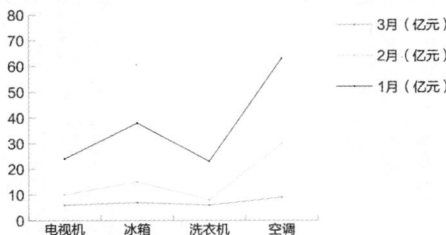

图7-40

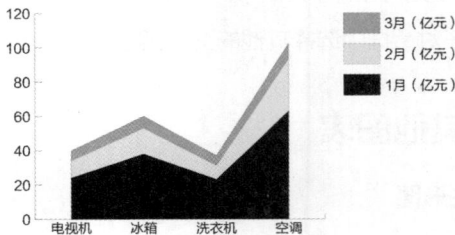

图7-41

5．散点图

散点图是一种比较特殊的数据图表。散点图的横坐标和纵坐标都是数据坐标，两组数据在图中的交叉点形成了坐标点。图表中的数据点默认是用线连接的，效果如图7-42所示，在"图表类型"对话框中可以取消连接数据点。散点图不适合用于表示太复杂的内容，只适合用于显示图例的说明。

6．饼图

饼图适用于一个整体中各组成部分的比较，该类图表的应用范围比较广。饼图的数据整体显示为一个圆，每组数据按照其在整体中所占的比例，以不同颜色的扇形区域显示出来。但是饼图不能准确地显示出各部分的具体数值，效果如图7-43所示。

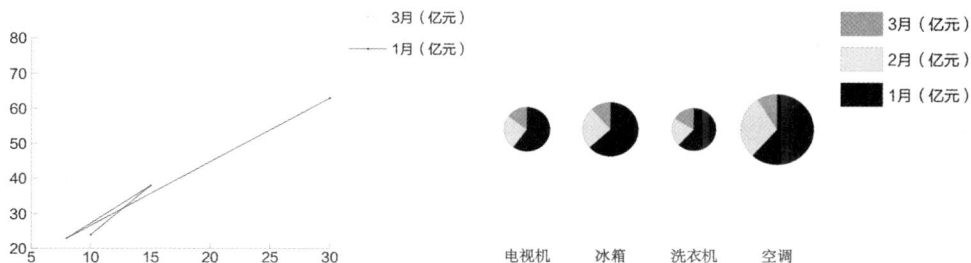

图7-42

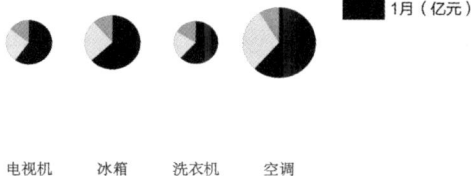

图7-43

7．雷达图

雷达图是一种较为特殊的图表类型，它以一种环形的形式对图表中的各组数据进行比较，形成比较明显的数据对比，适用于多项指标的全面分析，效果如图7-44所示。

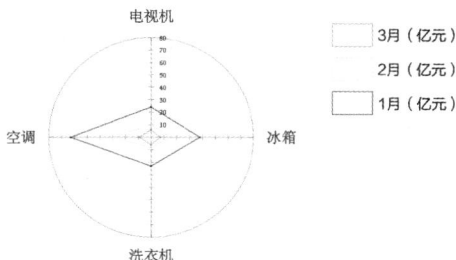

图7-44

7.1.4 "图表数据"对话框

选中图表，单击鼠标右键，在弹出的快捷菜单中选择"数据"命令，或直接选择"对象">"图表">"数据"命令，弹出"图表数据"对话框。在对话框中可以进行数据的修改。

（1）编辑一个单元格

选取一个单元格，在文本框中输入新的数据，按Enter键确认操作并下移到另一个单元格。

（2）删除数据

选取数据单元格，删除文本框中的数据，按Enter键确认操作并下移到另一个单元格。

（3）删除多个数据

选取要删除数据的多个单元格，选择"编辑">"清除"命令，即可删除多个数据。

7.1.5 "图表类型"对话框

1. 设置图表选项

选中图表，双击图表工具或选择"对象">"图表">"类型"命令，弹出"图表类型"对话框，如图7-45所示。"数值轴"选项的下拉列表中包括"位于左侧""位于右侧""位于两侧"选项，分别用来表示图表中坐标轴的位置，可根据需要选择（对饼图来说此选项不可用）。

"样式"选项组包括4个选项。勾选"添加投影"复选框，可以为图表添加一种阴影效果；勾选"在顶部添加图例"复选框，可以将图表中的图例说明放到图表的顶部；勾选"第一行在前"复选框，当"簇宽度"大于100%时，可以控制图表中数据的类别或群集重叠的方式（使用柱形图或条形图时此选项最有帮助）；勾选"第一列在前"复选框，在"图表数据"对话框的顶部，放置与第一列数据相对应的柱形、条形或线段。

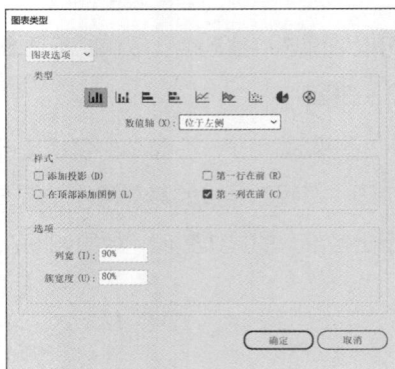

图7-45

"选项"选项组包括两个选项。"列宽""簇宽度"选项分别用来控制图表的横栏宽和组宽。横栏宽是指图表中每个柱形的宽度，组宽是指所有柱形所占据的可用空间的宽度。

选择折线图、散点图和雷达图时，"选项"选项组如图7-46所示。勾选"标记数据点"复选框，可以使数据点显示为正方形，否则直线段中间的数据点不显示；勾选"连接数据点"复选框，可以在每组数据点之间进行连线，否则只显示一个个孤立的点；勾选"线段边到边跨X轴"复选框，可以使线条从图表左边和右边伸出，它对散点图表无作用；勾选"绘制填充线"复选框，将激活其下方的"线宽"选项。

选择饼图时，"选项"选项组如图7-47所示。"图例"选项用于控制图例的显示，在其下拉列表中，"无图例"选项表示没有图例，"标准图例"选项表示将图例放在图表的外围，"楔形图例"选项表示将图例插入相应的扇形中。"位置"选项表示控制饼图及扇形块的摆放位置，在其下拉列表中，"比例"选项表示将按比例显示各个饼图的大小，"相等"选项表示使所有饼图的直径相等，"堆积"选项表示将所有的饼图叠加在一起。"排序"选项表示控制图表元素的排列顺序，在其下拉列表中，"全部"选项表示将元素由大到小顺时针排列；"第一个"选项表示将最大值元素放在顺时针方向的第一个，其余按输入顺序排列；"无"选项表示按元素的输入顺序顺时针排列。

图7-46

图7-47

2. 设置数值轴

在"图表类型"对话框左上方的下拉列表中选择"数值轴"选项，将显示相应的设置选项，如图7-48所示。

"刻度值"选项组：当勾选"忽略计算出的值"复选框时，下面的3个数值框被激活。"最小值"选项数值框中的数值表示坐标轴的起始值，也就是图表原点的坐标值，它不能大于"最大值"选项数值框中的数值；"最大值"选项数值框中的数值表示的是坐标轴的最大刻度值；"刻度"选项数值框中的数值用来决定将坐标轴分为多少个部分。

"刻度线"选项组："长度"选项的下拉列表中包括3个选项。选择"无"选项，表示不使用刻度标记；选择"短"选项，表示使用短的刻度标记；选择"全宽"选项，刻度线将贯穿整个图表，效果如图7-49所示。"绘制"选项数值框中的数值表示每一个坐标轴间隔的区分标记的数量。

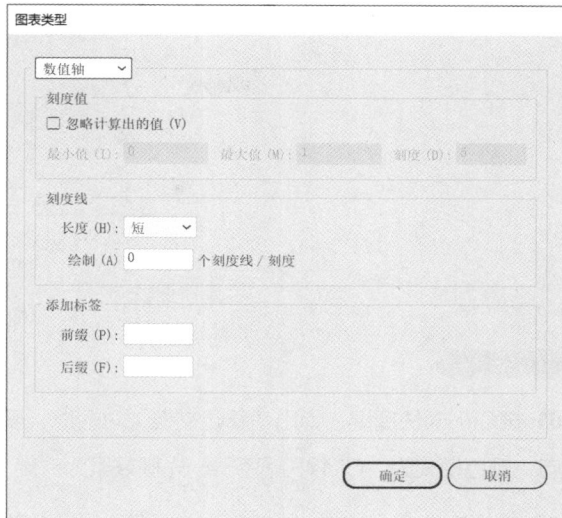

图7-48

"添加标签"选项组："前缀"选项用于在数值前加符号，"后缀"选项用于在数值后加单位。在"后缀"选项的文本框中输入"亿元"后，图表效果如图7-50所示。

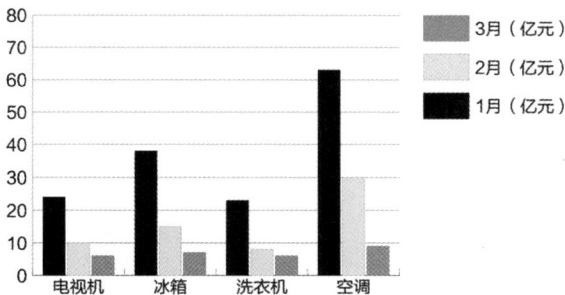

图7-49

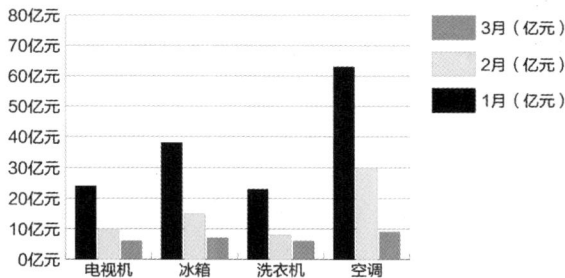

图7-50

任务7.2 掌握自定义图表图案

在Illustrator 2024中，除了可以创建和编辑图表外，还可以对图表的局部进行编辑和修改，以及自定义图表的图案，使图表中的数据更加生动。

任务实践 制作家装消费统计图表

任务目标 学习使用条形图工具、"设计"命令和"柱形图"命令制作家装消费统计图表。

任务要点 使用条形图工具建立条形图，使用"设计"命令定义图案，使用"柱形图"命令制作图案图表，使用钢笔工具、镜像工具和"不透明度"选项绘制装饰图形，使用文字工具、"字符"面板添加标题及统计信息。最终效果参考学习资源中的"项目7\效果\制作家装消费统计图表.ai"，效果如图7-51所示。

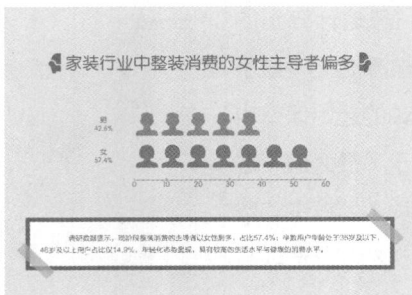

图7-51

任务操作

01 按Ctrl+N快捷键，弹出"新建文档"对话框，设置文档的宽度为285 mm，高度为210 mm，方向为横向，颜色模式为"CMYK颜色"，光栅效果为"高（300 ppi）"，单击"创建"按钮，新建一个文档。

02 选择矩形工具 ▣，绘制一个与页面大小相等的矩形，设置填充色为浅黄色（其CMYK值为1、2、16、0），填充图形，并设置描边色为无，效果如图7-52所示。按Ctrl+2快捷键，锁定所选对象。

03 选择文字工具 T，在页面中输入需要的文字。选择选择工具 ▶，在属性栏中选择合适的字体并设置文字大小，设置填充色为褐色（其CMYK值为38、58、73、0），填充文字，效果如图7-53所示。

04 选择钢笔工具 ✒，在文字左侧绘制两个不规则图形。选择选择工具 ▶，按住Shift键的同时，将绘制的图形同时选取，设置填充色为褐色（其CMYK值为38、58、73、0），填充图形，并设置描边色为无，效果如图7-54所示。

图7-52

图7-53

图7-54

05 选择镜像工具 ◁▷，按住Alt键的同时，在适当的位置单击，如图7-55所示；弹出"镜像"对话框，选项的设置如图7-56所示；单击"复制"按钮，镜像并复制图形，效果如图7-57所示。

图7-55

图7-56

图7-57

06 选择条形图工具 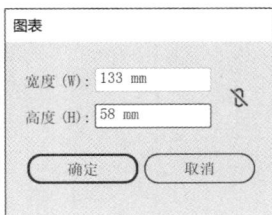，在页面中单击，弹出"图表"对话框，选项的设置如图7-58所示；单击"确定"按钮，弹出"图表数据"对话框，输入需要的数据，如图7-59所示。单击"应用"按钮 ✓，关闭"图表数据"对话框，建立条形图，并将其拖曳到页面中适当的位置，效果如图7-60所示。

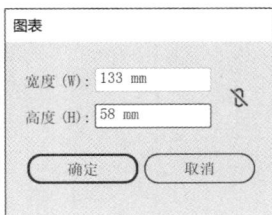

图7-58

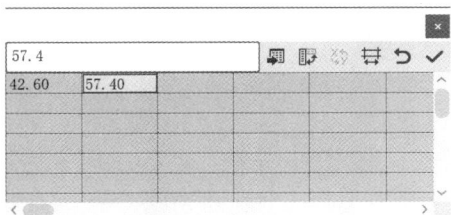

图7-59

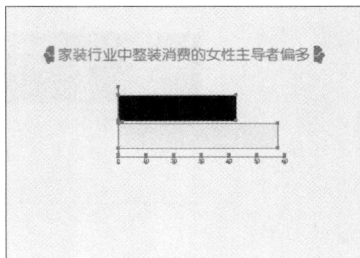

图7-60

07 按Ctrl+O快捷键，弹出"打开"对话框，选择学习资源中的"项目7\素材\制作家装消费统计图表\01"文件，单击"打开"按钮，打开文件。选择选择工具 ▶，选取需要的"男"图表图案，如图7-61所示。

08 选择"对象">"图表">"设计"命令，弹出"图表设计"对话框，单击"新建设计"按钮，显示所选图形的预览图，如图7-62所示；单击"重命名"按钮，在弹出的"图表设计"对话框中输入名称，如图7-63所示；单击"确定"按钮，返回"图表设计"对话框，如图7-64所示，单击"确定"按钮，完成"男"图表图案的定义。用相同的方法选取并定义"女"图表图案，如图7-65所示，单击"确定"按钮，返回编辑页面。

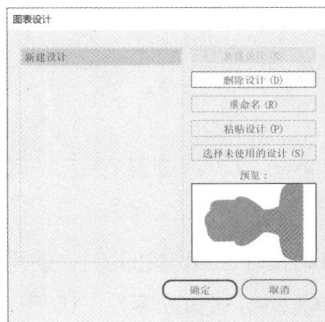

图7-61　　　　　　图7-62

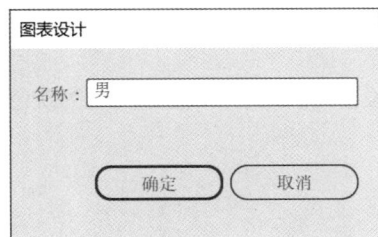

图7-63

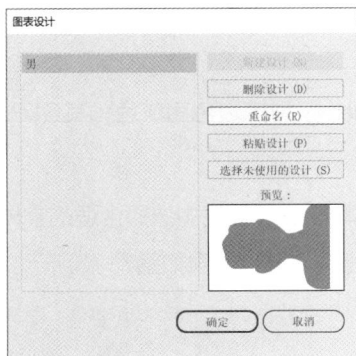

图7-64

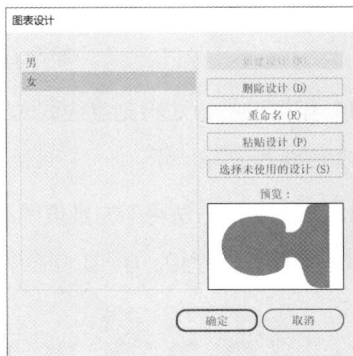

图7-65

09 选择编组选择工具 ⯈，选取需要的图表，如图7-66所示，选择"对象">"图表">"柱形图"命令，弹出"图表列"对话框，选择新定义的"男"图表图案，其他选项的设置如图7-67所示；单击"确定"按钮，效果如图7-68所示。用相同的方法应用定义的"女"图表图案，效果如图7-69所示。

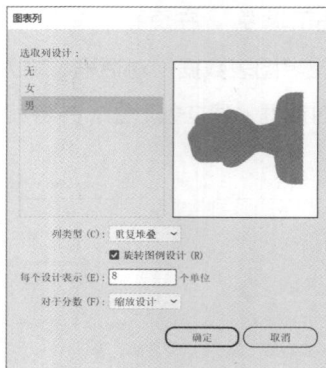

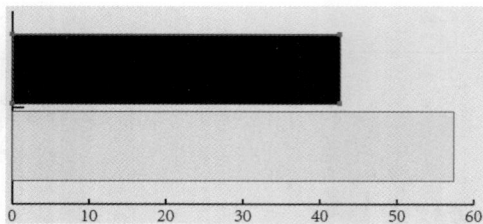

图7-66

图7-67

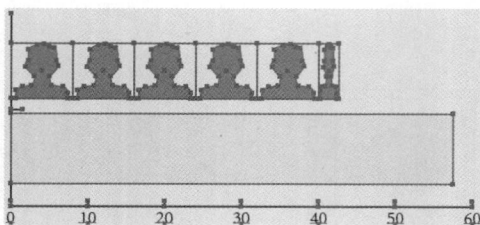

图7-68

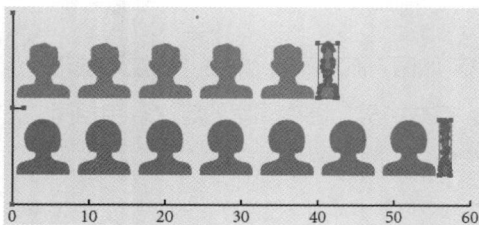

图7-69

10 按住Shift键的同时，使用编组选择工具 依次选取不需要的图形，如图7-70所示。按Delete键将其删除，效果如图7-71所示。

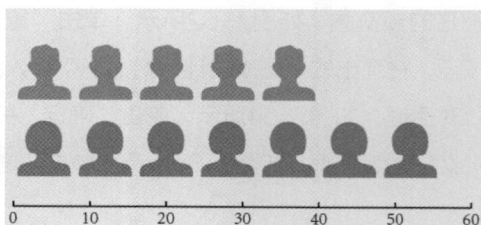

图7-70

图7-71

11 用框选的方法将刻度线同时选取，设置描边色为灰色（其CMYK值为0、0、0、60），填充描边，效果如图7-72所示。

12 用框选的方法将下方数值同时选取，在属性栏中选择合适的字体并设置文字大小；设置填充色为灰色（其CMYK值为0、0、0、60），填充文字，效果如图7-73所示。

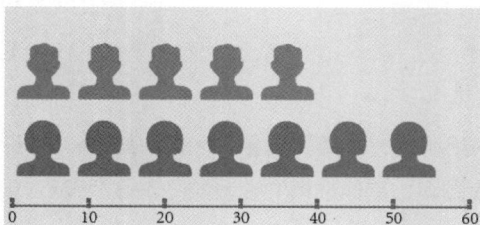

图7-72

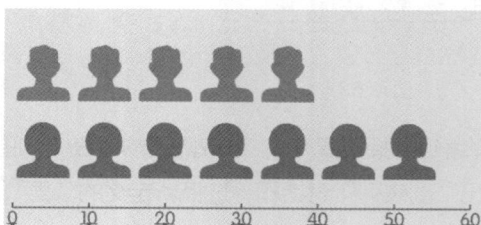

图7-73

13 选择文字工具 **T**，在适当的位置分别输入需要的文字，选择选择工具 ▶，在属性栏中选择合适的字体并设置文字大小；打开"段落"面板，单击"居中对齐"按钮 ≡，文字居中对齐，效果如图7-74所示。将输入的文字同时选取，设置填充色为褐色（其CMYK值为38、58、73、0），填充文字，效果如图7-75所示。

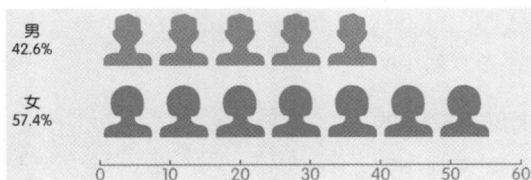

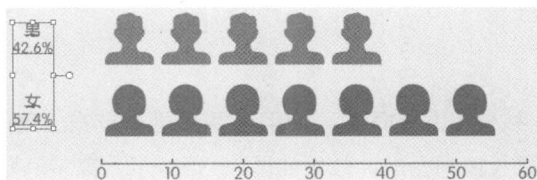

图7-74　　　　　　　　　　　　　　　　　图7-75

14 选择矩形工具 ▣，在适当的位置绘制一个矩形，设置填充色为褐色（其CMYK值为38、58、73、0），填充图形，并设置描边色为无，效果如图7-76所示。用相同的方法再绘制一个矩形，填充图形为白色，效果如图7-77所示。

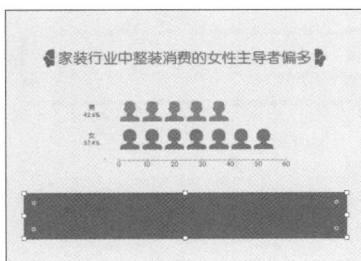

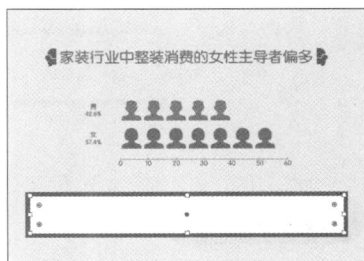

图7-76　　　　　　　　　　　图7-77

15 选择文字工具 **T**，在适当的位置输入需要的文字，选择选择工具 ▶，在属性栏中选择合适的字体并设置文字大小；在"段落"面板中单击"左对齐"按钮 ≡，将文字左对齐，效果如图7-78所示。设置填充色为褐色（其CMYK值为38、58、73、0），填充文字，效果如图7-79所示。

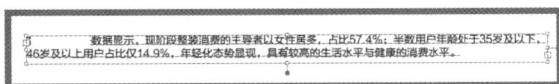

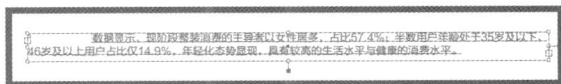

图7-78　　　　　　　　　　　图7-79

16 按Ctrl+T快捷键，弹出"字符"面板，将"设置行距"选项 ⁂ 设置为24 pt，其他选项的设置如图7-80所示；按Enter键确定操作，效果如图7-81所示。

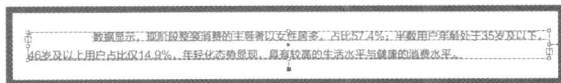

图7-80　　　　　　　　　图7-81

17 选择钢笔工具 ✐，在页面外绘制一个不规则图形，设置填充色为黄色（其CMYK值为2、37、85、0），填充图形，并设置描边色为无，效果如图7-82所示。

18 选择选择工具 ▶ ，选取图形，在属性栏中将"不透明度"选项设置为70%；按Enter键确定操作，效果如图7-83所示。拖曳图形到页面中适当的位置，并旋转到适当的角度，效果如图7-84所示。

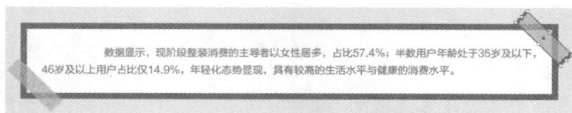

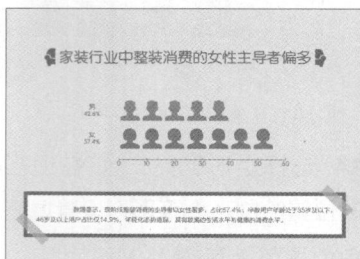

图7-82　图7-83　　　　　　　　　　图7-84

19 按住Alt键的同时，使用选择工具 ▶ 向右上角拖曳图形到适当的位置，复制图形，效果如图7-85所示。家装消费统计图表制作完成，效果如图7-86所示。

图7-85　　　　　　　　　　　　　　图7-86

任务知识

7.2.1 自定义图表图案

　　使用"设计"命令可以将选择的图形对象创建为图表中替代柱形和图例的图表图案。

　　在页面中绘制图形，效果如图7-87所示。选中图形，选择"对象">"图表">"设计"命令，弹出"图表设计"对话框。单击"新建设计"按钮，预览框中将显示所绘制的图形，对话框中的"删除设计"按钮、"重命名"按钮、"粘贴设计"按钮和"选择未使用的设计"按钮将被激活，如图7-88所示。

　　单击"重命名"按钮，弹出"图表设计"对话框，在文本框中输入自定义图案的名称，如图7-89所示，单击"确定"按钮，完成重命名。

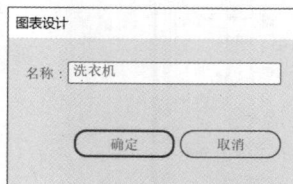

图7-87　　　　　　图7-88　　　　　　　图7-89

　　在"图表设计"对话框中单击"粘贴设计"按钮，可以将图案粘贴到页面中，对其进行修改和编辑。编辑和修改后，还可以重新对其进行定义。在对话框中编辑完成后，单击"确定"按钮，即可完成对图表图案的定义。

7.2.2 应用图表图案

使用"柱形图"命令可以将图表中的柱形和图例替换为自定义的图案。选择要应用图案的图表,再选择"对象">"图表">"柱形图"命令,弹出"图表列"对话框。

在"图表列"对话框中,"列类型"选项的下拉列表中包括4个缩放图案的选项:"垂直缩放"选项表示根据数据的大小,对图表的自定义图案进行垂直方向上的放大或缩小,水平方向上保持不变;"一致缩放"选项表示将按照图案的比例并结合图表中数据的大小对图案进行放大或缩小;"重复堆叠"选项表示将图案以重复堆积的方式填满柱形;"局部缩放"选项与"垂直缩放"选项类似,使用该选项可以指定伸展或缩放的位置。"重复堆叠"选项要和"每个设计表示"选项、"对于分数"选项结合使用。"每个设计表示"选项表示一个图案代表几个单位,如果在数值框中输入50,就表示一个图案代表50个单位;在"对于分数"选项的下拉列表中,"截断设计"选项表示不足一个图案时,用图案的一部分来表示;"缩放设计"选项表示不足一个图案时,对最后那个图案进行成比例压缩来表示。选项的设置如图7-90所示,单击"确定"按钮,将自定义的图案应用到图表中,效果如图7-91所示。

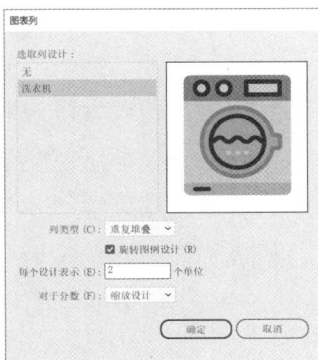

图7-90

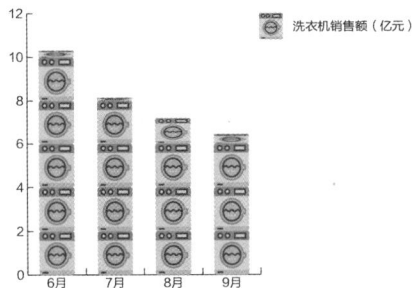

图7-91

项目实践 **制作微度假旅游年龄分布图表**

项目要点 使用文字工具、"字符"面板添加标题及介绍文字,使用矩形工具、"变换"面板和直排文字工具制作分布模块,使用饼图工具建立饼图。最终效果参看学习资源中的"项目7\效果\制作微度假旅游年龄分布图表.ai",效果如图7-92所示。

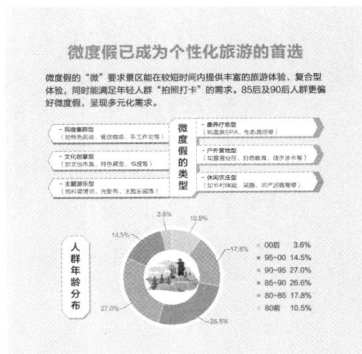

图7-92

课后习题 **制作获得运动指导方式图表**

习题要点 使用矩形工具、直线段工具、"描边"面板、文字工具和倾斜工具制作标题文字,使用条形图工具建立条形图,使用编组选择工具、填充工具更改图表颜色。最终效果参看学习资源中的"项目7\效果\制作获得运动指导方式图表.ai",效果如图7-93所示。

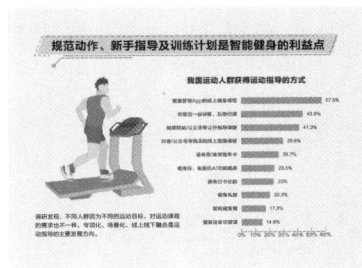

图7-93

项目 8

图层和剪切蒙版

本项目旨在帮助读者掌握Illustrator 2024中图层的含义和基本操作，剪切蒙版的创建与编辑，以及熟悉"透明度"面板的使用方法。通过本项目的学习，读者可使用图层和剪切蒙版功能在图形设计中提高工作效率，快速、准确地设计和制作出精美的平面作品。

学习目标

- 了解图层的含义与"图层"面板。
- 掌握图层的基本操作方法。
- 掌握剪切蒙版的创建和编辑方法。
- 掌握"透明度"面板的使用方法。

技能目标

- 掌握"传统工艺展海报"的制作方法。
- 掌握"传统建筑文化海报"的制作方法。

素养目标

- 培养使用图层和剪切蒙版为作品增添新的视觉效果和创意的能力。
- 培养将图层和剪切蒙版技巧相结合，从而创造出丰富且具有独特视觉效果的作品的能力。

任务8.1　掌握图层的使用

在平面设计中，特别是在包含复杂图形的设计中，需要在页面中创建多个对象，对象的大小不一致时，小的对象可能隐藏在大的对象下面。这样，选择和查看对象就很不方便，使用图层来管理对象就可以很好地解决这个困扰。图层就像一个文件夹，它可包含多个对象。

任务知识

8.1.1　图层的含义

Illustrator中的图层是透明层，每一层中都可以放置不同的图形；上面的图层将影响下面的图层，修改其中的某个图层不会改动其他图层，将这些图层叠在一起显示在页面中，就形成了一个完整的图形。

选择"文件">"打开"命令，弹出"打开"对话框，选择需要的文件，单击"打开"按钮，打开图形，效果如图8-1所示。打开图形后，观察"图层"面板，可以发现"图层"面板中显示出了3个图层，如图8-2所示。

如果只想看到"图层1"中的图形，依次单击其他图层的 👁 图标，其他图层的 👁 图标将消失，如图8-3所示，这样就只显示"图层1"，此时图形效果如图8-4所示。

| 图8-1 | 图8-2 | 图8-3 | 图8-4 |

8.1.2　"图层"面板

打开一个图形，选择"窗口">"图层"命令（快捷键为F7），弹出"图层"面板，如图8-5所示。下面来介绍"图层"面板。

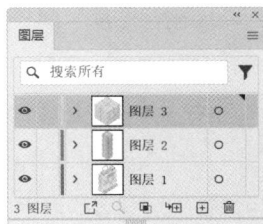

图8-5

"图层"面板的右上方有两个按钮 « × ，分别是"折叠为图标"按钮和"关闭"按钮。单击"折叠为图标"按钮，可以将"图层"面板折叠为图标；单击"关闭"按钮，可以关闭"图层"面板。

图层名称显示在当前图层中。默认状态下，在新建图层时，如果未指定名称，系统将以递增的数字为图层指定名称，如图层1、图层2等。用户可以根据需要为图层重命名。

单击图层名称左侧的箭头按钮，可以展开或折叠图层。当按钮为 › 时，表示此图层中的内容处于未显示状态，单击此按钮就可以展开当前图层中所有的内容；当按钮为 ˅ 时，表示显示了图层中的内容，单击此按钮，可以将这些内容折叠起来，以节省"图层"面板的空间。

👁 图标用于显示或隐藏图层；若图层右上方存在◥图标，表示该图层为当前图层；🔒图标表示当前图层和透明区域被锁定，不能被编辑。

"图层"面板的最下面有6个按钮，如图8-6所示，它们从左至右依次是："收集以导出"按钮、"定位对象"按钮、"建立/释放剪切蒙版"按钮、"创建新子图层"按钮、"创建新图层"按钮和"删除所选图层"按钮。

图8-6

"收集以导出"按钮 ⬀：单击此按钮，打开"资源导出"面板，可以导出当前图层的内容。

"定位对象"按钮 🔍：单击此按钮，可以选中所选对象所在的图层。

"建立/释放剪切蒙版"按钮 ▣：单击此按钮，将在当前图层上建立或释放一个蒙版。

"创建新子图层"按钮 ⊬⊞：单击此按钮，可以为当前图层新建一个子图层。

"创建新图层"按钮 ⊞：单击此按钮，可以在当前图层上面新建一个图层。

"删除所选图层"按钮 🗑：可以将不想要的图层拖到此处删除。

单击"图层"面板右上方的 ☰ 图标，将弹出下拉菜单。

8.1.3 编辑图层

使用图层时，可以通过"图层"面板对图层进行编辑，如新建图层、选择图层、复制图层、删除图层、隐藏或显示图层、锁定图层、合并图层等。

1. 新建图层

（1）使用"图层"面板的下拉菜单。

单击"图层"面板右上方的 ☰ 图标，在弹出的下拉菜单中选择"新建图层"命令，弹出"图层选项"对话框，如图8-7所示。"名称"选项用于设定当前图层的名称，"颜色"选项用于设定新图层的颜色。设置完成后，单击"确定"按钮，可以得到一个新图层。

（2）使用"图层"面板中的按钮或快捷键。

单击"图层"面板下方的"创建新图层"按钮 ⊞，可以创建一个新图层。

图8-7

按住Alt键，单击"图层"面板下方的"创建新图层"按钮 ⊞，将弹出"图层选项"对话框。

按住Ctrl键，单击"图层"面板下方的"创建新图层"按钮 ⊞，不管当前选择的是哪一个图层，都可以在图层列表的最上层新建一个图层。

如果要在当前选中的图层中新建一个子图层，可以单击"创建新子图层"按钮 ⊬⊞，或从"图层"面板的下拉菜单中选择"新建子图层"命令，或按住Alt键的同时，单击"创建新子图层"按钮 ⊬⊞，在弹出的"图层选项"对话框中进行设置。新建子图层的方法和新建图层是一样的。

2. 选择图层

单击图层名称，图层会显示为深灰色，并且右上角出现一个◥图标，表示此图层为当前图层。

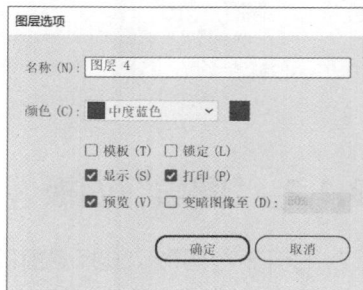

按住Shift键，分别单击两个图层，即可选择两个图层及其之间多个连续的图层。

按住Ctrl键，逐个单击想要选择的图层，可以选择多个不连续的图层。

3. 复制图层

复制图层时，会复制图层中所包含的所有对象，包括路径、编组等。

（1）使用"图层"面板的下拉菜单。

选择要复制的"图层3"，如图8-8所示。单击"图层"面板右上方的 ☰ 图标，在弹出的下拉菜单中选择"复制'图层3'"命令，复制出的图层在"图层"面板中显示为被复制图层的副本。复制图层后，"图层"面板如图8-9所示。

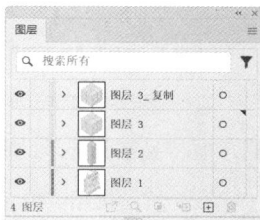

图8-8　　　　　　　　　　　图8-9

（2）使用"图层"面板中的按钮。

将"图层"面板中需要复制的图层拖曳到下方的"创建新图层"按钮 ⊞ 上，就可以复制出一个新图层。

4. 删除图层

（1）使用"图层"面板的下拉菜单。

选择要删除的"图层3_复制"图层，如图8-10所示。单击"图层"面板右上方的 ☰ 图标，在弹出的下拉菜单中选择"删除'图层3_复制'"命令，如图8-11所示，图层即可被删除，删除图层后的"图层"面板如图8-12所示。

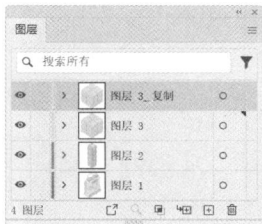

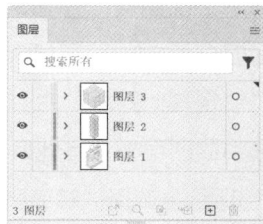

图8-10　　　　　　　　　　图8-11　　　　　　　　　　图8-12

（2）使用"图层"面板中的按钮。

选择要删除的图层，单击"图层"面板下方的"删除所选图层"按钮 🗑 ，可以将图层删除。将需要删除的图层拖曳到"删除所选图层"按钮 🗑 上，也可以删除图层。

5. 隐藏或显示图层

隐藏一个图层时，此图层中的对象不会在绘图页面中显示。在"图层"面板中可以设置隐藏或显示图层。

（1）使用"图层"面板的下拉菜单。

选中一个图层，如图8-13所示。单击"图层"面板右上方的 ☰ 图标，在弹出的下拉菜单中选择"隐藏其他图层"命令，"图层"面板中除当前选中的图层外，其他图层都被隐藏，如图8-14所示。

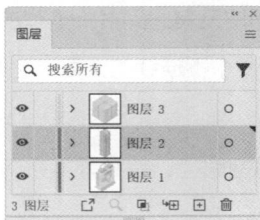

图8-13 图8-14

（2）使用"图层"面板中的 👁 图标。

在"图层"面板中，单击想要隐藏的图层左侧的 👁 图标，图层被隐藏。再次单击该图标所在位置的方框，会重新显示此图层。

在一个图层的 👁 图标上按住鼠标左键不放，向上或向下拖曳，鼠标指针所经过的图标就会被隐藏，这样可以快速隐藏多个图层。

（3）使用"图层选项"对话框。

在"图层"面板中双击图层，将弹出"图层选项"对话框，取消勾选"显示"复选框，单击"确定"按钮，图层被隐藏。

6. 锁定图层

锁定图层后，此图层中的对象不能再被选择或编辑。使用"图层"面板，能够快速锁定多个路径、编组和子图层。

（1）使用"图层"面板的下拉菜单。

选中一个图层，如图8-15所示。单击"图层"面板右上方的 ≡ 图标，在弹出的下拉菜单中选择"锁定其他图层"命令，"图层"面板中除当前选中的图层外，其他所有图层都被锁定，如图8-16所示。选择"解锁所有图层"命令，可以解除所有图层的锁定状态。

图8-15 图8-16

（2）使用"对象"菜单中的命令。

选择"对象"＞"锁定"＞"其他图层"命令，可以锁定未被选中的图层。

（3）使用"图层"面板中的 🔒 图标。

在想要锁定的图层左侧的方框中单击，出现 🔒 图标，图层被锁定。单击 🔒 图标，图标消失，解除此图层的锁定状态。

在一个图层左侧的方框中按住鼠标左键不放，向上或向下拖曳，鼠标指针经过的方框中出现 🔒 图标，这样可以快速锁定多个图层。

（4）使用"图层选项"对话框。

在"图层"面板中双击图层，将弹出"图层选项"对话框，勾选"锁定"复选框，单击"确定"按钮，图层被锁定。

7. 合并图层

在"图层"面板中选择需要合并的图层，如图8-17所示，单击"图层"面板右上方的 ≡ 图标，在弹出的下拉菜单中选择"合并所选图层"命令，选择的图层将合并到最后一个选择的图层或编组中，如图8-18所示。

选择下拉菜单中的"拼合图稿"命令，所有可见的图层将合并为一个图层。合并图层时，不会改变对象在绘图页面中的排序。

图8-17　　　　　　图8-18

8.1.4 使用图层

使用"图层"面板可以选择对象，还可以更改对象的外观属性。

1. 选择对象

（1）使用"图层"面板中的目标图标。

在同一图层中的几个图形对象处于未选取状态时，如图8-19所示。单击"图层"面板中要选择的对象所在图层右侧的目标图标 ◎ ，目标图标变为 ◎ ，如图8-20所示。此时，图层中的对象全部被选中，效果如图8-21所示。

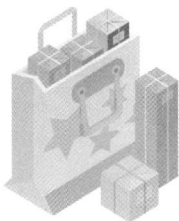

图8-19　　　　　　图8-20　　　　　　图8-21

（2）使用"图层"面板并结合按键。

按住Alt键的同时，单击"图层"面板中的图层，此图层中的对象将全部被选中。

（3）使用"选择"菜单中的命令。

使用选择工具 ▶ 选中同一图层中的一个对象，如图8-22所示。选择"选择">"对象">"同一图层上的所有对象"命令，此图层中的对象全部被选中，如图8-23所示。

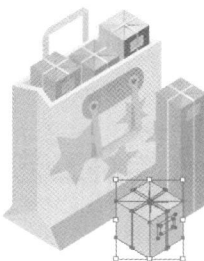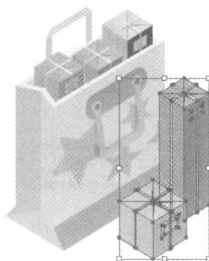

图8-22　　　　　　图8-23

2. 更改对象的外观属性

使用"图层"面板可以轻松地改变对象的外观属性。如果只对同一个图层中的一个对象应用一种特殊效果，则该图层中的其他对象不会应用这种效果。

选中一个想要改变对象外观属性的图层，如图8-24所示，选取该图层中的一个对象，如图8-25所示。选择"效果">"变形">"上弧形"命令，在弹出的"变形选项"对话框中进行设置，如图8-26所示，单击"确定"按钮，图层中选中的对象将具有上弧形效果，其他对象保持不变，效果如图8-27所示。

图8-24

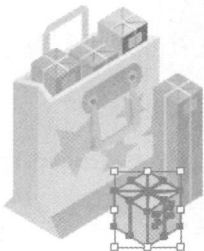
图8-25

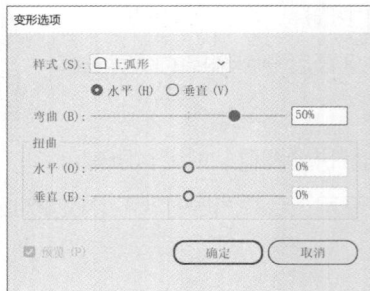
图8-26

图8-27

在"图层"面板中，图层的目标图标是变化的。当目标图标显示为○时，表示当前图层在绘图页面中没有对象被选择，并且没有外观属性；当目标图标显示为◎时，表示当前图层在绘图页面中有对象被选择，但没有外观属性；当目标图标显示为○时，表示当前图层在绘图页面中没有对象被选择，但有外观属性；当目标图标显示为◎时，表示当前图层在绘图页面上有对象被选择，且有外观属性。

选择具有外观属性的对象所在的图层，拖曳此图层的目标图标到需要应用外观属性的图层的目标图标上，就可以移动对象的外观属性。在拖曳的同时按住Alt键，可以复制图层中对象的外观属性。

选择具有外观属性的对象所在的图层，拖曳此图层的目标图标到"图层"面板底部的"删除所选图层"按钮 🗑 上，可以取消此图层中对象的外观属性。如果此图层中包括路径，将会保留路径的填充和描边属性。

任务8.2 掌握剪切蒙版的使用

将一个对象制作为蒙版后，对象的内部会变得完全透明，这样就可以显示下面的被蒙版遮挡的对象，也可以遮挡不需要显示或打印的部分。

任务实践 制作传统工艺展海报

任务目标 学习使用矩形工具、"置入"命令和剪切蒙版制作传统工艺展海报。

任务要点 使用矩形工具、删除锚点工具、"置入"命令和剪切蒙版制作海报底图。最终效果参看学习资源中的"项目8\效果\制作传统工艺展海报.ai"，效果如图8-28所示。

图8-28

任务操作

01 按Ctrl+N快捷键，弹出"新建文档"对话框，设置文档的宽度为210 mm，高度为285 mm，方向为纵向，颜色模式为"CMYK颜色"，光栅效果为"高（300 ppi）"，单击"创建"按钮，新建一个文档。

02 选择"文件">"置入"命令，弹出"置入"对话框，选择学习资源中的"项目8\素材\制作传统工艺展海报\01"文件，单击"置入"按钮，在页面中单击置入图片。单击属性栏中的"嵌入"按钮，嵌入图片。选择选择工具 ▶，拖曳图片到适当的位置，并调整其大小，效果如图8-29所示。

03 选择矩形工具 ▢，绘制一个矩形，如图8-30所示。选择选择工具 ▶，按住Shift键的同时，单击下方图片，将其同时选取，按Ctrl+7快捷键，建立剪切蒙版，效果如图8-31所示。

04 选择矩形工具 ▢，在适当的位置绘制一个矩形，设置填充色为粉色（其CMYK值为0、16、2、0），填充图形，并设置描边色为无，效果如图8-32所示。

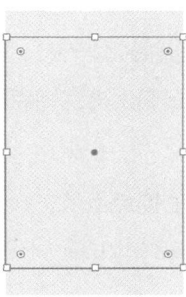

图8-29　　　　　　图8-30　　　　　　图8-31　　　　　　图8-32

05 选择选择工具 ▶，按住Alt+Shift组合键的同时，水平向右拖曳矩形到适当的位置，复制矩形，如图8-33所示。连续按Ctrl+D快捷键，按需复制出多个矩形，效果如图8-34所示。

06 按住Shift键的同时，依次单击需要的矩形，将其同时选取，按住Alt+Shift组合键，垂直向下拖曳选中的矩形到适当的位置，复制矩形，如图8-35所示。连续按Ctrl+D快捷键，按需复制出多个矩形，效果如图8-36所示。

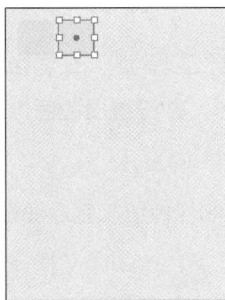
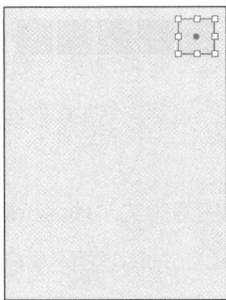
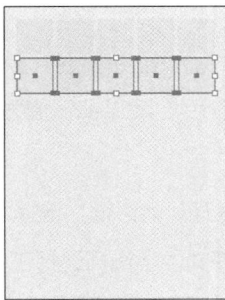
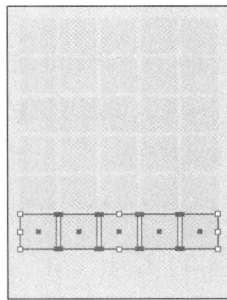

图8-33　　　　　　图8-34　　　　　　图8-35　　　　　　图8-36

07 选择删除锚点工具 ✎，在第一排第一个矩形左上角的锚点上单击，删除该锚点，效果如图8-37所示。

08 选择"文件">"置入"命令，弹出"置入"对话框，选择学习资源中的"项目8\素材\制作传统工艺展海报\02"文件，单击"置入"按钮，在页面中单击置入图片。单击属性栏中的"嵌入"按钮，嵌入图片。选择选择工具▶，拖曳图片到适当的位置，并调整其大小，效果如图8-38所示。

09 连续按Ctrl+[快捷键，将图片后移到适当的位置，如图8-39所示。选择选择工具▶，按住Shift键的同时，单击上方三角形，将其同时选取，如图8-40所示。按Ctrl+7快捷键，建立剪切蒙版，效果如图8-41所示。

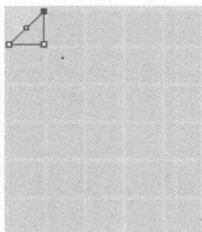

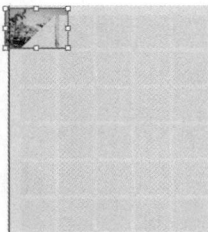
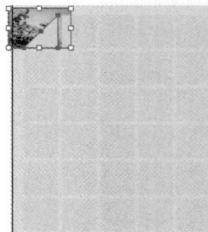

图8-37 图8-38 图8-39 图8-40 图8-41

10 用相同的方法置入其他图片，并建立剪切蒙版，效果如图8-42所示。选择直接选择工具▷，选取最后一排第二个矩形右上方的锚点，按住Shift键的同时，垂直向上拖曳锚点到适当的位置，效果如图8-43所示。

11 选择删除锚点工具✍，在第一排最后一个矩形右下角的锚点上单击，删除该锚点，效果如图8-44所示。选择选择工具▶，选取图形，设置填充色为蓝色（其CMYK值为88、73、20、0），填充图形，效果如图8-45所示。

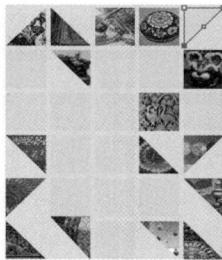

图8-42 图8-43 图8-44 图8-45

12 用相同的方法将其他图形填充为相应的颜色，效果如图8-46所示。选择矩形工具▭，在适当的位置绘制一个矩形，设置填充色为粉色（其CMYK值为0、16、2、0），填充图形，并设置描边色为无，效果如图8-47所示。

13 按Ctrl+O快捷键，弹出"打开"对话框，选择学习资源中的"项目8\素材\制作传统工艺展海报\18"文件，单击"打开"按钮，打开文件。选择选择工具▶，选取需要的图形和文字，按Ctrl+C快捷键，复制图形和文字。返回正在编辑的页面，按Ctrl+V快捷键，将复制的图形和文字粘贴到页面中，并将其拖曳到适当的位置，效果如图8-48所示。传统工艺展海报制作完成，效果如图8-49所示。

图8-46　　　　　　　　图8-47　　　　　　　　图8-48　　　　　　　　图8-49

任务知识

8.2.1　创建剪切蒙版

（1）使用"创建"命令创建剪切蒙版。

新建文档，置入素材图片，如图8-50所示。选择椭圆工具 ⬭，在图片上绘制一个椭圆形作为蒙版，如图8-51所示。

图8-50　　　　　　　　　　　　　图8-51

使用选择工具 ▶ 选中图片和椭圆形，如图8-52所示（作为蒙版的图形必须在图片的上面）。选择"对象" > "剪切蒙版" > "建立"命令（快捷键为Ctrl+7），制作出蒙版，如图8-53所示。图片在椭圆形蒙版外面的部分被隐藏，取消选取状态，蒙版效果如图8-54所示。

图8-52　　　　　　　　　　图8-53　　　　　　　　　图8-54

（2）使用快捷菜单中的命令创建剪切蒙版。

使用选择工具 ▶ 选中图片和椭圆形，在选中的对象上单击鼠标右键，在弹出的快捷菜单中选择"建立剪切蒙版"命令，制作出蒙版。

（3）使用"图层"面板中的命令创建剪切蒙版。

使用选择工具 ▶ 选中图片和椭圆形，单击"图层"面板右上方的 ☰ 图标，在弹出的下拉菜单中选择"建立剪切蒙版"命令，制作出蒙版。

8.2.2 编辑剪切蒙版

创建蒙版后，还可对蒙版进行编辑，如查看蒙版、锁定蒙版、添加对象到蒙版和删除被蒙版遮挡的对象等。

1. 查看蒙版

使用选择工具 ▶ 选中蒙版图像，如图8-55所示。单击"图层"面板右上方的 ≡ 图标，在弹出的快捷菜单中选择"定位对象"命令，"图层"面板如图8-56所示，可以在"图层"面板中查看蒙版，也可以编辑蒙版。

2. 锁定蒙版

使用选择工具 ▶ 选中需要锁定的蒙版图像，如图8-57所示。选择"对象">"锁定">"所选对象"命令，可以锁定蒙版图像，效果如图8-58所示。

图8-55

图8-56

图8-57

图8-58

3. 添加对象到蒙版

选中要添加的对象，如图8-59所示。选择"编辑">"剪切"命令，剪切该对象。使用直接选择工具 ▷ 选中被蒙版的对象，如图8-60所示。选择"编辑">"贴在前面"或"编辑">"贴在后面"命令，就可以将要添加的对象粘贴到相应的蒙版图形的前面或后面，并成为图形的一部分，贴在前面的效果如图8-61所示。

图8-59

图8-60

图8-61

4. 删除被蒙版遮挡的对象

选中被蒙版遮挡的对象，选择"编辑">"清除"命令或按Delete键，即可将其删除。

在"图层"面板中选中被蒙版遮挡的对象所在图层，再单击"图层"面板下方的"删除所选图层"按钮 🗑，也可删除被蒙版遮挡的对象。

任务8.3 掌握"透明度"面板的使用

在"透明度"面板中可以为对象添加透明度，还可以设置透明度的混合模式。

任务实践　制作传统建筑文化海报

任务目标　学习使用"透明度"面板制作海报背景。

任务要点　使用矩形工具、钢笔工具和旋转工具制作海报背景，使用"透明度"面板调整图形的混合模式和不透明度。最终效果参看学习资源中的"项目8\效果\制作传统建筑文化海报.ai"，效果如图8-62所示。

图8-62

任务操作

01 按Ctrl+N快捷键，弹出"新建文档"对话框，设置文档的宽度为210 mm，高度为285 mm，方向为纵向，颜色模式为"CMYK颜色"，光栅效果为"高（300 ppi）"，单击"创建"按钮，新建一个文档。

02 选择"文件">"置入"命令，弹出"置入"对话框，选择学习资源中的"项目8\素材\制作传统建筑文化海报\01"文件，单击"置入"按钮，在页面中单击置入图片。单击属性栏中的"嵌入"按钮，嵌入图片。选择选择工具 ▶，拖曳图片到适当的位置，并调整其大小，效果如图8-63所示。

03 选择矩形工具 ▢，在页面中绘制一个矩形，如图8-64所示。选择钢笔工具 ✎，在矩形下边中间的位置单击，添加一个锚点，如图8-65所示。分别在左右两侧不需要的锚点上单击，删除锚点，效果如图8-66所示。

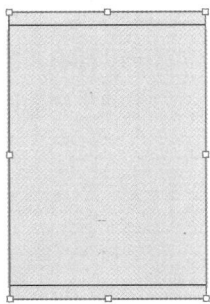 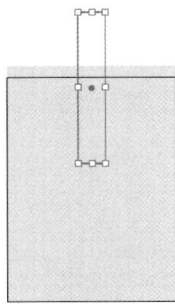 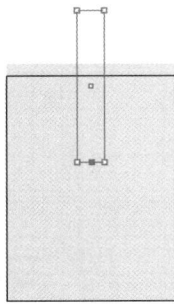 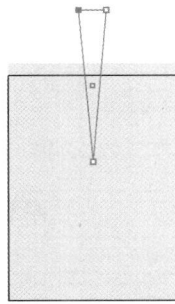

| 图8-63 | 图8-64 | 图8-65 | 图8-66 |

04 选择选择工具 ▶，选取图形，选择旋转工具 ↻，按住Alt键的同时，在三角形底部锚点上单击，如图8-67所示，弹出"旋转"对话框，选项的设置如图8-68所示；单击"复制"按钮，旋转并复制图形，效果如图8-69所示。

05 连续按Ctrl+D快捷键，按需复制出多个三角形，效果如图8-70所示。选择选择工具 ▶，按住Shift键的同时，依次单击复制的三角形将其同时选取，按Ctrl+G快捷键，将其编组，如图8-71所示。

图8-67

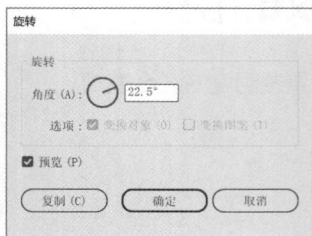

图8-68

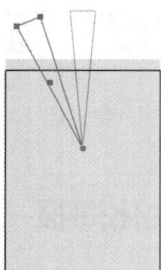

图8-69

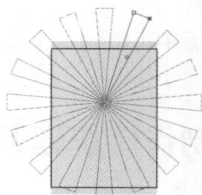

图8-70

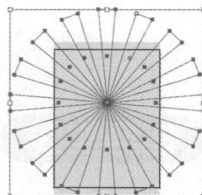

图8-71

06 保持图形的选取状态，设置填充色为土黄色（其CMYK值为17、55、69、0），填充图形，并设置描边色为无，效果如图8-72所示。选择"窗口">"透明度"命令，弹出"透明度"面板，将混合模式设置为"正片叠底"，其他选项的设置如图8-73所示；按Enter键确定操作，效果如图8-74所示。

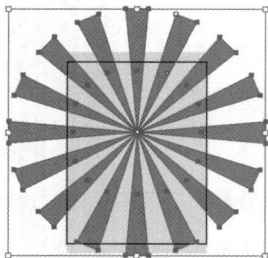

图8-72

图8-73

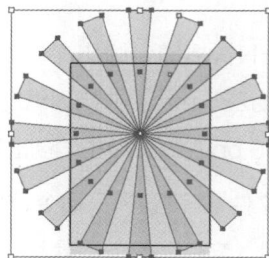

图8-74

07 选择矩形工具，绘制一个与页面大小相等的矩形，如图8-75所示。选择选择工具，按住Shift键的同时，单击下方图片和编组图形，将其同时选取，按Ctrl+7快捷键，建立剪切蒙版，效果如图8-76所示。

08 选择多边形工具，在页面中单击，弹出"多边形"对话框，选项的设置如图8-77所示；单击"确定"按钮，得到一个多边形。选择选择工具，拖曳多边形到适当的位置，设置填充色和描边色为土黄色（其CMYK值为21、56、69、0），填充图形。在属性栏中将"描边粗细"选项设置为8 pt，按Enter键确定操作，效果如图8-78所示。

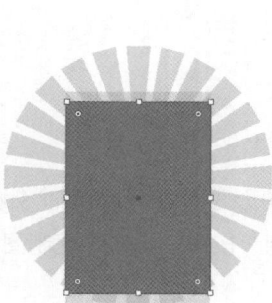

图8-75

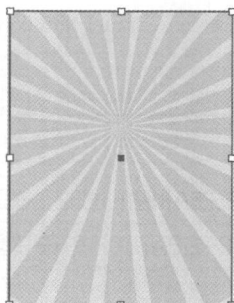

图8-76

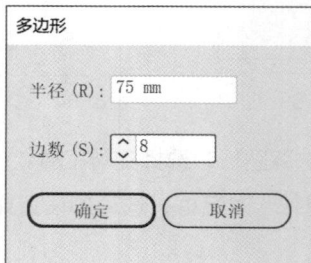

图8-77

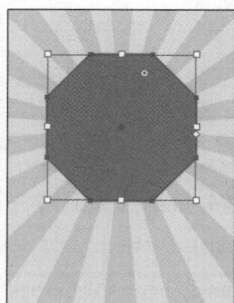

图8-78

09 选择"窗口">"外观"命令，弹出"外观"面板，展开"填色"选项，将混合模式设置为"颜色加深"，"不透明度"选项设置为50%，如图8-79所示，按Enter键确定操作，效果如图8-80所示。

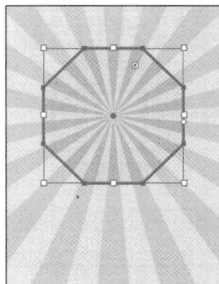

图8-79　　　　　　　　　图8-80

10 选择矩形工具 □，在页面中绘制一个矩形，设置描边色为褐色（其CMYK值为50、68、98、12），填充描边；在属性栏中将"描边粗细"选项设置为8 pt，按Enter键确定操作，效果如图8-81所示。

11 选择"窗口">"变换"命令，弹出"变换"面板，将"旋转"选项设置为45°，如图8-82所示，按Enter键确定操作，效果如图8-83所示。

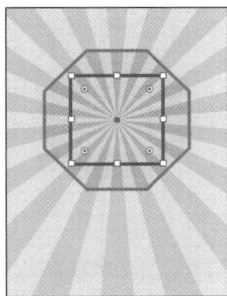

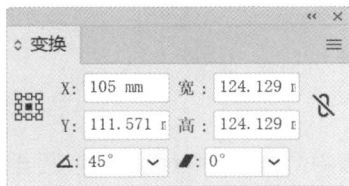

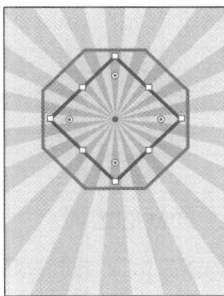

图8-81　　　　　　　　图8-82　　　　　　　　图8-83

12 选择"文件">"置入"命令，弹出"置入"对话框，选择学习资源中的"项目8\素材\制作传统建筑文化海报\02"文件，单击"置入"按钮，在页面中单击置入图片。单击属性栏中的"嵌入"按钮，嵌入图片。选择选择工具 ▶，拖曳图片到适当的位置，并调整其大小，效果如图8-84所示。

13 按Ctrl+O快捷键，弹出"打开"对话框，选择学习资源中的"项目8\素材\制作传统建筑文化海报\03"文件，单击"打开"按钮，打开文件。选择选择工具 ▶，选取需要的文字，按Ctrl+C快捷键，复制文字。返回正在编辑的页面，按Ctrl+V快捷键，将复制的文字粘贴到页面中，并将其拖曳到适当的位置，效果如图8-85所示。传统建筑文化海报制作完成，效果如图8-86所示。

图8-84　　　　　　　　图8-85　　　　　　　　图8-86

任务知识

8.3.1 了解"透明度"面板

透明度是Illustrator中对象的一个重要外观属性。在Illustrator 2024的"透明度"面板中，可以将绘图页面上的对象设置为完全透明、半透明和不透明。在"透明度"面板中可以给对象添加不透明度，还可以改变混合模式，从而制作出新的效果。

选择"窗口">"透明度"命令（快捷键为Shift+Ctrl+F10），弹出"透明度"面板，如图8-87所示。单击面板右上方的 ≡ 图标，在弹出的下拉菜单中选择"显示缩览图"命令，可以将"透明度"面板中的缩览图显示出来，如图8-88所示。在弹出的下拉菜单中选择"显示选项"命令，可以将"透明度"面板中的选项显示出来，如图8-89所示。

图8-87

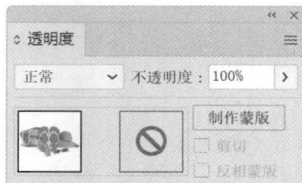
图8-88

图8-89

1. "透明度"面板的选项

在图8-89所示的"透明度"面板中，当前选中对象的缩览图出现在其中。"不透明度"选项设置为不同数值时的效果如图8-90所示，默认状态下，对象是完全不透明的。

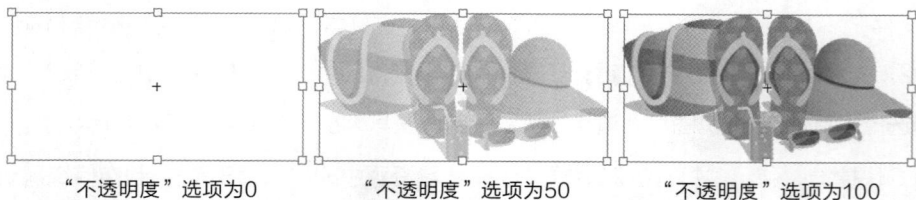

"不透明度"选项为0　　　　"不透明度"选项为50　　　　"不透明度"选项为100

图8-90

勾选"隔离混合"复选框，可以使不透明度设置只影响当前组合或图层中的其他对象。

勾选"挖空组"复选框，可以使不透明度设置不影响当前组合或图层中的其他对象，但背景对象仍然受影响。

勾选"不透明度和蒙版用来定义挖空形状"复选框，可以使用不透明蒙版来定义对象的不透明度所产生的效果。

选中"图层"面板中要改变不透明度的图层，单击图层右侧的 ○ 图标，将图层定义为目标图层。在"透明度"面板的"不透明度"选项中调整不透明度的数值，此时的调整会影响到整个图层的对象，包括此图层中已有的对象和将来绘制的任何对象。

2. "透明度"面板的命令

单击"透明度"面板右上方的 ≡ 图标，弹出下拉菜单，如图8-91所示。

选择"建立不透明蒙版"命令，可以将蒙版的不透明度设置应用到它所覆盖的所有对象中。

选择"释放不透明蒙版"命令，可以将制作的不透明蒙版释放，对象恢复原来的效果。

选择"停用不透明蒙版"命令，不透明蒙版被禁用。

选择"取消链接不透明蒙版"命令，可以取消蒙版对象和被蒙版对象之间的链接。

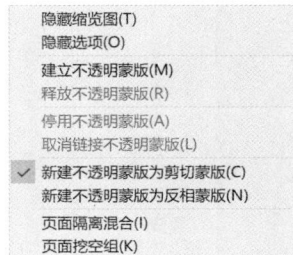

图8-91

8.3.2 "透明度"面板中的混合模式

"透明度"面板中提供了16种混合模式，如图8-92所示。打开一个图形，如图8-93所示。选择需要的图形，如图8-94所示。分别选择不同的混合模式，观察图形的变化，效果如图8-95所示。

图8-92

图8-93

图8-94

正常

变暗

正片叠底

颜色加深

变亮

滤色

颜色减淡

叠加

图8-95

柔光	强光	差值	排除

色相	饱和度	混色	明度

图8-95（续）

项目实践　制作脐橙线下海报

项目要点　使用矩形工具、钢笔工具、"置入"命令和剪切蒙版制作海报底图，使用文字工具、"字符"面板添加宣传文字。最终效果参看学习资源中的"项目8\效果\制作脐橙线下海报.ai"，效果如图8-96所示。

图8-96

课后习题　制作中秋节月饼礼券

习题要点　使用"置入"命令置入底图，使用椭圆工具、"缩放"命令、渐变工具和圆角矩形工具制作装饰图形，使用矩形工具、剪切蒙版制作图片的剪切蒙版，使用文字工具、"字符"面板和"段落"面板添加内页文字。最终效果参看学习资源中的"项目8\效果\制作中秋节月饼礼券.ai"，效果如图8-97所示。

图8-97

项目 9

混合对象与封套

本项目旨在帮助读者掌握混合对象和封套的创建方法和编辑技巧。通过本项目的学习，读者可以利用混合工具制作出不同颜色和形状的混合对象，从而生成中间对象逐级变形的效果，还可以利用不同的封套来改变选定对象的形状。

学习目标

● 熟练掌握混合对象的创建方法。

● 掌握封套的使用技巧。

技能目标

● 掌握"小暑节气宣传海报"的制作方法。

● 掌握"国风音乐会海报"的制作方法。

素养目标

● 培养在使用混合对象和封套的过程中能够创造出独特效果的能力。

● 培养能够观察和理解不同对象之间关系的能力。

任务9.1 掌握混合对象的使用

使用混合工具可以创建一系列处于两个自由形状之间的路径，也就是一系列样式递变的过渡图形。该工具可以在两个或两个以上的图形对象之间使用。

任务实践 制作小暑节气宣传海报

任务目标 学习使用混合工具制作图形混合效果。

任务要点 使用椭圆工具、"径向"命令、"路径查找器"面板、比例缩放工具和混合工具制作图形混合效果，使用矩形工具、渐变工具和混合工具绘制装饰图形。最终效果参看学习资源中的"项目9\效果\制作小暑节气宣传海报.ai"，效果如图9-1所示。

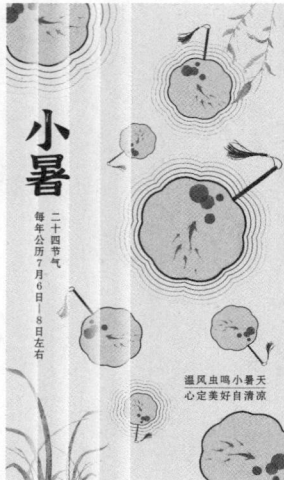

图9-1

任务操作

01 按Ctrl+N快捷键，弹出"新建文档"对话框，设置文档的宽度为1242 px，高度为2208 px，方向为纵向，颜色模式为"RGB颜色"，光栅效果为"屏幕（72 ppi）"，单击"创建"按钮，新建一个文档。

02 选择"文件">"置入"命令，弹出"置入"对话框，选择学习资源中的"项目9\素材\制作小暑节气宣传海报\01"文件，单击"置入"按钮，在页面中单击置入图片。单击属性栏中的"嵌入"按钮，嵌入图片。选择选择工具 ▶，拖曳图片到页面中适当的位置，并调整其大小，效果如图9-2所示。

03 选择椭圆工具 ◯，按住Shift键的同时，在页面外绘制一个圆形，设置描边色为深棕色（其RGB值为67、44、25），填充描边；在属性栏中将"描边粗细"选项设置为4 pt，按Enter键确定操作，效果如图9-3所示。

04 选择"对象">"重复">"径向"命令，在属性栏中将"实例数"选项设置为8，"半径"选项设置为116 pt，按Enter键确定操作，效果如图9-4所示。

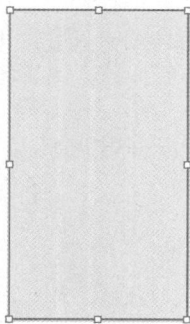

图9-2

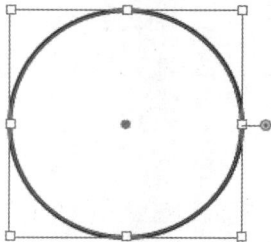

图9-3

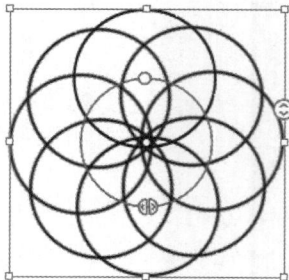

图9-4

05　选择"对象">"扩展"命令,弹出"扩展"对话框,选项的设置如图9-5所示。单击"确定"按钮,扩展外观,效果如图9-6所示。

06　选择"窗口">"路径查找器"命令,弹出"路径查找器"面板。单击"联集"按钮■,如图9-7所示,生成新对象,效果如图9-8所示。

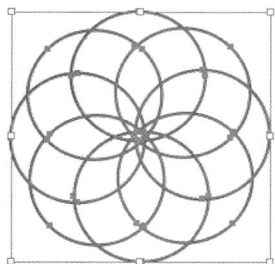

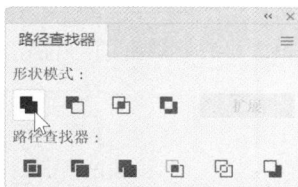

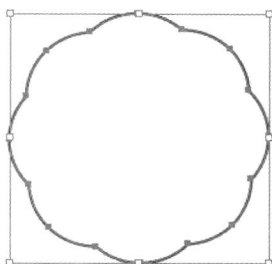

图9-5　　　　　　　　图9-6　　　　　　　　图9-7　　　　　　　　图9-8

07　双击比例缩放工具圆,弹出"比例缩放"对话框,选项的设置如图9-9所示;单击"复制"按钮,缩放并复制图形,效果如图9-10所示。设置描边色为灰色(其RGB值为234、232、228),填充描边,效果如图9-11所示。

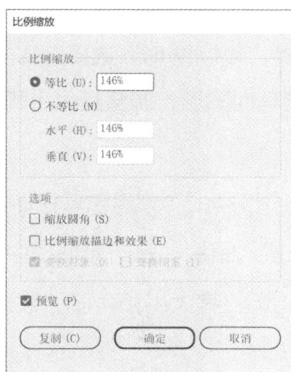

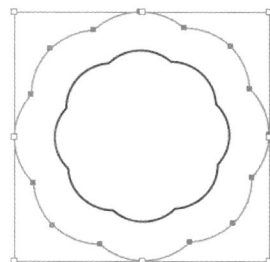

图9-9　　　　　　　　　图9-10　　　　　　　　　图9-11

08　选择选择工具▶,按住Shift键的同时,单击原图形将其同时选取,如图9-12所示。双击混合工具圆,在弹出的"混合选项"对话框中进行设置,如图9-13所示,单击"确定"按钮;按Alt+Ctrl+B快捷键,生成混合对象,效果如图9-14所示。选择选择工具▶,拖曳图形到页面中适当的位置,并旋转到适当的角度,效果如图9-15所示。

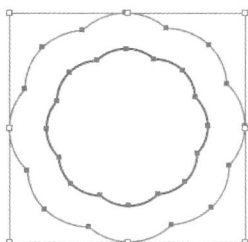

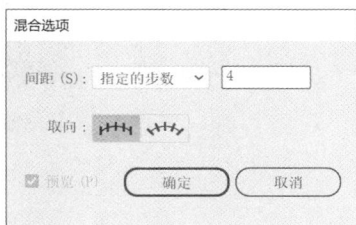

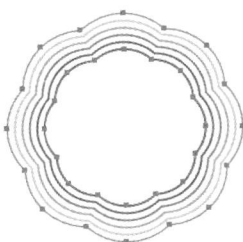

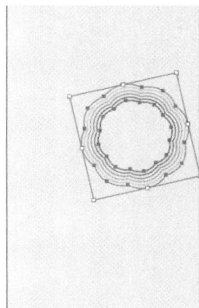

图9-12　　　　　　　图9-13　　　　　　　图9-14　　　　　　　图9-15

09 选择"文件">"置入"命令，弹出"置入"对话框，选择学习资源中的"项目9\素材\制作小暑节气宣传海报\02"文件，单击"置入"按钮，在页面中单击置入图片。单击属性栏中的"嵌入"按钮，嵌入图片。选择选择工具 ▶ ，拖曳图片到适当的位置，并调整其大小，效果如图9-16所示。

10 选择"窗口">"变换"命令，弹出"变换"面板，将"旋转"选项设置为180°，如图9-17所示，按Enter键确定操作，效果如图9-18所示。

11 选择选择工具 ▶ ，拖曳图片到适当的位置，如图9-19所示。按住Shift键的同时，单击下方图形，将其同时选取，按Ctrl+G快捷键，编组图形。按住Alt键的同时，拖曳编组图形到适当的位置，复制编组图形，如图9-20所示；调整其大小并旋转到适当的角度，效果如图9-21所示。

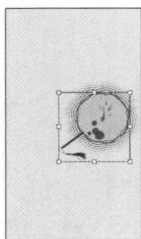
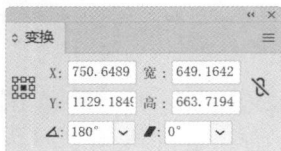
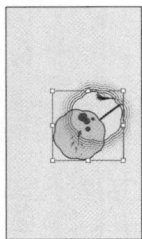
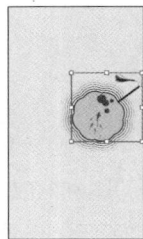
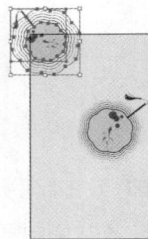

| 图9-16 | 图9-17 | 图9-18 | 图9-19 | 图9-20 | 图9-21 |

12 用相同的方法继续复制编组图形，调整其大小和角度，效果如图9-22所示。选择编组选择工具 ▷ ，选取需要的图形，按住Alt键的同时，拖曳图形到适当的位置，复制图形。选择选择工具 ▶ ，调整图形的大小和角度，效果如图9-23所示。用相同的方法分别复制其他图形，调整其大小和角度，效果如图9-24所示。

13 选择"文件">"置入"命令，弹出"置入"对话框，选择学习资源中的"项目9\素材\制作小暑节气宣传海报\03～05"文件，单击"置入"按钮，在页面中分别单击置入图片。单击属性栏中的"嵌入"按钮，嵌入图片。选择选择工具 ▶ ，分别拖曳图片到适当的位置，调整其大小和角度，效果如图9-25所示。

14 选择矩形工具 ▢ ，绘制一个与页面大小相等的矩形，如图9-26所示。选择选择工具 ▶ ，按住Shift键的同时，依次单击需要的图形将其同时选取，按Ctrl+7快捷键，建立剪切蒙版，效果如图9-27所示。

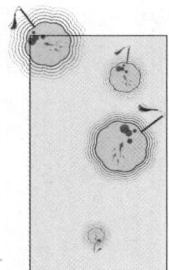
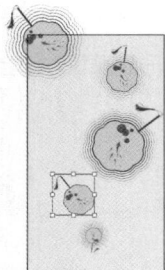
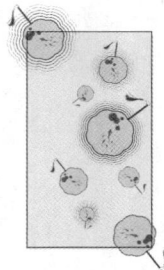
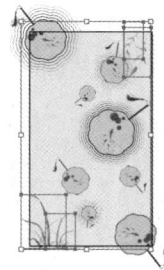
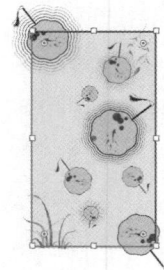
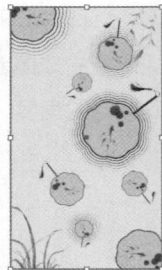

| 图9-22 | 图9-23 | 图9-24 | 图9-25 | 图9-26 | 图9-27 |

15 选择矩形工具 ▭，在适当的位置绘制一个矩形，如图9-28所示。双击渐变工具 ▦，弹出"渐变"面板，单击"线性渐变"按钮 ▦，在色带上设置两个渐变滑块，将渐变滑块的位置分别设置为0、100，并设置颜色均为白色。选中位置为0的滑块，将"不透明度"选项设置为0%，其他选项的设置如图9-29所示，图形被填充渐变色，设置描边色为无，效果如图9-30所示。

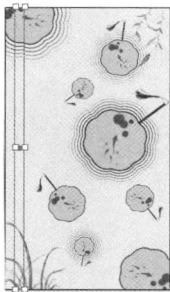
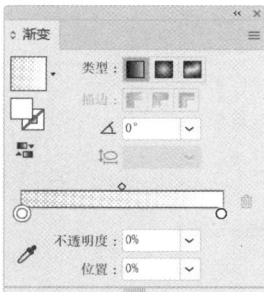
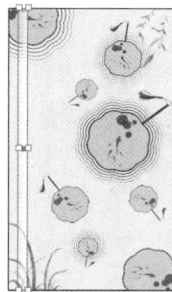

图9-28　　　　　　　　　图9-29　　　　　　　　　图9-30

16 选择选择工具 ▶，按住Alt+Shift组合键的同时，水平向右拖曳矩形到适当的位置，复制矩形，如图9-31所示。按住Shift键的同时，单击原矩形将其同时选取，双击混合工具 ◲，在弹出的"混合选项"对话框中进行设置，如图9-32所示，单击"确定"按钮；按Alt+Ctrl+B快捷键，生成混合对象，效果如图9-33所示。

17 按Ctrl+O快捷键，弹出"打开"对话框，选择学习资源中的"项目9\素材\制作小暑节气宣传海报\06"文件，单击"打开"按钮，打开文件。选择选择工具 ▶，选取需要的文字，按Ctrl+C快捷键，复制文字。返回正在编辑的页面，按Ctrl+V快捷键，将复制的文字粘贴到页面中，并将其拖曳到适当的位置，效果如图9-34所示。小暑节气宣传海报制作完成，效果如图9-35所示。

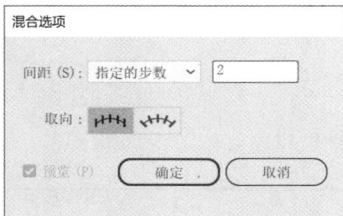
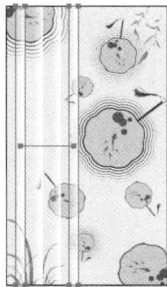
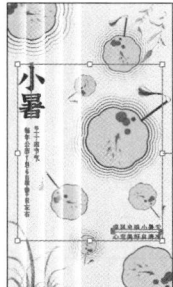
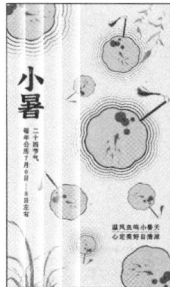

图9-31　　　　　　　图9-32　　　　　　　　图9-33　　　　　　　图9-34　　　　　　　图9-35

任务知识

9.1.1 创建与释放混合对象

在Illustrator 2024中，使用"混合"工具或"建立"混合命令可以将两个或多个对象的形状和颜色混合在一起，制作出独特的视觉效果。混合对象后，如果移动其中一个原始对象，或编辑原始对象的锚点，混合将随之产生变化。原始对象之间混合的新对象可以使用"扩展"混合命令将混合分割为不同的对象。

1. 创建混合对象

（1）应用混合工具创建混合对象。

选择选择工具 ▶，选取要进行混合的两个对象，如图9-36所示。选择混合工具 🔧，单击要混合的起始对象，如图9-37所示。在另一个要混合的对象上单击，将它设置为终点对象，如图9-38所示，混合对象的效果如图9-39所示。

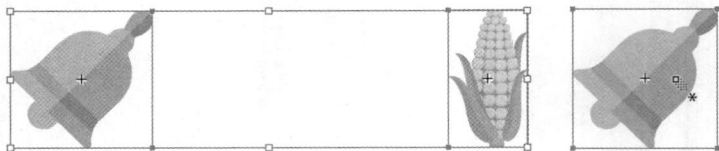

图9-36　　　　　　　　　　　图9-37

图9-38　　　　　　　图9-39

（2）应用命令创建混合对象。

选择选择工具 ▶，选取要进行混合的对象。选择"对象">"混合">"建立"命令（快捷键为Alt+Ctrl+B），创建混合对象。

2. 创建混合路径

选择选择工具 ▶，选取要进行混合的对象，如图9-40所示。选择混合工具 🔧，单击要混合的原始路径上的某个锚点，鼠标指针变为 ▪ₓ，如图9-41所示。单击另一个要混合的目标路径上的某个锚点，如图9-42所示。创建混合路径，效果如图9-43所示。

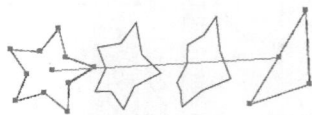

图9-40　　　　　　　图9-41　　图9-42　　　　　图9-43

提示　在原始路径和目标路径上单击的锚点不同，所得出的混合效果也不同。

3. 混合其他对象

选择混合工具 🔧，单击混合路径中最后一个混合对象路径上的锚点，如图9-44所示。单击想要混合的其他对象路径上的锚点，如图9-45所示。继续混合对象后的效果如图9-46所示。

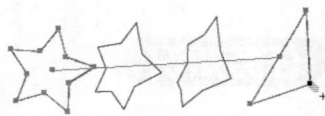

图9-44

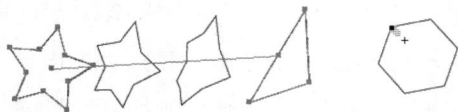

图9-45

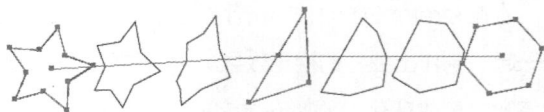

图9-46

4.　释放混合对象

选择选择工具 ▶️ ，选取一组混合对象，如图9-47所示。选择"对象">"混合">"释放"命令（快捷键为Alt+Shift+Ctrl+B），释放混合对象，效果如图9-48所示。

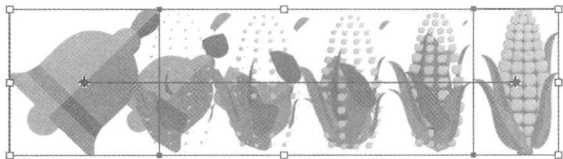

图9-47　　　　　　　　　　　　　　　　　　图9-48

5.　使用"混合选项"对话框

选择选择工具 ▶️ ，选取要进行混合的对象，如图9-49所示。选择"对象">"混合">"混合选项"命令，弹出"混合选项"对话框，在对话框的"间距"选项的下拉列表中选择"平滑颜色"选项，如图9-50所示，可以使混合对象的颜色平滑过渡。

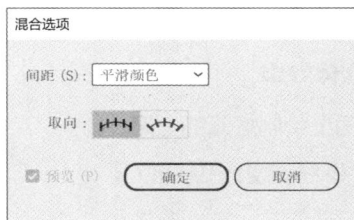

图9-49　　　　　　　　　　　　　　　　　　图9-50

在对话框的"间距"选项的下拉列表中选择"指定的步数"选项，如图9-51所示，可以设置混合对象的步骤数。在对话框的"间距"选项的下拉列表中选择"指定的距离"选项，如图9-52所示，可以设置混合对象间的距离。

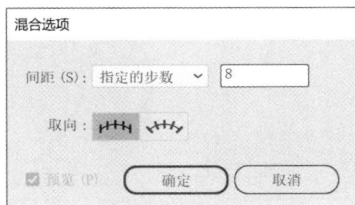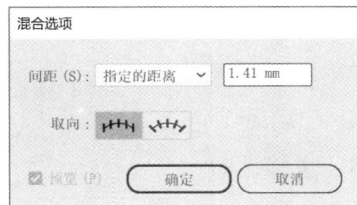

图9-51　　　　　　　　　　　　　　　　　　图9-52

对话框的"取向"选项中有"对齐页面"和"对齐路径"两个按钮可以单击，如图9-53所示。设置好每个选项后，单击"确定"按钮。选择"对象">"混合">"建立"命令，将对象混合，效果如图9-54所示。

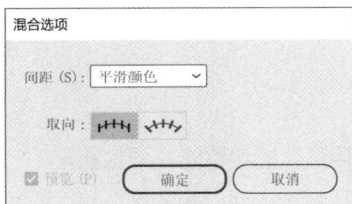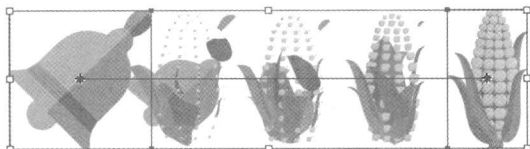

图9-53　　　　　　　　　　　　　　　　　　图9-54

9.1.2 混合的形状

在混合时，可以将一种形状变形成另一种形状。

1. 多个对象的混合变形

在页面上绘制4个形状不同的对象，如图9-55所示。

选择混合工具 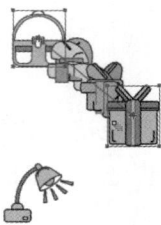，单击第1个对象，接着按照顺时针的方向依次单击每个对象，这样每个对象都被混合了，效果如图9-56所示。

第1步

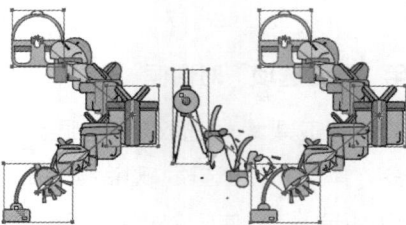

第2步　　　　第3步

图9-55　　　　　　　　　图9-56

2. 绘制立体效果

在页面上绘制灯笼的上底、下底和边缘线，如图9-57所示。选取灯笼的左、右两条边缘线，如图9-58所示。

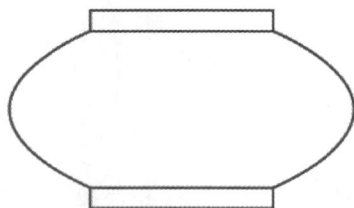

图9-57

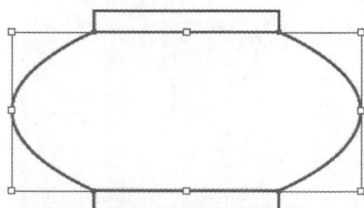

图9-58

选择"对象">"混合">"混合选项"命令，弹出"混合选项"对话框，在"指定的步数"选项的数值框中输入4，在"取向"选项中单击"对齐页面"按钮，如图9-59所示，单击"确定"按钮。选择"对象">"混合">"建立"命令，灯笼的立体效果绘制完成，如图9-60所示。

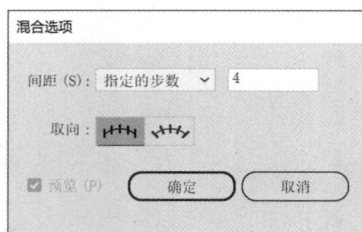

图9-59

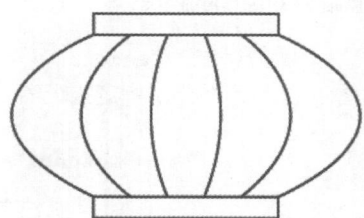

图9-60

9.1.3 编辑混合路径

在制作混合图形之前，需要修改混合选项，否则系统将采用默认的设置建立混合图形。

混合得到的图形由混合路径连接，自动创建的混合路径默认是直线段，如图9-61所示，可以对这条

混合路径进行编辑，如添加、删除锚点，扭曲混合
路径，将角点转换为平滑点等。

图9-61

选择"对象">"混合">"混合选项"命令，弹出"混合选项"对话框，"间距"选项的下拉列表
中包括3个选项，如图9-62所示。

"平滑颜色"选项：按进行混合的两个图形的颜色和形状来确定混合的步数，为默认的选项，效果
如图9-63所示。

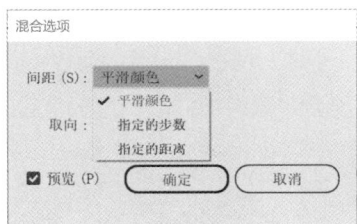

图9-62

图9-63

"指定的步数"选项：控制混合的步数。当"指定的步数"选项设置为2时，效果如图9-64所示。
当"指定的步数"选项设置为6时，效果如图9-65所示。

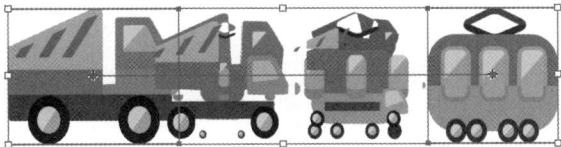

图9-64

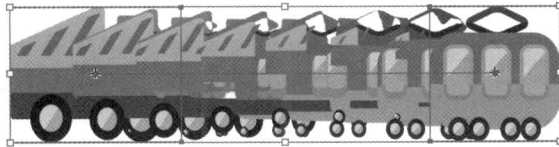

图9-65

"指定的距离"选项：控制每一步混合的距离。当"指定的距离"选项设置为25时，效果如
图9-66所示。当"指定的距离"选项设置为2时，效果如图9-67所示。

图9-66

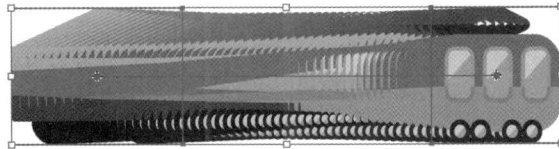

图9-67

如果想要将混合图形与存在的外部路径结合，可以同时选取混合图形和外部路径，选择"对象">"混
合">"替换混合轴"命令，替换混合图形中的混合路径。混合前后的效果如图9-68和图9-69所示。

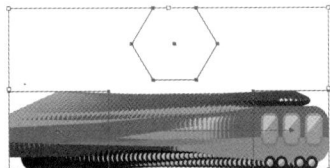

图9-68

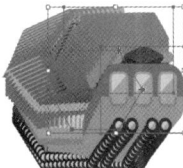

图9-69

9.1.4 操作混合对象

1. 改变混合对象的堆叠顺序

选取混合对象，选择"对象">"混合">"反向堆叠"命令，混合对象的堆叠顺序将被改变，改变前后的效果如图9-70和图9-71所示。

图9-70

图9-71

2. 打散混合对象

选取混合对象，选择"对象">"混合">"扩展"命令，混合对象将被打散，打散前后的效果如图9-72和图9-73所示。

图9-72

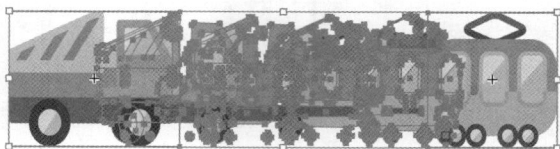

图9-73

任务9.2 掌握封套的使用

Illustrator 2024中提供了不同形状的封套，利用不同的封套可以改变选定对象的形状。封套不仅可以应用到选定的图形中，还可以应用于路径、复合路径、文本对象、网格、混合对象或导入的位图当中。当对一个对象应用封套时，对象就像被放入一个特定的容器中，封套使对象本身发生相应的变化。此外，对于应用了封套的对象，还可以对其进行一定的编辑，如修改、删除等。

任务实践 制作国风音乐会海报

任务目标 学习使用绘图工具和"封套扭曲"子菜单中的命令制作国风音乐会海报。

任务要点 使用渐变工具、钢笔工具绘制海报背景，使用文字工具和"字符"面板添加并编辑文字，使用"用顶层对象建立"命令制作封套扭曲效果。最终效果参看学习资源中的"项目9\效果\制作国风音乐会海报.ai"，效果如图9-74所示。

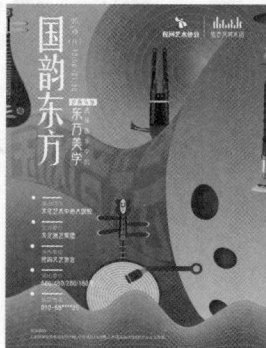

图9-74

任务操作

01 按Ctrl+O快捷键，弹出"打开"对话框，选择学习
资源中的"项目9\素材\制作国风音乐会海报\01"文件，
单击"打开"按钮，打开文件，效果如图9-75所示。选
择钢笔工具 ✐，在适当的位置绘制一个不规则图形，如
图9-76所示。

02 双击渐变工具 ▣，弹出"渐变"面板，单击"线性
渐变"按钮 ▣，在色带上设置两个渐变滑块，将渐变滑

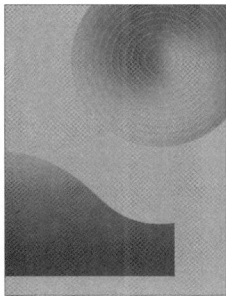

图9-75　　　　　　图9-76

块的位置分别设置为0、100，并设置CMYK值分别为0（50、86、100、26）、100（10、64、94、
0），其他选项的设置如图9-77所示，图形被填充渐变色，设置描边色为无，效果如图9-78所示。用相
同的方法分别绘制其他图形，并填充相应的渐变色，效果如图9-79所示。

03 选择选择工具 ▸，选取渐变图形，连续按Ctrl+[快捷键，将选中的图形后移到适当的位置，效果如
图9-80所示。

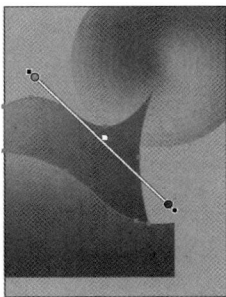

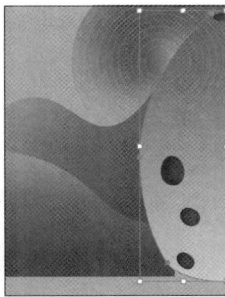

图9-77　　　　　　图9-78　　　　　　图9-79　　　　　　图9-80

04 选择文字工具 ▛，在页面中输入需要的文字，选择选择工具 ▸，在属性栏中选择合适的字体并
设置文字大小。设置填充色为浅黄色（其CMYK值为12、21、32、0），填充文字，效果如图9-81
所示。

05 按Ctrl+T快捷键，弹出"字符"面板，将"设置所选字符的字距调整"选项 🆅🅰 设置为-100，其他选
项的设置如图9-82所示，按Enter键确定操作，效果如图9-83所示。在属性栏中将"不透明度"选项设
置为20%，按Enter键确定操作，效果如图9-84所示。

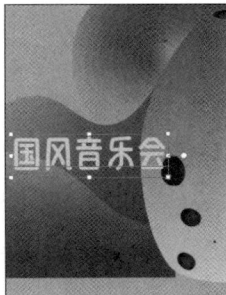

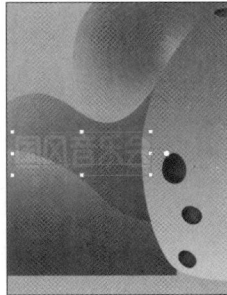

图9-81　　　　　　图9-82　　　　　　图9-83　　　　　　图9-84

06 选择选择工具▶，选取下方渐变图形，按Ctrl+C快捷键，复制图形，按Ctrl+Shift+V快捷键，就地粘贴图形，如图9-85所示。按住Shift键的同时，单击下方文字，将其同时选取，如图9-86所示。选择"对象">"封套扭曲">"用顶层对象建立"命令，效果如图9-87所示。

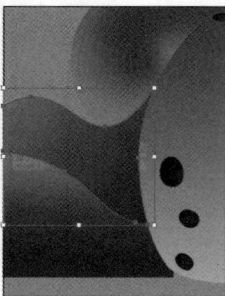
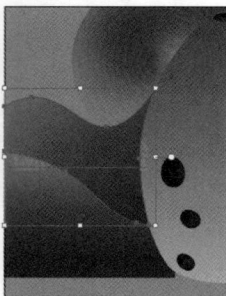
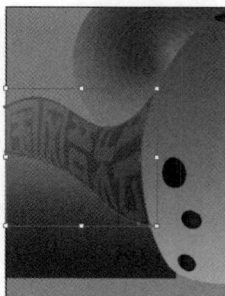

图9-85 图9-86 图9-87

07 按Ctrl+O快捷键，弹出"打开"对话框，选择学习资源中的"项目9\素材\制作国风音乐会海报\02"文件，单击"打开"按钮，打开文件。按Ctrl+A快捷键，全选图形和文字，按Ctrl+C快捷键，复制图形和文字。返回正在编辑的页面，按Ctrl+V快捷键，将复制的图形和文字粘贴到页面中，选择选择工具▶，将其拖曳到适当的位置，效果如图9-88所示。

08 选取需要的乐器图形，连续按Ctrl+[快捷键，将其向后移动到适当的位置，效果如图9-89所示。国风音乐会海报制作完成，效果如图9-90所示。

图9-88 图9-89 图9-90

任务知识

9.2.1 创建封套

当需要使用封套来改变对象的形状时，可以应用系统预设的形状网格或路径创建封套。

（1）应用系统预设的形状创建封套。

选中对象，选择"对象">"封套扭曲">"用变形建立"命令（快捷键为Alt+Shift+Ctrl+W），弹出"变形选项"对话框，如图9-91所示。

"样式"选项的下拉列表中提供了15种封套，如图9-92所示。

"水平"选项和"垂直"选项用来指定封套的位置。选择一个选项，在"弯曲"选项中可以设置对象的弯曲程度，在"扭曲"选项组中可以设置封套在水平或垂直方向上的比例。勾选"预览"复选框，预览设置的封套效果，单击"确定"按钮，即可将设置好的封套应用到选定的对象中，对象应用封套前后的对比效果如图9-93所示。

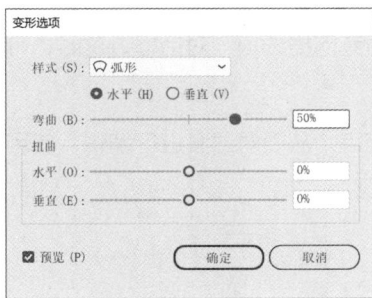

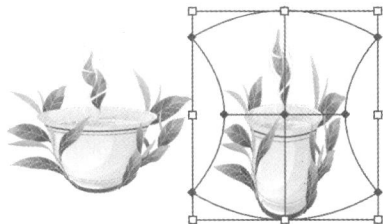

图9-91　　　　　　　图9-92　　　　　　　图9-93

（2）使用网格创建封套。

选中对象，选择"对象"＞"封套扭曲"＞"用网格建立"命令（快捷键为Alt+Ctrl+M），弹出"封套网格"对话框。在"行数"选项和"列数"选项的数值框中，可以根据需要输入网格的行数和列数，如图9-94所示，单击"确定"按钮，设置完成的网格封套将应用到选定的对象中，如图9-95所示。

设置完成的网格封套可以用网格工具进行编辑。选择网格工具，单击网格封套对象，即可增加对象的网格数，如图9-96所示。按住Alt键的同时，单击对象上的网格点和网格线，可以减少网格封套的行数和列数。用网格工具拖曳网格点可以改变对象的形状，如图9-97所示。

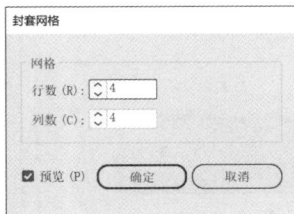

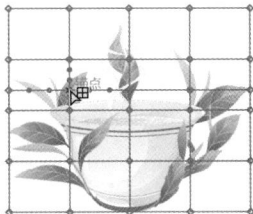
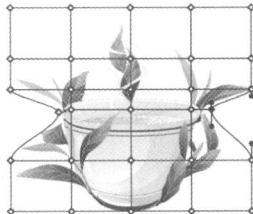

图9-94　　　　　　　图9-95　　　　　　　图9-96　　　　　　　图9-97

（3）使用路径创建封套。

同时选中对象和想要用来作为封套的路径（这时此路径必须处于所有对象的上层），如图9-98所示。选择"对象"＞"封套扭曲"＞"用顶层对象建立"命令（快捷键为Alt+Ctrl+C），使用路径创建的封套效果如图9-99所示。

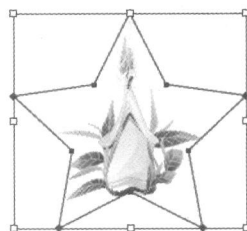

图9-98　　　　　　　　　　图9-99

9.2.2 编辑封套

用户可以对创建的封套进行编辑。由于创建的封套是和对象组合在一起的，所以用户既可以编辑封套，也可以编辑对象，但是不能同时编辑两者。

1. 编辑封套形状

选择选择工具 ▶，选取一个含有对象的封套。选择"对象">"封套扭曲">"用变形重置"命令或"用网格重置"命令，弹出"变形选项"对话框或"重置封套网格选项"对话框，这时，可以根据需要重新设置封套类型，效果如图9-100和图9-101所示。

使用直接选择工具 ▷ 或网格工具 圈 可以拖动封套上的锚点，从而对封套进行编辑。使用变形工具 ◤ 可以对封套进行扭曲变形，效果如图9-102所示。

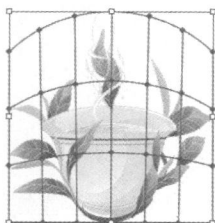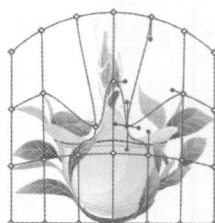

图9-100　　　　　　　图9-101　　　　　　　图9-102

2. 编辑封套内的对象

选择选择工具 ▶，选取封套内的对象，如图9-103所示。选择"对象">"封套扭曲">"编辑内容"命令（快捷键为Shift+Ctrl+V），对象将会显示原来的矩形框选框，如图9-104所示。这时"图层"面板中的封套图层左侧将显示一个箭头，如图9-105所示，表示可以修改封套中的对象。

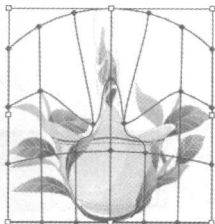

图9-103　　　　　　　图9-104　　　　　　　图9-105

9.2.3 设置封套属性

对封套属性进行设置，可以使封套更符合图形绘制的要求。

选择一个封套对象，选择"对象">"封套扭曲">"封套选项"命令，弹出"封套选项"对话框，如图9-106所示。

勾选"消除锯齿"复选框，可以在用封套变形时防止产生锯齿，保持图形的清晰度。选中"剪切蒙版"单选项可以在封套上使用剪切蒙版，选中"透明度"单选项可以对封套应用Alpha通道。"保真度"选项用于设置对象适合封套的保真度。勾选"扭曲外观"复选框后，下方的两个选项将被激活。

"扭曲外观"选项可使对象具有外观属性，如果封套应用了特殊效果，对象也会随之发生扭曲变形。"扭曲线性渐变填充"和"扭曲图案填充"复选框分别用于对扭曲对象进行线性渐变填充和图案填充。

图9-106

项目实践　制作卡通火焰贴纸

项目要点 使用星形工具、"圆角"命令绘制多角星形，使用椭圆工具、"描边"面板制作虚线，使用钢笔工具、混合工具制作火焰。最终效果参看学习资源中的"项目9\效果\制作卡通火焰贴纸.ai"，效果如图9-107所示。

图9-107

课后习题　制作促销商品海报

习题要点 使用文字工具、"封套扭曲"子菜单中的命令和渐变工具命令添加并编辑标题文字，使用文字工具、"字符"面板添加宣传性文字，使用圆角矩形工具、"描边"命令绘制虚线框。最终效果参看学习资源中的"项目9\效果\制作促销商品海报.ai"，效果如图9-108所示。

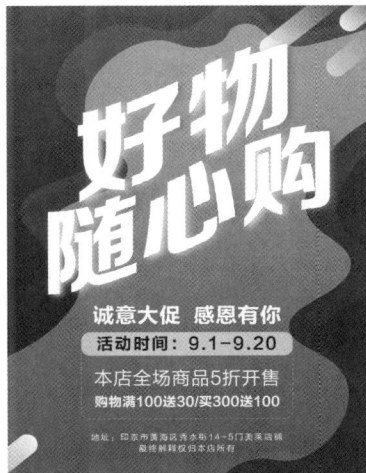

图9-108

项目 10

效果的使用

本项目旨在帮助读者掌握Illustrator 2024中强大的效果功能，以及"图层样式"面板与"外观"面板的使用方法。通过本项目的学习，读者可以掌握效果的使用方法，并把丰富的图形效果应用到实际中。

学习目标

- 掌握Illustrator 2024的"效果"菜单。
- 掌握重复应用效果命令的方法。
- 掌握Illustrator效果的使用方法。
- 掌握Photoshop效果的使用方法。
- 掌握"图形样式"面板与"外观"面板的应用方法。

技能目标

- 掌握"生肖文化海报"的制作方法。
- 掌握"文房四宝展示会海报"的制作方法。

素养目标

- 培养熟练组合多种效果的能力。
- 培养灵活运用图形样式创建效果的能力。
- 培养敏锐洞察图形视觉效果的能力。

任务10.1 掌握"效果"菜单及其应用

Illustrator 2024的"效果"菜单中有多种效果，应用这些效果命令可以制作出奇妙的图形效果。

任务知识

10.1.1 效果简介

在Illustrator 2024中，使用效果命令可以快速地处理图形，通过对图形进行变形和变色来使其更加精美。所有的效果命令都放置在"效果"菜单中，如图10-1所示。

"效果"菜单包括4个部分。第1部分是重复应用上一个效果的命令，第2部分是"文档栅格效果设置"命令，第3部分是Illustrator效果命令，第4部分是Photoshop效果命令。

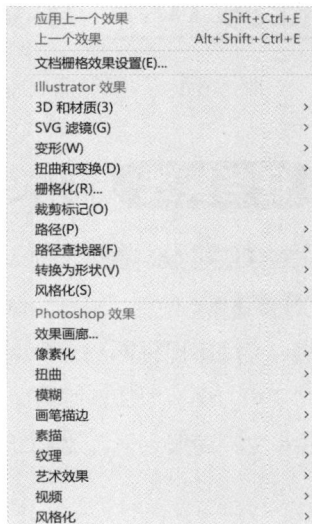

图10-1

10.1.2 重复应用效果命令

"效果"菜单的第1部分有两个命令，分别是"应用上一个效果"命令和"上一个效果"命令。当没有使用过任何效果时，这两个命令显示为灰色，处于不可用状态，如图10-2所示。当使用过效果后，这两个命令将显示为上次使用过的效果命令。例如，如果上次使用过"效果">"扭曲和变换">"扭拧"命令，那么这两个命令将变为图10-3所示的命令。

图10-2

图10-3

选择"应用上一个效果"命令可以直接使用上次设置好的数值，把效果添加到图形上。打开文件，效果如图10-4所示，选择"效果">"扭曲和变换">"扭转"命令，弹出"扭转"对话框，在该对话框中设置扭转"角度"为40°，效果如图10-5所示。选择"应用'扭转'"命令，可以保持第1次设置的数值不变，使图形再次扭转40°，效果如图10-6所示。

再次选择"效果">"扭曲和变换">"扭转"命令，将弹出"扭转"对话框，可以重新输入新的数值，如图10-7所示。单击"确定"按钮，得到的效果如图10-8所示。

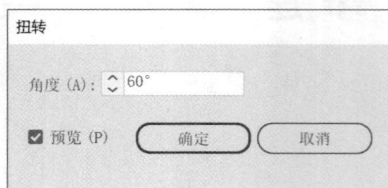

图10-4　　　　　图10-5　　　　　图10-6　　　　　　　　图10-7　　　　　　　　　　图10-8

任务10.2　掌握Illustrator效果

　　Illustrator效果包括10个效果组，有些效果组又包括多个效果。

任务实践　制作生肖文化海报

任务目标　学习使用"3D和材质"效果组制作生肖文化海报。

任务要点　使用"膨胀"命令、"添加材料和图形"按钮制作膨胀效果，使用矩形工具、"凸出和斜角（经典）"命令、"扩展外观"命令制作3D模块，使用文字工具、"字符"面板添加并编辑标题文字。最终效果参看学习资源中的"项目10\效果\制作生肖文化海报.ai"，效果如图10-9所示。

图10-9

任务操作

01 按Ctrl+O快捷键，弹出"打开"对话框，选择学习资源中的"项目10\素材\制作生肖文化海报\01"文件，单击"打开"按钮，打开文件，效果如图10-10所示。选择选择工具 ▶，用框选的方法将图形同时选取，如图10-11所示。

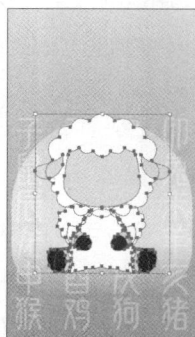

图10-10　　　　　　　　　图10-11

02 选择"效果">"3D和材质">"膨胀"命令，弹出"3D和材质"面板，选项的设置如图10-12所示，效果如图10-13所示。单击面板中的"渲染设置"按钮 ⌄，在弹出的面板中，打开"光线追踪"选项，其他选项的设置如图10-14所示，单击"渲染"按钮，效果如图10-15所示。

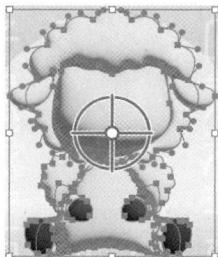

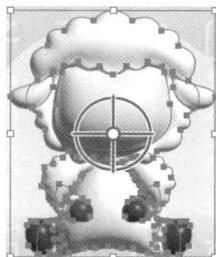

图10-12　　　　　图10-13　　　　　图10-14　　　　　图10-15

03 选择选择工具 ▶，在页面左侧选取需要的图形，如图10-16所示。在"3D和材质"面板中，切换到"材质"选项卡，单击"图形"按钮，在面板下方单击"添加材料和图形"按钮 ⊡，在弹出的下拉菜单中选择"添加为单个图形"命令，如图10-17所示，图形被添加到面板中，效果如图10-18所示。用相同的方法分别选中其他图形，并添加为单个图形，如图10-19所示。

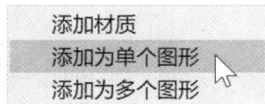

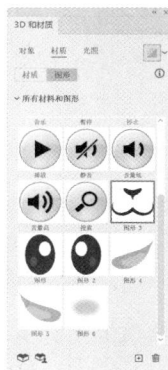

图10-16　　　　　　　　图10-17　　　　　　图10-18　　　　　图10-19

04 选择选择工具 ▶，在页面中选取头部，如图10-20所示。在"3D和材质"面板中，单击眼睛图形，图形添加到页面中，将其拖曳到适当的位置，并旋转一定的角度，效果如图10-21所示。用相同的方法分别添加其他图形，并调整其位置和角度，效果如图10-22所示。

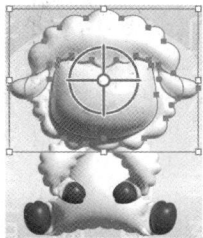

图10-20　　　　　　　图10-21　　　　　　图10-22

05 选择矩形工具 ▢，在页面外分别绘制3个矩形，选取中间的矩形，如图10-23所示。选择"效果">"3D和材质">"3D（经典）">"凸出和斜角（经典）"命令，弹出"3D凸出和斜角选项（经典）"对话框，选项的设置如图10-24所示，单击"确定"按钮，效果如图10-25所示。

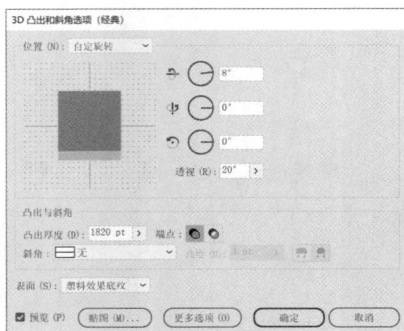
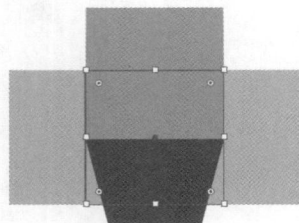

图10-23　　　　　　　　图10-24　　　　　　　　图10-25

06 选择选择工具 ▶，选取左侧矩形，选择"效果">"3D和材质">"3D（经典）">"凸出和斜角（经典）"命令，弹出"3D凸出和斜角选项（经典）"对话框，选项的设置如图10-26所示，单击"确定"按钮，效果如图10-27所示。用相同的方法设置右侧矩形的凸出和斜角，效果如图10-28所示。

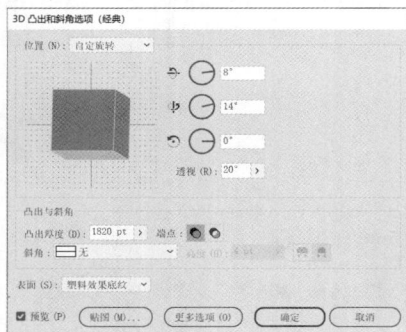
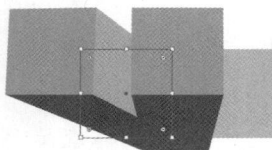
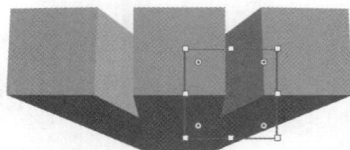

图10-26　　　　　　　　图10-27　　　　　　　　图10-28

07 选择选择工具 ▶，用框选的方法将所绘制的图形同时选取，按住Alt+Shift组合键的同时，垂直向下拖曳图形到适当的位置，复制图形，如图10-29所示。按住Shift键的同时，依次单击上方图形，将其同时选取，如图10-30所示。

08 选择"对象">"扩展外观"命令，扩展图形外观，效果如图10-31所示。连续按Shift+Ctrl+G快捷键，取消图形编组，效果如图10-32所示。

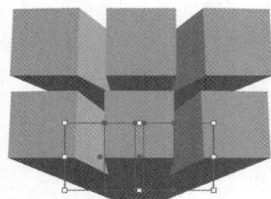
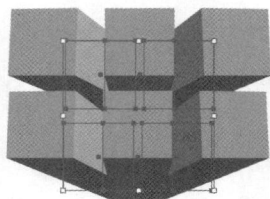
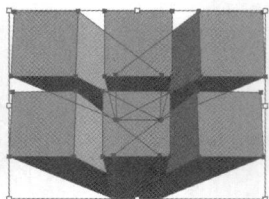
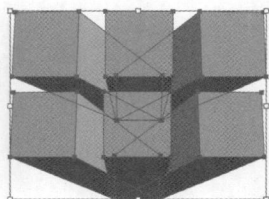

图10-29　　　　　　图10-30　　　　　　　图10-31　　　　　　图10-32

09 选择选择工具 ▶，按住Shift键的同时，依次单击需要的图形，将其同时选取，填充图形为白色，效果如图10-33所示。用相同的方法分别选择其他图形，并设置填充色为红色（其RGB值为246、47、78）、土黄色（其RGB值为255、206、120），填充图形，效果如图10-34所示。

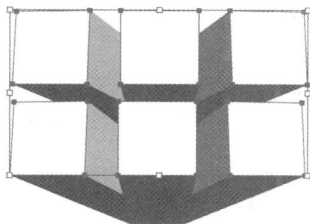
图10-33

图10-34

10 选择选择工具 ▶，用框选的方法将所绘制的图形同时选取，并将其拖曳到页面中适当的位置，连续按Ctrl+[快捷键，将其向后移动到适当的位置，效果如图10-35所示。

11 选择文字工具 **T**，在页面中输入需要的文字，选择选择工具 ▶，在属性栏中选择合适的字体并设置文字大小，效果如图10-36所示。设置填充色为红色（其RGB值为246、47、78），填充文字，效果如图10-37所示。

图10-35

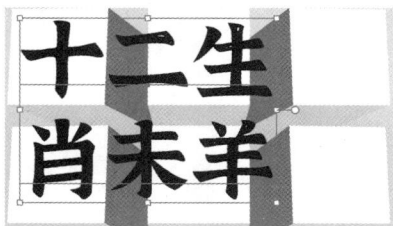
图10-36

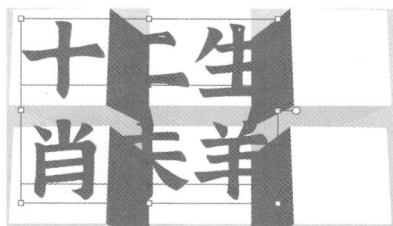
图10-37

12 按Ctrl+T快捷键，弹出"字符"面板，将"设置所选字符的字距调整"选项 **VA** 设置为660，其他选项的设置如图10-38所示；按Enter键确定操作，效果如图10-39所示。

13 按Ctrl+O快捷键，弹出"打开"对话框，选择学习资源中的"项目10\素材\制作生肖文化海报\02"文件，单击"打开"按钮，打开文件。选择选择工具 ▶，选取需要的图形和文字，按Ctrl+C快捷键，复制图形和文字。返回正在编辑的页面，按Ctrl+V快捷键，将复制的图形和文字粘贴到页面中，并将其拖曳到适当的位置，效果如图10-40所示。生肖文化海报制作完成，效果如图10-41所示。

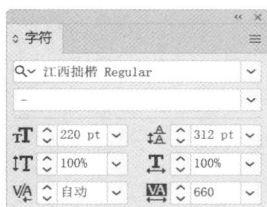
图10-38

图10-39

图10-40

图10-41

任务知识

10.2.1 "3D和材质"效果组

"3D和材质"效果组中的效果如图10-42所示，用于将开放路径、闭合路径或位图转换为可以旋转、打光和投影的三维对象。

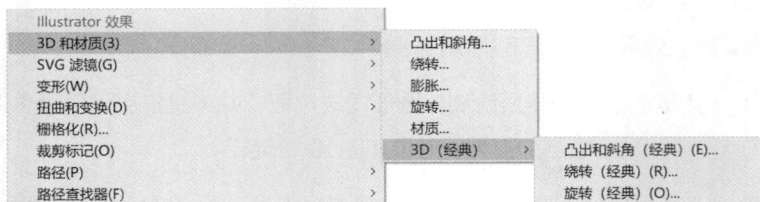

Illustrator 效果	
3D 和材质(3)	▶
SVG 滤镜(G)	▶
变形(W)	▶
扭曲和变换(D)	▶
栅格化(R)...	
裁剪标记(O)	
路径(P)	▶
路径查找器(F)	▶

凸出和斜角...
绕转...
膨胀...
旋转...
材质...
3D (经典) ▶　凸出和斜角（经典）(E)...
　　　　　　　绕转（经典）(R)...
　　　　　　　旋转（经典）(O)...

图10-42

为对象添加"3D和材质"效果组中的效果，如图10-43所示。

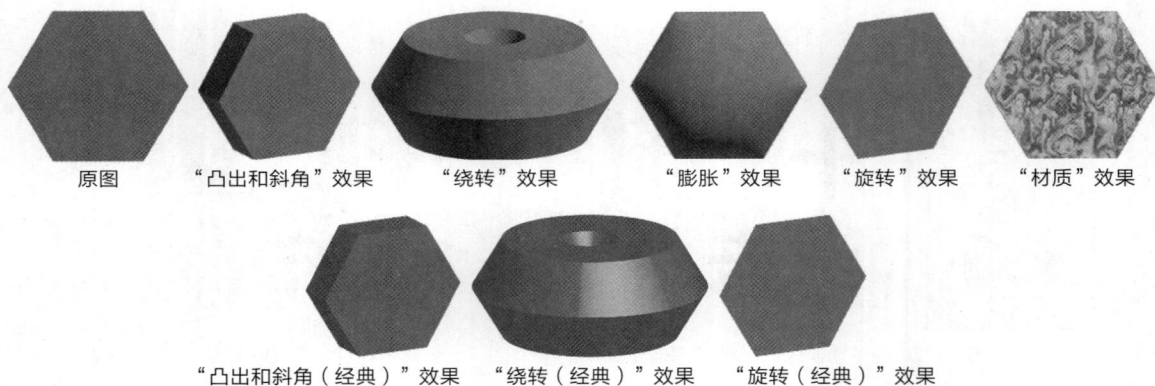

原图　　　"凸出和斜角"效果　　　"绕转"效果　　　"膨胀"效果　　　"旋转"效果　　　"材质"效果

"凸出和斜角（经典）"效果　　　"绕转（经典）"效果　　　"旋转（经典）"效果

图10-43

10.2.2 "变形"效果组

"变形"效果组中的效果如图10-44所示，用于使对象扭曲或变形，可作用的对象有路径、文本、网格、混合图形和栅格图像。

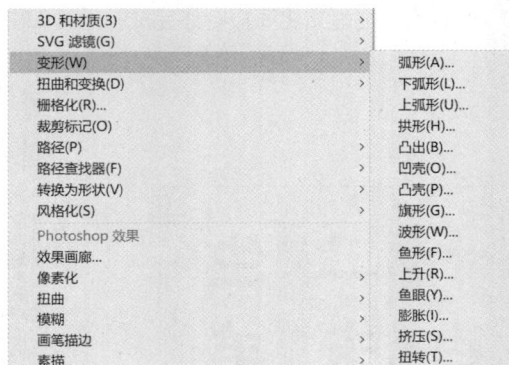

3D 和材质(3)	▶	
SVG 滤镜(G)	▶	
变形(W)	▶	弧形(A)...
扭曲和变换(D)	▶	下弧形(L)...
栅格化(R)...		上弧形(U)...
裁剪标记(O)		拱形(H)...
路径(P)	▶	凸出(B)...
路径查找器(F)	▶	凹壳(O)...
转换为形状(V)	▶	凸壳(P)...
风格化(S)	▶	旗形(G)...
Photoshop 效果		波形(W)...
效果画廊...		鱼形(F)...
像素化	▶	上升(R)...
扭曲	▶	鱼眼(Y)...
模糊	▶	膨胀(I)...
画笔描边	▶	挤压(S)...
素描	▶	扭转(T)...

图10-44

为对象添加"变形"效果组中的效果，如图10-45所示。

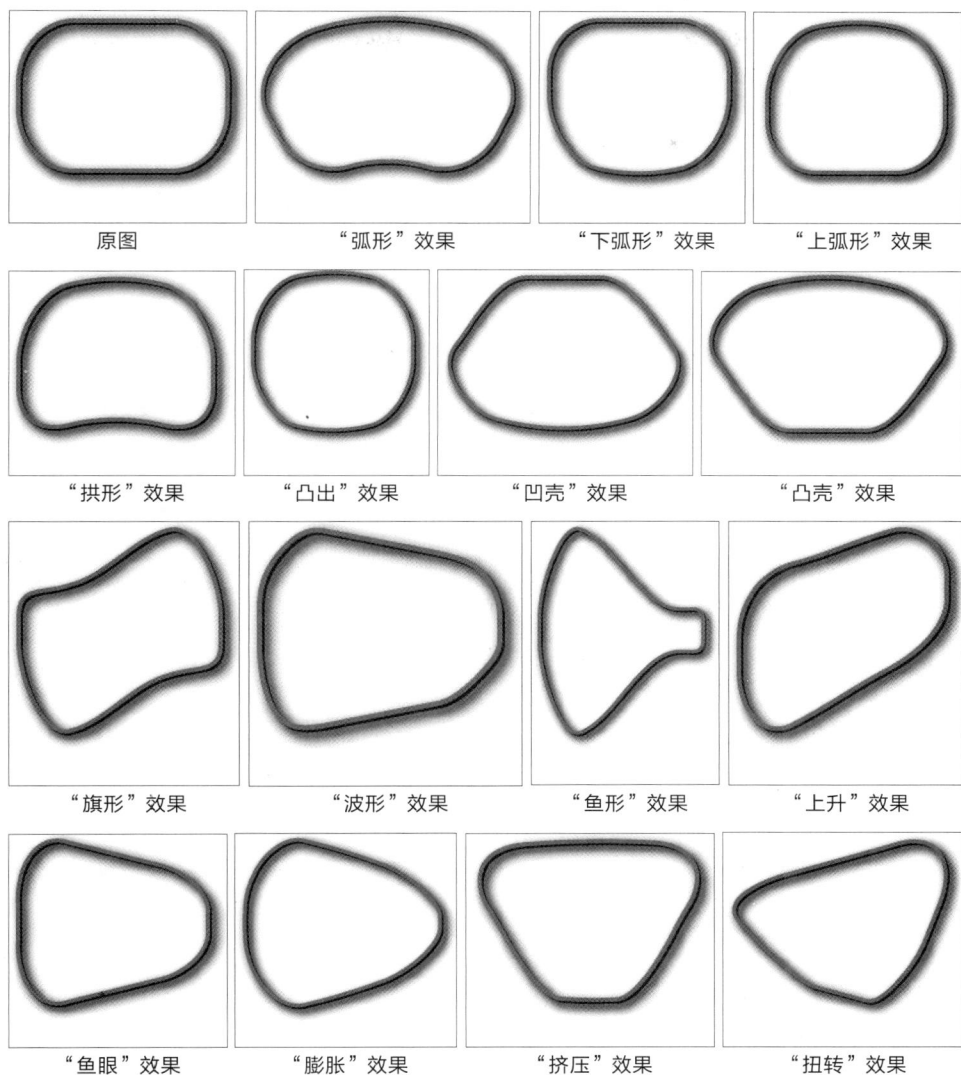

原图	"弧形"效果	"下弧形"效果	"上弧形"效果

"拱形"效果	"凸出"效果	"凹壳"效果	"凸壳"效果

"旗形"效果	"波形"效果	"鱼形"效果	"上升"效果

"鱼眼"效果	"膨胀"效果	"挤压"效果	"扭转"效果

图10-45

10.2.3 "扭曲和变换"效果组

"扭曲和变换"效果组中的效果如图10-46所示，用于使图形产生各种扭曲或变形的效果。

图10-46

为对象添加"扭曲和变换"效果组中的效果，如图10-47所示。

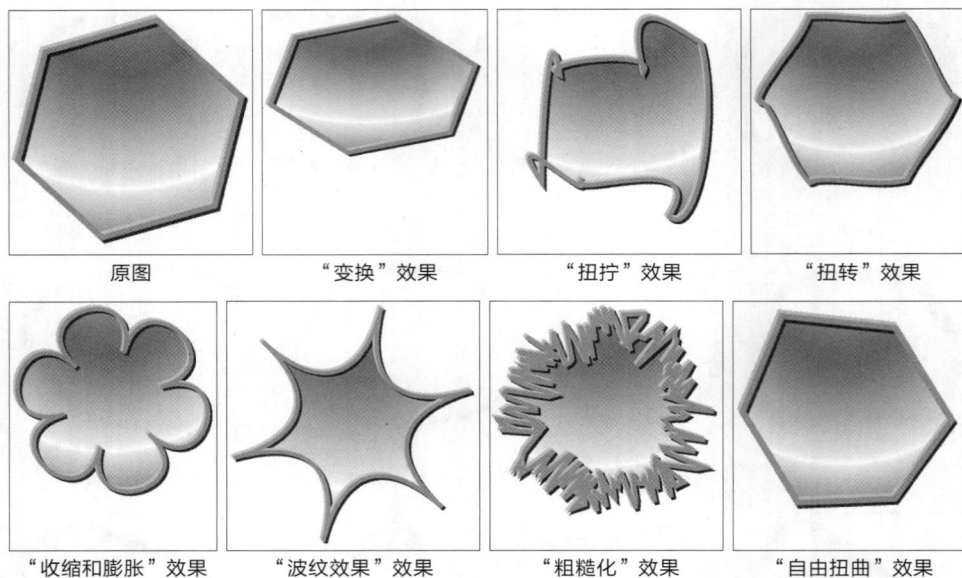

原图　　　　　　"变换"效果　　　　　　"扭拧"效果　　　　　　"扭转"效果

"收缩和膨胀"效果　　　"波纹效果"效果　　　"粗糙化"效果　　　"自由扭曲"效果

图10-47

10.2.4　"裁剪标记"效果

为对象添加"裁剪标记"效果，可指示所需的打印纸张剪切的位置，效果如图10-48所示。

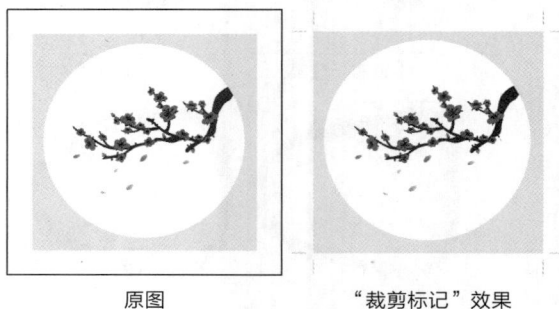

原图　　　　　　　　"裁剪标记"效果

图10-48

10.2.5　"风格化"效果组

"风格化"效果组中的效果如图10-49所示，可以用于增强对象的外观效果。

图10-49

1.　"内发光"效果

"内发光"效果用于在对象的内部创建发光的外观效果。选中要添加"内发光"效果的对象，如图10-50所示，选择"效果">"风格化">"内发光"命令，在弹出的"内发光"对话框中进行设置，如图10-51所示，单击"确定"按钮，效果如图10-52所示。

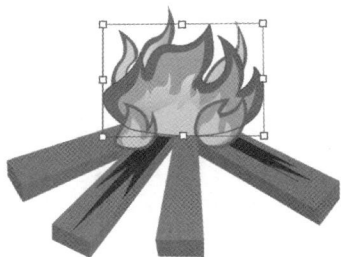

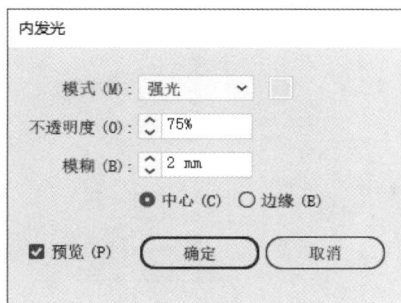

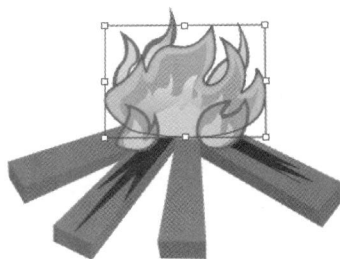

图10-50　　　　　　　　　　　　图10-51　　　　　　　　　　　　图10-52

2.　"圆角"效果

　　"圆角"效果用于为对象添加圆角。选中要添加"圆角"效果的对象，如图10-53所示，选择"效果">"风格化">"圆角"命令，在弹出的"圆角"对话框中进行设置，如图10-54所示，单击"确定"按钮，效果如图10-55所示。

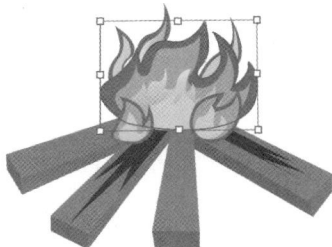

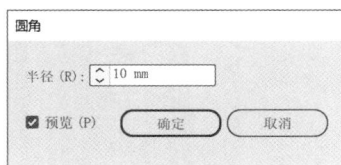

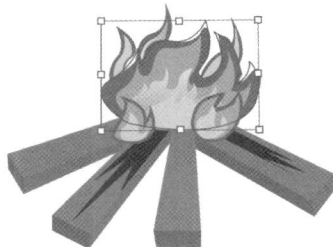

图10-53　　　　　　　　　　　　图10-54　　　　　　　　　　　　图10-55

3.　"外发光"效果

　　"外发光"效果用于在对象的外部创建发光的外观效果。选中要添加"外发光"效果的对象，如图10-56所示，选择"效果">"风格化">"外发光"命令，在弹出的"外发光"对话框中进行设置，如图10-57所示，单击"确定"按钮，效果如图10-58所示。

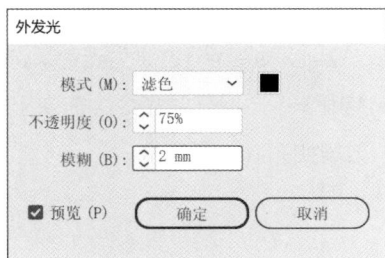

图10-56　　　　　　　　　　　　图10-57　　　　　　　　　　　　图10-58

4.　"投影"效果

　　"投影"效果用于为对象添加投影。选中要添加"投影"效果的对象，如图10-59所示，选择"效果">"风格化">"投影"命令，在弹出的"投影"对话框中进行设置，如图10-60所示，单击"确定"按钮，效果如图10-61所示。

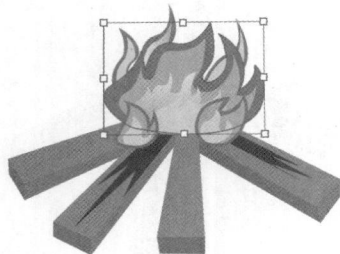

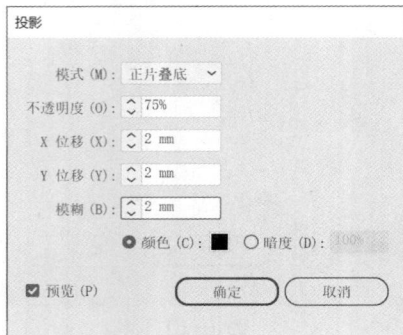

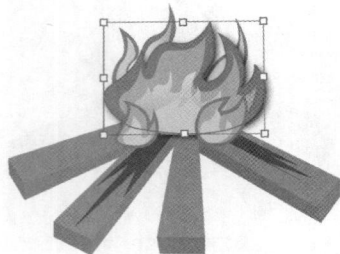

图10-59　　　　　　　　　　　　图10-60　　　　　　　　　　　　图10-61

5. "涂抹"效果

"涂抹"效果用于将对象转换为类似手绘的笔刷效果。选中要添加"涂抹"效果的对象，如图10-62所示，选择"效果">"风格化">"涂抹"命令，在弹出的"涂抹选项"对话框中进行设置，如图10-63所示，单击"确定"按钮，效果如图10-64所示。

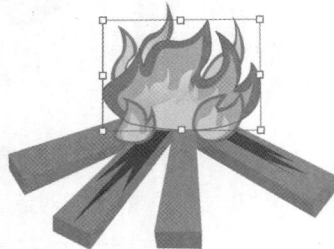

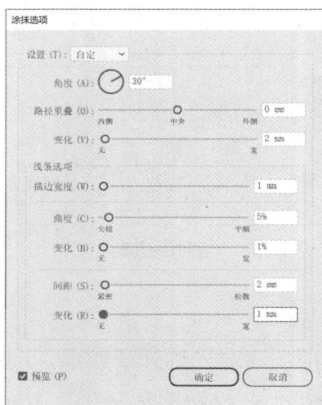

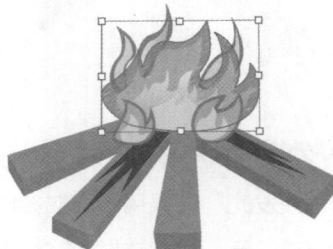

图10-62　　　　　　　　　　　　图10-63　　　　　　　　　　　　图10-64

6. "羽化"效果

"羽化"效果用于将对象的边缘从实心颜色逐渐过渡为无色。选中要添加"羽化"效果的对象，如图10-65所示，选择"效果">"风格化">"羽化"命令，在弹出的"羽化"对话框中进行设置，如图10-66所示，单击"确定"按钮，效果如图10-67所示。

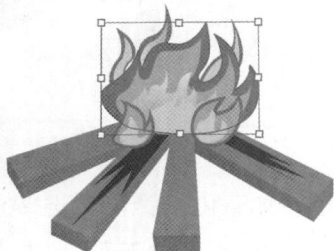

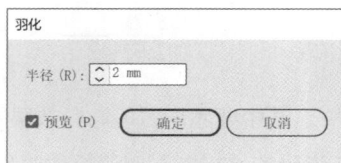

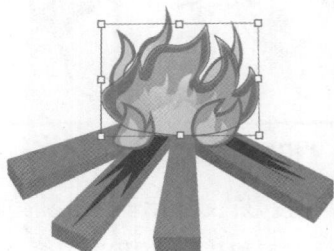

图10-65　　　　　　　　　　　　图10-66　　　　　　　　　　　　图10-67

任务10.3 掌握Photoshop效果

Photoshop效果为栅格效果，用来生成像素。它包括一个"效果画廊"命令和9个效果组，有些效果组又包括多个效果。

任务实践 制作文房四宝展示会海报

任务目标 学习使用"纹理化"命令、"喷色描边"命令和"高斯模糊"命令制作文房四宝展示会海报。

任务要点 使用矩形工具、"纹理化"命令制作海报背景，使用文字工具、"创建轮廓"命令、"喷色描边"命令、"高斯模糊"命令添加并编辑标题文字。最终效果参看学习资源中的"项目10\效果\制作文房四宝展示会海报.ai"，效果如图10-68所示。

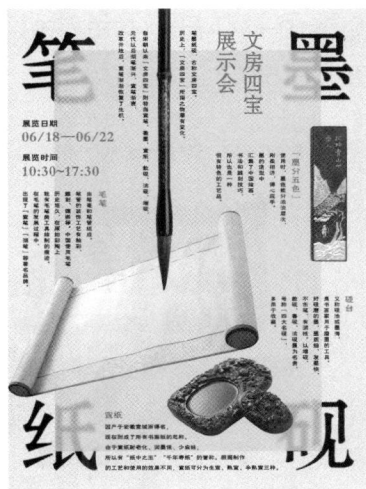

图10-68

任务操作

01 按Ctrl+N快捷键，弹出"新建文档"对话框，设置文档的宽度为500 mm，高度为700 mm，方向为纵向，颜色模式为"CMYK颜色"，光栅效果为"屏幕（300 ppi）"，单击"创建"按钮，新建一个文档。

02 选择矩形工具 ▭ ，绘制一个与页面大小相等的矩形，设置填充色为浅灰色（其CMYK值为5、4、4、0），填充图形，并设置描边色为无，效果如图10-69所示。

03 选择 "效果">"纹理">"纹理化"命令，弹出"纹理化"对话框，选项的设置如图10-70所示，单击"确定"按钮，效果如图10-71所示。

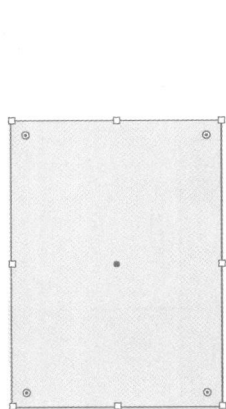

图10-69

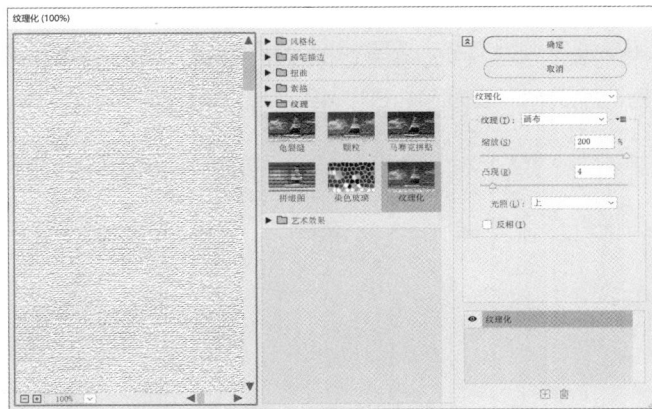

图10-70

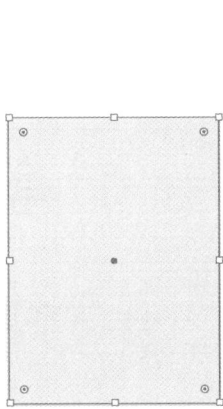

图10-71

04 选择文字工具 T，在页面的4个角分别输入需要的文字，将输入的文字同时选取，选择选择工具 ，在属性栏中选择合适的字体并设置文字大小，效果如图10-72所示。按Shift+Ctrl+O快捷键，将文字转换为轮廓，效果如图10-73所示。

05 选择 "效果">"画笔描边">"喷色描边"命令，弹出"喷色描边"对话框，选项的设置如图10-74所示，单击"确定"按钮，效果如图10-75所示。

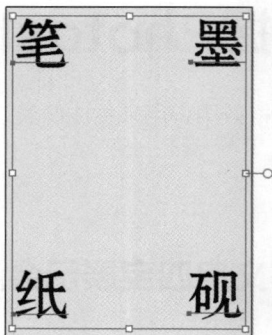
图10-72

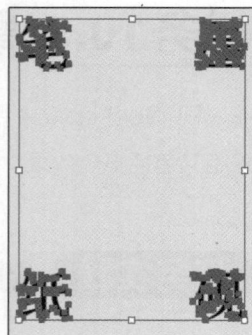
图10-73

图10-74

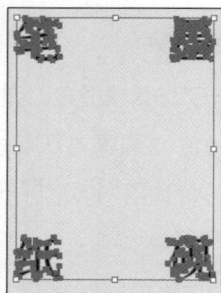
图10-75

06 选择矩形工具 ，在适当的位置绘制一个矩形，设置填充色为浅灰色（其CMYK值为12、10、15、0），填充图形，并设置描边色为无，效果如图10-76所示。

07 选择选择工具 ，按住Shift键的同时，依次单击文字将其同时选取，按Ctrl+G快捷键，将选中的文字编组。按Ctrl+C快捷键，复制编组文字，按Shift+Ctrl+V快捷键，就地粘贴编组文字，如图10-77所示。设置填充色为土黄色（其CMYK值为24、29、40、0），填充文字，效果如图10-78所示。

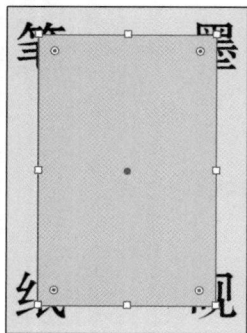
图10-76

图10-77

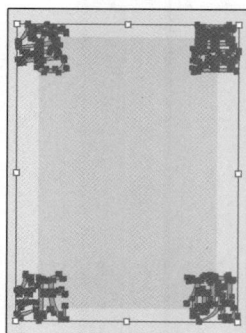
图10-78

08 选择 "效果" > "模糊" > "高斯模糊" 命令，弹出 "高斯模糊" 对话框，选项的设置如图10-79所示，单击 "确定" 按钮，效果如图10-80所示。

09 使用选择工具 ▶ 选取下方矩形，按Ctrl+C快捷键，复制矩形，按Shift+Ctrl+V快捷键，就地粘贴矩形，如图10-81所示。按住Shift键的同时，单击下方编组文字，将其同时选取，按Ctrl+7快捷键，建立剪切蒙版，效果如图10-82所示。

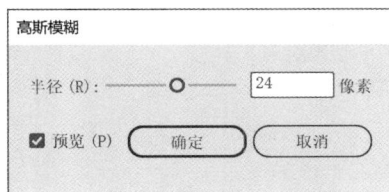

图10-79

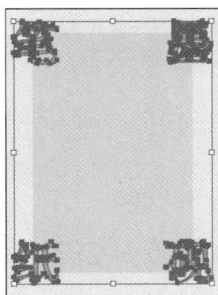

图10-80

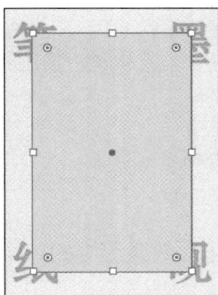

图10-81

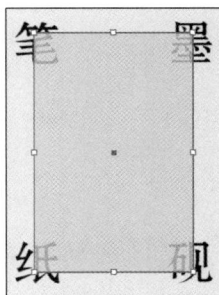

图10-82

10 选择 "文件" > "置入" 命令，弹出 "置入" 对话框，选择学习资源中的 "项目10\素材\制作文房四宝展示会海报\01~04" 文件，单击 "置入" 按钮，在页面中分别单击置入图片。单击属性栏中的 "嵌入" 按钮，嵌入图片。选择选择工具 ▶，分别拖曳图片到适当的位置，并调整其大小，效果如图10-83所示。

11 选取需要的图片，选择 "窗口" > "变换" 命令，弹出 "变换" 面板，将 "旋转" 选项设置为31.4°，如图10-84所示；按Enter键确定操作，效果如图10-85所示。

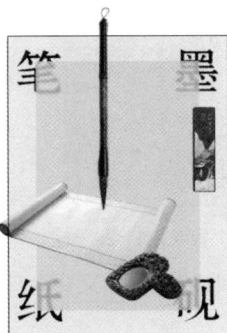

图10-83

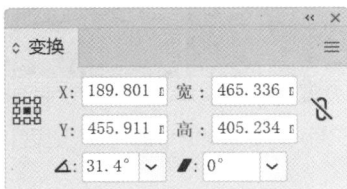

图10-84

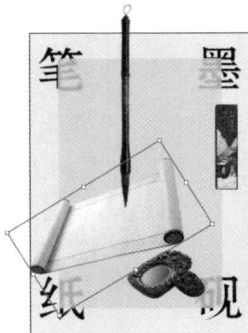

图10-85

12 按Ctrl+O快捷键，弹出 "打开" 对话框，选择学习资源中的 "项目10\素材\制作文房四宝展示会海报\05" 文件，单击 "打开" 按钮，打开文件。按Ctrl+A快捷键，全选文字，按Ctrl+C快捷键，复制文字。返回正在编辑的页面，按Ctrl+V快捷键，将复制的文字粘贴到页面中，选择选择工具 ▶，将其拖曳到适当的位置，效果如图10-86所示。文房四宝展示会海报制作完成，效果如图10-87所示。

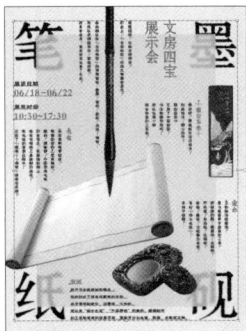

图10-86

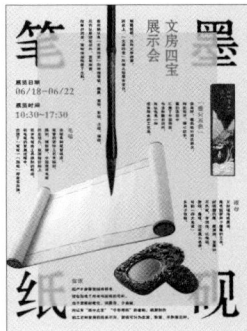

图10-87

任务知识

10.3.1 "像素化"效果组

　　"像素化"效果组中的效果如图10-88所示，用于将图像中颜色相似的像素合并起来，产生特殊的效果。

效果画廊...		
像素化	>	彩色半调...
扭曲	>	晶格化...
模糊	>	点状化...
画笔描边	>	铜版雕刻...

图10-88

　　为图像添加"像素化"效果组中的效果，如图10-89所示。

原图　　　　　　　　　"彩色半调"效果　　　　　　　　　"晶格化"效果

"点状化"效果　　　　　　　　　"铜版雕刻"效果

图10-89

10.3.2 "扭曲"效果组

　　"扭曲"效果组中的效果如图10-90所示，用于对像素进行移动或插值，使图像达到扭曲效果。

像素化	>	
扭曲	>	扩散亮光...
模糊	>	海洋波纹...
画笔描边	>	玻璃...

图10-90

为图像添加"扭曲"效果组中的效果，如图10-91所示。

原图　　　　　　　　　　　　"扩散亮光"效果

"海洋波纹"效果　　　　　　　　　"玻璃"效果

图10-91

10.3.3　"模糊"效果组

"模糊"效果组中的效果如图10-92所示，用于降低相邻像素之间的对比度，使图像达到柔化的效果。

图10-92

1.　"径向模糊"效果

"径向模糊"效果可以使图像产生旋转或运动的效果，模糊的中心位置可以任意调整。

选中图像，如图10-93所示。选择"效果">"模糊">"径向模糊"命令，在弹出的"径向模糊"对话框中进行设置，如图10-94所示，单击"确定"按钮，图像效果如图10-95所示。

图10-93

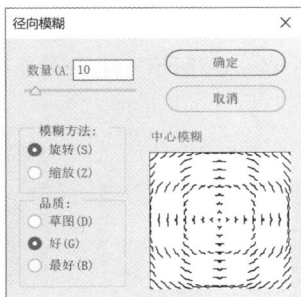

图10-94

图10-95

2.　"特殊模糊"效果

"特殊模糊"效果可以使图像背景产生模糊效果，可以用来制作柔化效果。

选中图像，如图10-96所示。选择"效果">"模糊">"特殊模糊"命令，在弹出的"特殊模糊"对话框中进行设置，如图10-97所示，单击"确定"按钮，图像效果如图10-98所示。

图10-96   图10-97   图10-98

3. "高斯模糊"效果

"高斯模糊"效果可以使图像变得柔和，可以用来制作倒影或投影。

选中图像，如图10-99所示。选择"效果">"模糊">"高斯模糊"命令，在弹出的"高斯模糊"对话框中进行设置，如图10-100所示，单击"确定"按钮，图像效果如图10-101所示。

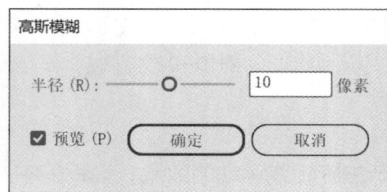

图10-99   图10-100   图10-101

10.3.4 "画笔描边"效果组

"画笔描边"效果组中的效果如图10-102所示，用于通过不同的画笔和油墨设置让图像产生类似绘画的效果。

图10-102

为图像添加"画笔描边"效果组中的效果，如图10-103所示。

原图　　　　　　　　　"喷溅"效果　　　　　　　　"喷色描边"效果

"墨水轮廓"效果　　　　　"强化的边缘"效果　　　　　"成角的线条"效果

"深色线条"效果　　　　　　"烟灰墨"效果　　　　　　　"阴影线"效果

图10-103

10.3.5　"素描"效果组

"素描"效果组中的效果如图10-104所示，用于模拟现实中的素描、速写等绘画手法对图像进行处理。

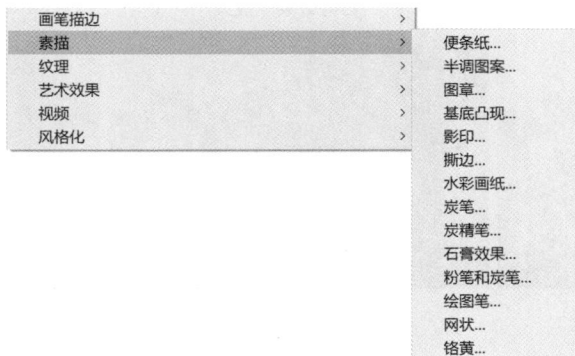

图10-104

为图像添加"素描"效果组中的效果，如图10-105所示。

原图

"便条纸"效果

"半调图案"效果

"图章"效果

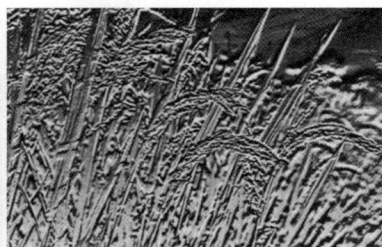
"基底凸现"效果

"影印"效果

"撕边"效果

"水彩画纸"效果

"炭笔"效果

"炭精笔"效果

"石膏效果"效果

"粉笔和炭笔"效果

"绘图笔"效果

"网状"效果

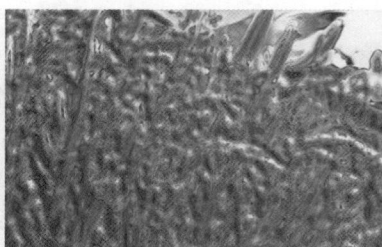
"铬黄"效果

图10-105

10.3.6　"纹理"效果组

　　"纹理"效果组中的效果如图10-106所示，用于使图像产生各种纹理效果，还可以利用前景色在空白的图像上绘制纹理。

图10-106

　　为图像添加"纹理"效果组中的效果，如图10-107所示。

原图　　　　　　　　"拼缀图"效果　　　　　　　　"染色玻璃"效果　　　　　　　　"纹理化"效果

"颗粒"效果　　　　　　　　"马赛克拼贴"效果　　　　　　　　"龟裂缝"效果

图10-107

10.3.7　"艺术效果"效果组

　　"艺术效果"效果组中的效果如图10-108所示，用于模拟使用不同的工具和介质为图像创造出不同的艺术效果。

图10-108

为图像添加"艺术效果"效果组中的效果，如图10-109所示。

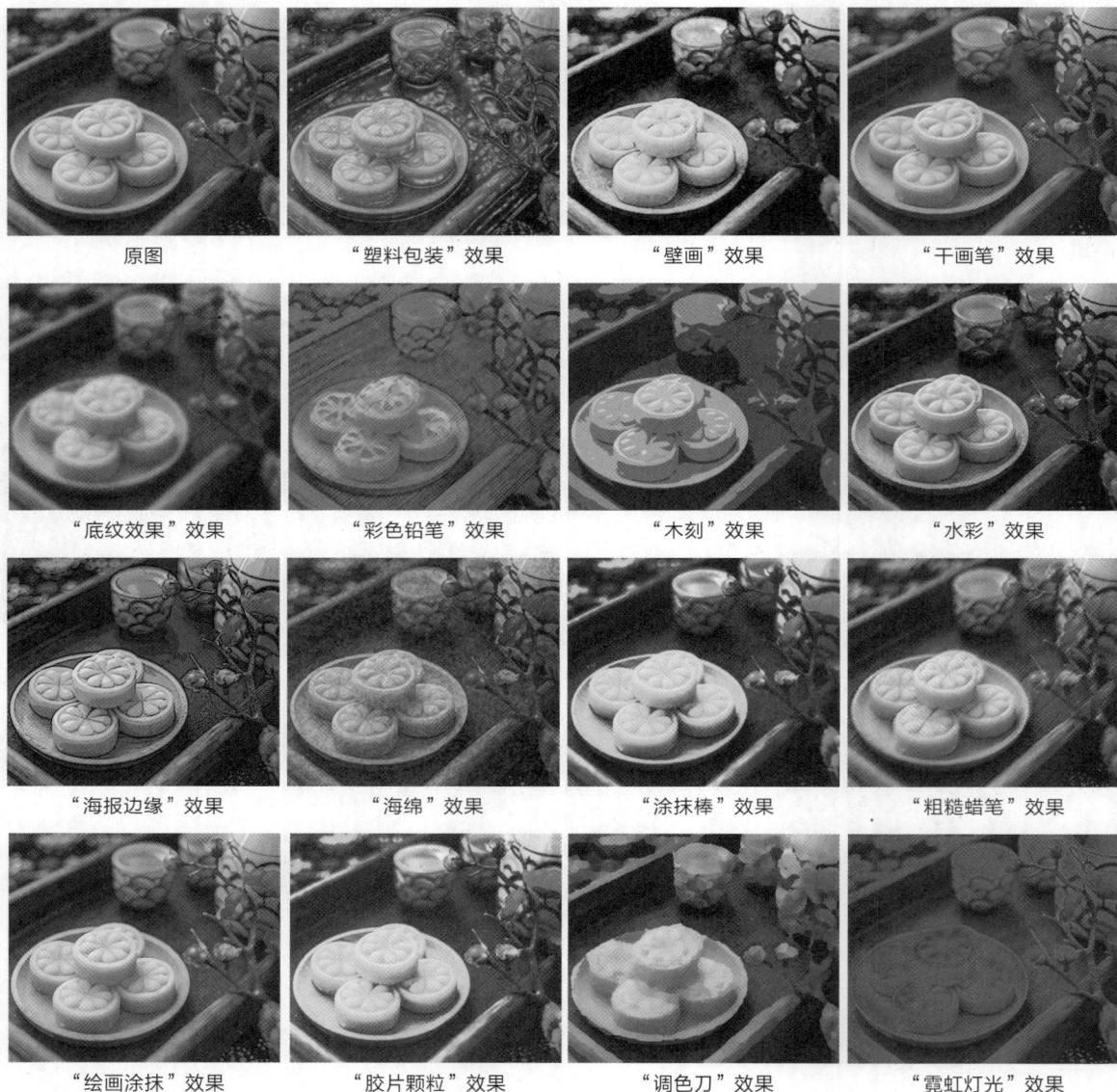

| 原图 | "塑料包装"效果 | "壁画"效果 | "干画笔"效果 |

| "底纹效果"效果 | "彩色铅笔"效果 | "木刻"效果 | "水彩"效果 |

| "海报边缘"效果 | "海绵"效果 | "涂抹棒"效果 | "粗糙蜡笔"效果 |

| "绘画涂抹"效果 | "胶片颗粒"效果 | "调色刀"效果 | "霓虹灯光"效果 |

图10-109

10.3.8 "风格化"效果组

"风格化"效果组中只有一种效
果，如图10-110所示。

"照亮边缘"效果可以把图像中的

图10-110

低对比度区域变为黑色，高对比度区域变为白色，从而使图像中不同颜色的交界处产生发光效果。

选中图像，如图10-111所示，选择"效果">"风格化">"照亮边缘"命令，在弹出的"照亮边缘"对话框中进行设置，如图10-112所示，单击"确定"按钮，图像效果如图10-113所示。

图10-111

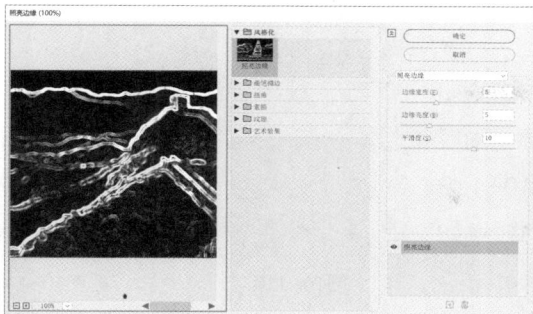

图10-112

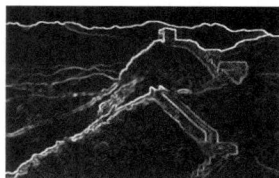

图10-113

任务10.4　掌握"图形样式"面板与"外观"面板的应用

Illustrator 2024提供了多种图形样式供用户选择和使用。在"外观"面板中，可以查看当前对象或图层的外观属性，其中包括应用到对象上的效果、描边色、描边粗细、填充色、不透明度等。下面具体介绍"图层样式"面板与"外观"面板的应用方法。

任务知识

10.4.1　"图形样式"面板

选择"窗口"＞"图形样式"命令，弹出"图形样式"面板。在默认状态下，面板的效果如图10-114所示。在"图形样式"面板中，提供了多种系统预置的样式。在制作图形的过程中，不但可以任意调用面板中的样式，还可以创建、保存、管理样式。在"图形样式"面板的下方，"断开图形样式链接"按钮 ⊗ 用于断开样式与图形之间的链接，"新建图形样式"按钮 ⊞ 用于建立新的样式，"删除图形样式"按钮 🗑 用于删除不需要的样式。

Illustrator 2024提供了丰富的图形样式库，可以根据需要调出图形样式库。选择"窗口"＞"图形样式库"命令，弹出其子菜单，如图10-115所示，选择不同的命令可以调出不同的图形样式库，如图10-116所示。

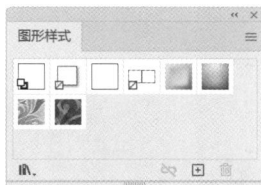

图10-114

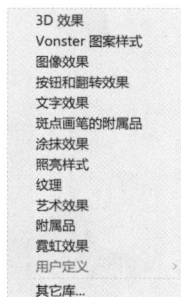

图10-115

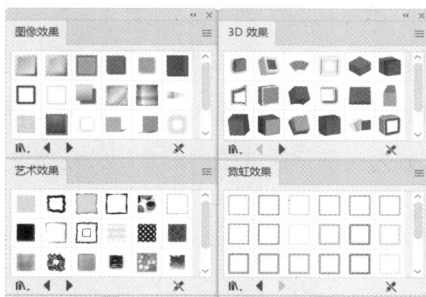

图10-116

> **提示** Illustrator 2024中的样式有CMYK颜色模式和RGB颜色模式两种类型。

10.4.2　添加样式

选中要添加样式的图形，如图10-117所示。在"3D效果"面板中单击要添加的样式，如图10-118所示。图形被添加样式后的效果如图10-119所示。

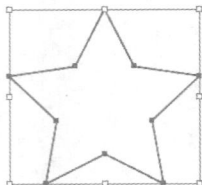
图10-117

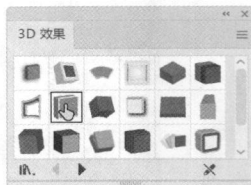
图10-118

图10-119

定义图形的样式后，可以将其保存。选中要保存样式的图形，如图10-120所示。单击"图形样式"面板中的"新建图形样式"按钮，样式被保存到图形样式库中，如图10-121所示。将图形直接拖曳到"图形样式"面板中也可以保存图形的样式，如图10-122所示。

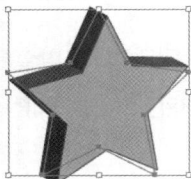
图10-120

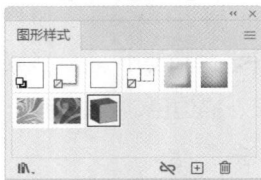
图10-121

图10-122

当把"图形样式"面板中的样式添加到图形上时，Illustrator 2024将在图形和选定的样式之间创建一种链接关系。也就是说，如果"图形样式"面板中的样式发生了变化，那么添加了该样式的图形也会随之发生变化。单击"图形样式"面板中的"断开图形样式链接"按钮，可断开链接。

10.4.3　"外观"面板

选中一个对象，如图10-123所示，选择"窗口">"外观"命令，弹出"外观"面板，面板中将显示该对象的各项外观属性，如图10-124所示。

"外观"面板可分为两个部分。

第1部分显示当前选择，可以显示当前路径或图层的缩览图。

第2部分为当前路径或图层的全部外观属性列表。它包括应用到当前路径上的效果、描边色、描边粗细、填充色和不透明度等。如果同时选中具有不同外观属性的多个对象，如图10-125所示，"外观"面板将无法一一显示外观属性，只能提示当前选择为混合外观，效果如图10-126所示。

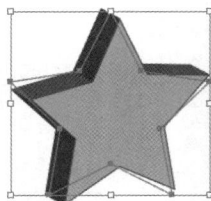
图10-123

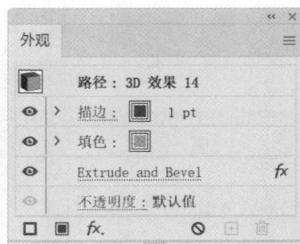
图10-124

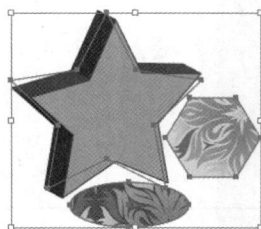
图10-125

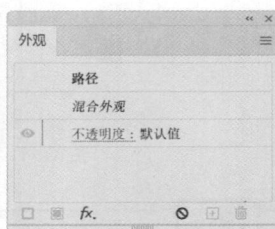
图10-126

在"外观"面板中，各项外观属性是有层叠顺序的。在显示选取区的效果属性时，后应用的效果位于先应用的效果之上。拖曳代表各项外观属性的列表项，可以重新排列外观属性，从而影响对象的外观。当图形的描边属性在填色属性之上时，图形效果如图10-127所示。在"外观"面板中将描边属性拖曳到填色属性的下方，如图10-128所示。改变层叠顺序后图形效果如图10-129所示。

在创建新对象时，Illustrator 2024将把当前设置的外观属性自动添加到新对象上。

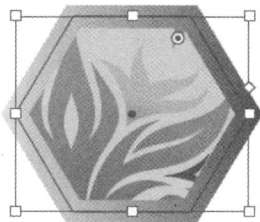

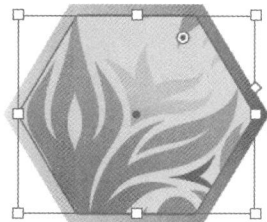

图10-127　　　　　　　　　图10-128　　　　　　　　　图10-129

项目实践　制作童装网站详情页主图

项目要点　使用矩形工具和直接选择工具制作底图，使用"置入"命令置入素材图片，使用"投影"命令为商品图片添加投影效果，使用文字工具添加主图信息。最终效果参看学习资源中的"项目10\效果\制作童装网站详情页主图.ai"，效果如图10-130所示。

图10-130

课后习题　制作夏日饮品营销海报

习题要点　使用"置入"命令置入图片，使用文字工具、填充工具和"涂抹"命令添加并编辑标题文字，使用文字工具、"字符"面板添加其他相关信息。最终效果参看学习资源中的"项目10\效果\制作夏日饮品营销海报.ai"，效果如图10-131所示。

图10-131

项目 11

/

商业案例实训

/

本项目结合多个领域的商业案例，详解Illustrator的强大功能和图形制作技巧。通过本项目的学习，读者可以快速地掌握商业案例设计的理念和Illustrator的技术要点，设计出专业的作品。

学习目标

- 掌握Illustrator基础知识的使用方法。
- 了解Illustrator的常用设计领域。
- 掌握Illustrator在不同设计领域的使用技巧。

技能目标

- 掌握"布老虎插画"的绘制方法。
- 掌握"箱包类App主页Banner"的制作方法。
- 掌握"传统艺术皮影宣传海报"的制作方法。
- 掌握"少儿读物图书封面"的制作方法。
- 掌握"苏打饼干包装"的制作方法。

素养目标

- 培养能够提出独特的创意和设计概念，为项目注入新鲜活力的能力。
- 培养分析与制作商业案例作品的能力。
- 培养适应不同商业案例需求的应变能力。

任务11.1　掌握插画的绘制

插画设计是一种通过视觉元素来解释和传递信息的艺术形式。本任务以多类主题的插画设计为例，讲解插画的构思方法和制作技巧，读者通过学习可以设计出拥有自己独特风格的插画。

任务实践　绘制布老虎插画

任务背景

我国拥有丰富多彩的传统民间艺术，且每个地区都有独特的表现形式和风格。"布老虎"是其中一种民间手工艺品，通常是用布料制作成的虎形玩具。本任务的目标是设计传统民间艺术布老虎营销H5页面插画，要求在设计上表现出传统民间艺术的特点和工艺之美。

任务要求

（1）插画中的老虎形象应该具有卡通化的可爱感，但又不失老虎的威严。

（2）采用细腻的线条和精巧的构图，传达出古典美感。

（3）画面整体呈现出古朴、高雅的氛围，体现我国传统民间艺术的魅力和精髓。

（4）设计风格具有特色，能够引起人们的好奇心及兴趣。

（5）设计规格为500 mm（宽）×500 mm（高），分辨率为300 dpi。

任务展示

图片素材所在位置：学习资源中的"项目11\素材\绘制布老虎插画\01～03"。

文字素材所在位置：学习资源中的"项目11\素材\绘制布老虎插画\文字文档.txt"。

设计作品所在位置：学习资源中的"项目11\效果\绘制布老虎插画\布老虎插画.ai、布老虎插画-应用场景-海报.ai"，效果如图11-1所示。

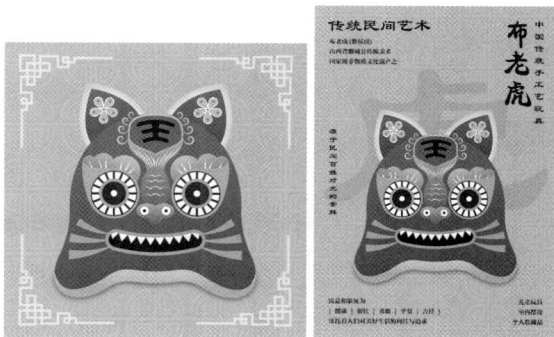

图11-1

任务要点

使用钢笔工具、椭圆工具、"路径查找器"面板绘制老虎的头部，使用椭圆工具、直接选择工具、"将所选锚点转换为尖角"按钮、"变换"命令绘制老虎的耳朵，使用钢笔工具、文字工具、"弧形"命令、螺旋线工具、"变换"命令、镜像工具绘制老虎的额头，使用椭圆工具、圆角矩形工具、直接选择工具、"路径查找器"面板、直线段工具、旋转工具绘制老虎的眼睛，使用圆角矩形工具、"弧形"命令、星形工具、钢笔工具、剪切蒙版绘制老虎的嘴巴。

项目实践1 绘制厨房插画

项目背景

　　艾佳家居是一家具有设计感的现代东方家具、家电品牌，重点打造时尚、简约的现代家居风格。本项目的目的是设计一幅引导页插画，以展示厨房家具、家电的部分。插画需要生动地展现现代厨房家具、家电的美观与实用，并传达用户在使用App时可以找到理想家具、家电的信息。

项目要求

　　（1）插画中的场景为现代风格的厨房，明亮通透，体现家的温馨感。

　　（2）将具有特色的厨房家具、家电突出展示出来。

　　（3）画面色彩丰富多样，表现形式层次分明，具有吸引力。

　　（4）风格以现代简约为主，展示出家具、家电的实用和美观，以吸引用户使用App。

　　（5）设计规格为600 px（宽）×600 px（高），分辨率为72 dpi。

项目展示

　　图片素材所在位置：学习资源中的"项目11\素材\绘制厨房插画\01、02"。

　　文字素材所在位置：学习资源中的"项目11\素材\绘制厨房插画\文字文档.txt"。

　　设计作品所在位置：学习资源中的"项目11\效果\绘制厨房插画\厨房插画.ai、厨房插画-应用场景-引导页.ai"，效果如图11-2所示。

项目要点

　　使用矩形工具、"变换"面板、"描边"面板、直线段工具、"颜色"面板绘制橱柜，使用圆角矩形工具、椭圆工具、直线段工具绘制蒸烤箱，使用矩形工具、直线段工具、"描边"面板、钢笔工具绘制消毒柜和门板。

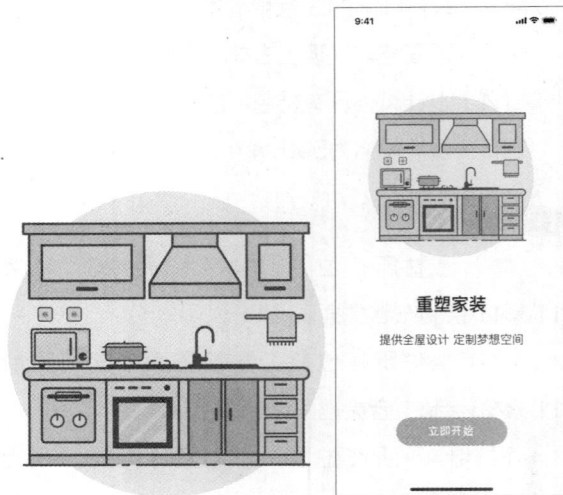

图11-2

项目实践2 绘制旅行插画

项目背景

　　哈玩旅行社致力于为旅客打造难忘的旅行体验，专注于为旅客提供多样化、精心设计的旅行方案，让旅客的每次旅程都充满乐趣和惊喜。本项目的目的是创作一幅富有活力的旅行插画，用于宣传旅行社的旅行服务。要求能够吸引人们的注意，展现出旅行的愉悦，同时突出该旅行社的专业性和旅行目的地的多样化。

项目要求

（1）创造一个吸引人的旅行场景，要充满活力，能够勾起人们的向往之情。

（2）展示一些旅行活动，以展现旅行活动的多样性和趣味性。

（3）使用鲜艳活泼的色彩，突出旅行的欢快氛围。

（4）加入一些具有当地特色的元素，以突出旅行目的地的多样化。

（5）设计规格为700 px（宽）×580 px（高），分辨率为72 dpi。

项目展示

图片素材所在位置：学习资源中的"项目11\素材\绘制旅行插画\01、02"。

文字素材所在位置：学习资源中的"项目11\素材\绘制旅行插画\文字文档.txt"。

设计作品所在位置：学习资源中的"项目11\效果\绘制旅行插画\旅行插画.ai、旅行插画-应用场景-网页Banner.ai"，效果如图11-3所示。

图11-3

项目要点

使用矩形工具、"变换"面板、钢笔工具、直线段工具和"颜色"面板绘制插画背景，使用椭圆工具、建立复合路径的命令、矩形工具、直接选择工具、直线段工具和旋转工具绘制其他元素。

课后习题 1　绘制丹顶鹤插画

习题背景

清新杂志社是一家专注于环保、可持续生活和自然保护的杂志社。该杂志社希望能够通过宣传，激发读者对环保议题的兴趣，传播可持续生活的理念，以及分享各种环保创新和实践经验。本习题的目标是为杂志绘制栏目插画，要求符合栏目主题，体现出优雅、独特的自然之美。

习题要求

（1）使用自然、柔和的色彩，突出丹顶鹤高雅的姿态和优美的外形。

（2）绘制时注意丹顶鹤的红冠、白羽毛和黑色脸部的特征，还原其色彩和纹理。

（3）设计风格具有特色，能够引起读者的好奇心及兴趣，从而使其产生向往之情。

（4）设计规格为500 mm（宽）×378 mm（高），分辨率为300 dpi。

习题展示

图片素材所在位置：学习资源中的"项目11\素材\绘制丹顶鹤插画\01、02"。

文字素材所在位置：学习资源中的"项目11\素材\绘制丹顶鹤插画\文字文档.txt"。

设计作品所在位置：学习资源中的"项目11\效果\绘制丹顶鹤插画\丹顶鹤插画.ai、丹顶鹤插画-应用场景-海报.ai"，效果如图11-4所示。

图11-4

习题要点

使用椭圆工具、钢笔工具、"路径查找器"面板、渐变工具、直接选择工具和"高斯模糊"命令绘制丹顶鹤的身体，使用钢笔工具、"描边"面板、宽度工具、混合工具绘制丹顶鹤的羽毛。

课后习题 2　绘制花园插画

习题背景

休闲生活杂志是一本体现居家生活、家居设计、生活妙招、宠物喂养、休闲旅游和健康养生的生活类杂志。本习题的目的是为生活栏目设计以花园为主的插画，要求与栏目主题相呼应，能体现出轻松、舒适之感。

习题要求

（1）插画风格要温馨舒适、简洁直观。

（2）设计形式要细致独特，充满趣味性。

（3）画面色彩淡雅闲适，表现形式层次分明，具有吸引力。

（4）设计风格具有特色，能够引起人们的共鸣。

（5）设计规格为570 mm（宽）×424 mm（高），分辨率为300 dpi。

习题展示

图片素材所在位置：学习资源中的"项目11\素材\绘制花园插画\01、02"。

文字素材所在位置：学习资源中的"项目11\素材\绘制花园插画\文字文档.txt"。

设计作品所在位置：学习资源中的"项目11\效果\绘制花园插画\花园插画.ai、花园插画–应用场景–日历.ai"，效果如图11-5所示。

图11-5

习题要点

使用矩形工具、椭圆工具、"路径查找器"面板、"透明度"面板绘制插画背景，使用矩形工具、添加锚点工具、直接选择工具和椭圆工具绘制篱笆和房子。

任务11.2　掌握Banner的制作

Banner又称为横幅，是为特定目的或活动制作的具有吸引力和信息传达能力的广告，用来宣传和展示相关活动或产品。本任务以多类主题的Banner设计为例，讲解Banner的构思方法和制作技巧，读者通过学习可以设计出形象生动、冲击力强的Banner。

任务实践　制作箱包类App主页Banner

任务背景

晒潮流是为广大年轻消费者提供箱包销售及售后服务的平台，拥有来自全球不同地区、不同风格的箱包，能为消费者推荐特色新品箱包。现需要为该平台设计一款Banner，要求展现产品特色的同时，突出优惠力度。

任务要求

（1）以产品实物为主导。

（2）用插画元素来装饰画面，以表现产品特色。

（3）画面要明亮鲜丽，使用大胆而丰富的色彩，丰富画面效果。

（4）设计风格具有特色，版式活而不散，能够引起消费者的兴趣及购买欲望。

（5）设计规格为750 px（宽）×200 px（高），分辨率为72 dpi。

任务展示

图片素材所在位置：学习资源中的"项目11\素材\制作箱包类App主页Banner\01"。

文字素材所在位置：学习资源中的"项目11\素材\制作箱包类App主页Banner\文字文档.txt"。

设计作品所在位置：学习资源中的"项目11\效果\制作箱包类App主页Banner.ai"，效果如图11-6所示。

图11-6

任务要点

使用文字工具、"字符"面板添加标题文字，使用"创建轮廓"命令、直接选择工具、删除锚点工具和"边角"选项编辑标题文字，使用圆角矩形工具、文字工具和填充工具绘制GO按钮。

项目实践1 制作美妆类App主页Banner

项目背景

海棠社是一个涉足护肤品、洁面乳等多个产品领域的年轻美妆品牌。现品牌推出新款水乳套装，要求设计一款Banner，用于线上宣传。设计要符合年轻人的喜好，给人清新淡雅的感觉。

项目要求

（1）以产品实物为主导。

（2）画面背景以白色为主，突出产品。

（3）画面色彩整体清新雅致，使用花瓣元素进行点缀，使画面生动有活力。

（4）设计风格要简洁大方，突出产品特点，让人有购买的欲望。

（5）设计规格为1920 px（宽）×600 px（高），分辨率为72 dpi。

项目展示

图片素材所在位置：学习资源中的"项目11\素材\制作美妆类App主页Banner\01"。

文字素材所在位置：学习资源中的"项目11\素材\制作美妆类App主页Banner\文字文档.txt"。

设计作品所在位置：学习资源中的"项目11\效果\制作美妆类App主页Banner.ai"，效果如图11-7所示。

图11-7

项目要点

使用"置入"命令添加背景图片，使用文字工具、"字符"面板添加宣传性文字，使用矩形工具、添加锚点工具、直接选择工具绘制装饰图形。

项目实践2　制作电商网站首页Banner

项目背景

简维电器是一家综合性的家电企业，商品涵盖手机、计算机、热水器、冰箱等品类。现推出新款超薄嵌入式冰箱，要求进行Banner设计，用于平台宣传及推广。

项目要求

（1）设计风格要现代、时尚，突显冰箱的科技感和高品质。

（2）颜色使用冷色调，给人清新、高级的感觉。

（3）使用直观醒目的文字来诠释广告内容，体现活动特色。

（4）插入高质量的产品照片，展示产品外观设计。

（5）设计规格为1200 px（宽）×675 px（高），分辨率为72 dpi。

项目展示

图片素材所在位置：学习资源中的"项目11\素材\制作电商网站首页Banner\01~03"。

文字素材所在位置：学习资源中的"项目11\素材\制作电商网站首页Banner\文字文档.txt"。

设计作品所在位置：学习资源中的"项目11\效果\制作电商网站首页Banner.ai"，效果如图11-8所示。

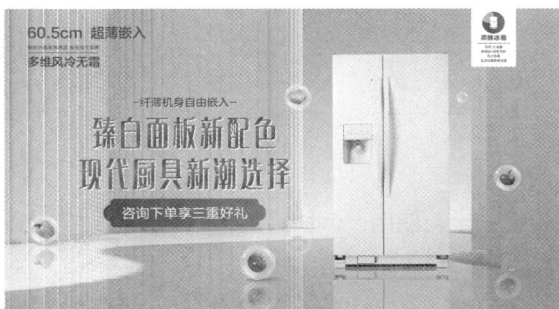

图11-8

项目要点

使用"置入"命令、"不透明度"选项添加并编辑产品图片，使用文字工具、"字符"面板和"渐变"面板添加并编辑标题和产品信息，使用"投影"命令为文字添加投影效果，使用圆角矩形工具、"路径查找器"面板和直线段工具绘制装饰图形。

课后习题 1　制作生活家具类网站Banner

习题背景

尘乡居是专门销售现代家具的平台，其产品包括沙发、橱柜、双人床等。该平台近期推出了新款布艺沙发，需要为其制作一个全新的网站Banner，需要突出宣传主题。

习题要求

（1）广告内容以家具实物为主，装饰品与产品相结合，相互衬托。

（2）色调要通透明亮，给人品质上乘的感觉。

（3）产品的展示要主次分明，让人一目了然，促进销售。

（4）整体设计清新自然，让人产生购买欲望。

（5）设计规格为1920 px（宽）×800 px（高），分辨率为72 dpi。

习题展示

图片素材所在位置：学习资源中的"项目11\素材\制作生活家具类网站Banner\01"。

文字素材所在位置：学习资源中的"项目11\素材\制作生活家具类网站Banner\文字文档.txt"。

设计作品所在位置：学习资源中的"项目11\效果\制作生活家具类网站Banner.ai"，效果如图11-9所示。

图11-9

习题要点

使用文字工具添加宣传性文字，使用"偏移路径"命令添加文字描边，使用圆角矩形工具、"投影"命令制作"查看详情"按钮。

课后习题 2 **制作电商类App主页Banner**

习题背景

　　速达电器是一家经营多年的家用电器品牌商，在业内有较高的知名度，其电器种类多样。为了让消费者体验新产品，现推出换新活动，要求进行广告设计，用于平台宣传及推广。设计要符合现代设计风格，尽可能体现产品的多样性。

习题要求

　　（1）画面设计要求以产品图片为主。

　　（2）使用高质量的图片展示产品的功能和外观。

　　（3）广告语要能体现本次活动的优惠力度，使人一目了然。

　　（4）画面版式富有变化。

　　（5）设计规格为1920 px（宽）×700 px（高），分辨率为72 dpi。

习题展示

　　图片素材所在位置：学习资源中的"项目11\素材\制作电商类App主页Banner\01"。

　　文字素材所在位置：学习资源中的"项目11\素材\制作电商类App主页Banner\文字文档.txt"。

　　设计作品所在位置：学习资源中的"项目11\效果\制作电商类App主页Banner.ai"，效果如图11-10所示。

图11-10

习题要点

　　使用"置入"命令添加背景图片，使用文字工具、"创建轮廓"命令、"偏移路径"命令、渐变工具、倾斜工具、"描边"面板制作标题文字，使用圆角矩形工具、"变换"面板、"投影"命令绘制装饰图形。

任务11.3　掌握海报的制作

　　海报设计是一个具有创意性和艺术性的过程，通过对图像、文本的排版起到传达信息、触发情感、宣传活动等作用。本任务以多类主题的海报设计为例，讲解海报的构思方法和制作技巧，读者通过学习可以设计出主题鲜明、独具匠心的海报。

任务实践 制作传统艺术皮影宣传海报

任务背景

华韵是一个传统艺术保护协会，致力于保护和推广传统艺术。本次宣传的主题为传统艺术"皮影"，目标受众为对传统艺术感兴趣的人士。本任务需要制作一款皮影宣传海报，主要目的是通过多种形式的宣传活动，提升传统艺术皮影的社会知名度和影响力，吸引更多人观看皮影戏演出。

任务要求

（1）融合传统与现代元素，既保留皮影戏的经典风格，又具有现代感，以吸引观众。

（2）使用富有传统特色的颜色，以增强视觉冲击力和文化氛围。

（3）使用精美的皮影图片或演出场景照片，增强视觉吸引力。

（4）文字简洁明了，采用易读的字体，主要信息需用较大字号突出显示。

（5）设计规格为500 mm（宽）×700 mm（高），分辨率为300 dpi。

任务展示

图片素材所在位置：学习资源中的"项目11\素材\制作传统艺术皮影宣传海报\01~08"。

文字素材所在位置：学习资源中的"项目11\素材\制作传统艺术皮影宣传海报\文字文档.txt"。

设计作品所在位置：学习资源中的"项目11\效果\制作传统艺术皮影宣传海报.ai"，效果如图11-11所示。

图11-11

任务要点

使用矩形工具、渐变工具、混合工具、"对齐"面板和"扩展"命令制作渐变条，使用"置入"命令添加皮影图片，使用文字工具、直排文字工具和"字符"面板添加皮影宣传信息，使用直线段工具、"描边"面板绘制装饰线条。

项目实践 1 制作音乐会海报

项目背景

中国古典乐器作为中华民族传统文化的重要组成部分，承载着丰富的历史、情感和智慧。本项目的目的是设计一款音乐会宣传海报，要求根据音乐会主题进行设计。

项目要求

（1）海报内容以乐器为主，将文字与图片相结合，表明主题。

（2）色调淡雅，带给人平静、放松的视觉感受。

（3）设计风格具有特色，能吸引用户目光。

（4）设计规格为500 mm（宽）×700 mm（高），分辨率为72 dpi。

项目展示

图片素材所在位置：学习资源中的"项目11\素材\制作音乐会海报\01～04"。

文字素材所在位置：学习资源中的"项目11\素材\制作音乐会海报\文字文档.txt"。

设计作品所在位置：学习资源中的"项目11\效果\制作音乐会海报.ai"，效果如图11-12所示。

项目要点

使用直排文字工具、文字工具、"字符"面板添加主题文字及音乐会内容，使用"字形"命令插入需要的字形，使用"置入"命令添加素材图片，使用矩形工具、旋转工具、直线段工具绘制装饰图形。

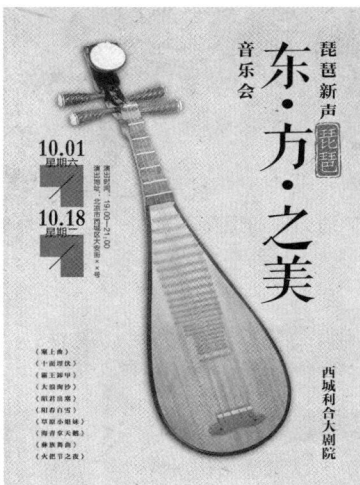

图11-12

项目实践 2　制作茶叶海报

项目背景

栖茶是一家专注于生产和销售茶叶的公司，致力于传承和发扬茶文化，提供高质量的茶叶产品给消费者。现初春新茶上市，需要设计一款宣传海报，要求体现出产品特点。

项目要求

（1）使用真实茶园图片作背景，起到营造氛围的作用。

（2）将产品实物照片作为主体元素，图文搭配合理。

（3）版面设计具有美感，符合品牌调性。

（4）色彩围绕产品进行搭配，整体舒适自然。

（5）设计规格为210 mm（宽）×297 mm（高），分辨率为300 dpi。

项目展示

图片素材所在位置：学习资源中的"项目11\素材\制作茶叶海报\01~05"。

文字素材所在位置：学习资源中的"项目11\素材\制作茶叶海报\文字文档.txt"。

设计作品所在位置：学习资源中的"项目11\效果\制作茶叶海报.ai"，效果如图11-13所示。

项目要点

使用文字工具、"字符"面板添加并编辑宣传性文字，使用"字形"命令插入需要的字形，使用椭圆工具、钢笔工具、"描边"面板、镜像工具绘制装饰图形，使用"置入"命令、圆角矩形工具、剪切蒙版制作产品展示图片。

图11-13

课后习题1 制作油泼面海报

习题背景

大碗面馆是一家经营面食的连锁店，店内面食种类多样，其中油泼面是消费者的最爱。现需制作一款海报，要求画面简洁明了，形式要新颖美观、突出主体。

习题要求

（1）表现出食物筋道的口感。

（2）使用红色作为背景色，突出主体，体现人文特色。

（3）直排文字，使海报整体看起来清晰、干净。

（4）整体设计要紧扣主题。

（5）设计规格为210 mm（宽）×285 mm（高），分辨率为300 dpi。

习题展示

图片素材所在位置：学习资源中的"项目11\素材\制作油泼面海报\01"。

文字素材所在位置：学习资源中的"项目11\素材\制作油泼面海报\文字文档.txt"。

设计作品所在位置：学习资源中的"项目11\效果\制作油泼面海报.ai"，效果如图11-14所示。

图11-14

习题要点

　　使用"置入"命令添加背景图片，使用钢笔工具、直排文字工具、"路径查找器"面板制作印章效果，使用椭圆工具、剪刀工具、镜像工具绘制装饰图形，使用文字工具、"字符"面板添加并编辑介绍性文字。

课后习题2　制作传统节日腊八宣传海报

习题背景

　　溯源是一家致力于传承和弘扬中华传统文化的机构，主营内容包括传统文化活动策划、文化传媒推广、文化教育培训等。在腊八节来临之际，需要设计一份宣传海报，引导大众了解腊八节的文化内涵，增强文化认同感。

习题要求

　　（1）使用突出腊八节的传统元素进行装饰。

　　（2）文字简洁，突出腊八节的文化内涵和节日亮点。

　　（3）布局清晰，突出重点，易读易懂。

　　（4）添加装饰图形和辅助文案，增强画面氛围感。

　　（5）设计规格为420 mm（宽）×570 mm（高），分辨率为300 dpi。

习题展示

　　图片素材所在位置：学习资源中的"项目11\素材\制作传统节日腊八宣传海报\01～11"。

　　文字素材所在位置：学习资源中的"项目11\素材\制作传统节日腊八宣传海报\文字文档.txt"。

　　设计作品所在位置：学习资源中的"项目11\效果\制作传统节日腊八宣传海报.ai"，效果如图11-15所示。

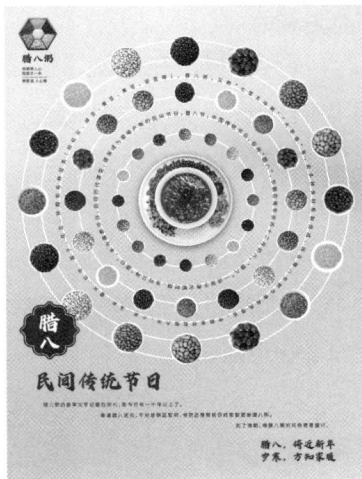

图11-15

习题要点

　　使用"置入"命令添加粗粮图片，使用椭圆工具、"径向"命令、极坐标网格工具和"变换"面板制作发散效果，使用椭圆工具、混合工具、路径文字工具制作路径文本，使用文字工具、"字符"面板添加并编辑介绍性文字。

任务11.4 掌握图书封面的制作

图书设计是指图书的整体设计，是一个综合性的艺术和设计领域。精美的图书设计不仅要求封面美观，还需要提供良好的阅读体验和与内容一致的视觉风格。本任务以多类主题的图书封面设计为例，讲解图书封面的构思方法和制作技巧，读者通过学习可以设计出具有独特创意、精致的图书封面。

任务实践　制作少儿读物图书封面

任务背景

某某书局是一家集图书、期刊和网络出版物为一体的综合性出版机构。现公司准备出版一本新书《点亮星空宝宝成长记》，要求为该图书设计封面，设计元素要能够体现出温馨和睦的氛围，符合图书特色。

任务要求

（1）设计要简洁而不失活泼，避免呆板。

（2）具有代表性，突出图书特色。

（3）色彩的运用简洁舒适，在视觉上能吸引人们的目光。

（4）要留给人想象的空间，使人产生向往之情。

（5）设计规格为310 mm（宽）×210 mm（高），分辨率为300 dpi。

任务展示

图片素材所在位置：学习资源中的"项目11\素材\制作少儿读物图书封面\01～03"。

文字素材所在位置：学习资源中的"项目11\素材\制作少儿读物图书封面\文字文档.txt"。

设计作品所在位置：学习资源中的"项目11\效果\制作少儿读物图书封面.ai"，效果如图11-16所示。

图11-16

任务要点

使用参考线分割页面，使用矩形工具、网格工具、直线段工具、"描边"面板和星形工具制作背景，使用文字工具、矩形工具、"路径查找器"面板和直接选择工具制作图书名称，使用文字工具、"字符"面板添加并编辑相关内容和出版信息，使用椭圆工具、"联集"按钮和区域文字工具添加区域文字。

项目实践 1　制作家居画册封面

项目背景

东方木品家居是一家致力于提供高品质的家居设计方案的家装公司。现需要设计一款家居画册的封面，用于展示公司的设计理念、作品和服务。本次画册封面的主题为"雅韵东方"，目标受众为有家居购买需求且对美学有追求的客户，要求通过画册封面突出公司的设计风格和专业性，吸引潜在客户。

项目要求

（1）设计风格大气简约，利用图像和文字的组合，营造视觉层次感，突出重点。

（2）画册封面的色彩要素雅，能够增强舒适感并衬托主题。

（3）设计能够展现产品主题信息，使人一目了然。

（4）画面的色彩搭配和谐，带给人高端时尚的视觉感受。

（5）设计规格为420 mm（宽）×285 mm（高），分辨率为300 dpi。

项目展示

图片素材所在位置：学习资源中的"项目11\素材\制作家居画册封面\01、02"。

文字素材所在位置：学习资源中的"项目11\素材\制作家居画册封面\文字文档.txt"。

设计作品所在位置：学习资源中的"项目11\效果\制作家居画册封面.ai"，效果如图11-17所示。

图11-17

项目要点

使用参考线分割页面，使用矩形工具、"变换"面板、"置入"命令、剪切蒙版和"变换"命令制作封面底图，使用文字工具、"字符"面板添加封面信息，使用钢笔工具、文字工具制作标志，使用直线段工具、椭圆工具绘制装饰图形。

项目实践 2　制作化妆美容图书封面

项目背景

《四季美妆私语 升级版》是一本介绍美妆技巧的图书，书的内容是介绍如何打造适合不同时节的美妆造型与美容护肤教程。现要求通过对书名的设计和对其他图形的编排，制作出醒目且不失优雅的封面。

项目要求

（1）要以与美妆有关的元素为主导，体现图书特色。

（2）画面颜色以粉色为主，使画面看起来优雅柔美。

（3）画面设计要富有创意，使用插画元素进行点缀，为画面增添趣味。

（4）设计风格要具有特色，版式活而不散，能够引起读者的好奇心及阅读兴趣。

（5）设计规格为460 mm（宽）×260 mm（高），分辨率为300 dpi。

项目展示

图片素材所在位置：学习资源中的"项目11\素材\制作化妆美容图书封面\01~08"。

文字素材所在位置：学习资源中的"项目11\素材\制作化妆美容图书封面\文字文档.txt"。

设计作品所在位置：学习资源中的"项目11\效果\制作化妆美容图书封面.ai"，效果如图11-18所示。

图11-18

项目要点

使用参考线分割页面，使用矩形工具、椭圆工具、"不透明度"选项、"置入"命令和"变换"命令制作封面背景，使用文字工具、"偏移路径"命令添加封面信息和介绍性文字，使用直线段工具绘制装饰线条。

课后习题 1 制作菜谱图书封面

习题背景

《创意私房菜》是一本烹饪类图书，书中包含许多食谱和烹饪技巧。现要求进行图书封面的设计。封面需要吸引目标读者，突出图书的高品质和创意性。

习题要求

（1）使用图文搭配诠释图书内容，体现图书特色。

（2）画面要明亮鲜丽，使用大胆而丰富的色彩，增强画面效果。

（3）设计风格具有特色，能够引起读者的好奇心及阅读兴趣。

（4）封面版式简单大方，突出主题。

（5）设计规格为315 mm（宽）×230 mm（高），分辨率为300 dpi。

习题展示

图片素材所在位置：学习资源中的"项目11\素材\制作菜谱图书封面\01～07"。

文字素材所在位置：学习资源中的"项目11\素材\制作菜谱图书封面\文字文档.txt"。

设计作品所在位置：学习资源中的"项目11\效果\制作菜谱图书封面.ai"，效果如图11-19所示。

图11-19

习题要点

使用参考线分割页面，使用"置入"命令、矩形工具和"建立剪切蒙版"命令制作图片的剪切蒙版，使用"透明度"面板制作半透明效果，使用文字工具、"字符"面板和填充工具添加并编辑内容信息，使用星形工具、椭圆工具、混合工具制作装饰图形，使用钢笔工具、路径文字工具制作路径文本。

课后习题 2 制作摄影图书封面

习题背景

某某出版社是一家为广大读者及出版界提供品种丰富且文化含量高的优质图书的出版社。该出版社目前有一本摄影类图书要出版，要求根据其内容特点，设计图书封面。

习题要求

（1）以优秀摄影作品为主要内容，吸引读者的注意。

（2）文案布局合理，主次分明。

（3）画面整体为浅色调，突出摄影作品。

（4）设计风格要具有特色，版式活而不散，让人印象深刻。

（5）设计规格为350 mm（宽）×230 mm（高），分辨率为300 dpi。

习题展示

图片素材所在位置：学习资源中的"项目11\素材\制作摄影图书封面\01～10"。

文字素材所在位置：学习资源中的"项目11\素材\制作摄影图书封面\文字文档.txt"。

设计作品所在位置：学习资源中的"项目11\效果\制作摄影图书封面.ai"，效果如图11-20所示。

图11-20

习题要点

使用矩形工具、"置入"命令、剪切蒙版制作图片剪切效果，使用文字工具、"字符"面板添加并编辑封面信息，使用矩形工具、"变换"命令和文字工具制作出版社标识。

任务11.5 掌握包装的制作

包装设计是指产品包装的视觉和结构方面的规划和设计过程。本任务以多类主题的包装设计为例，讲解包装的构思方法和制作技巧，读者通过学习可以设计出赏心悦目、精美独特的包装。

任务实践　制作苏打饼干包装

任务背景

好乐奇是一家以干果、饼干、茶叶和速溶咖啡等食品的研发、分装及销售为主的公司，致力于为客户提供高品质、高性价比、高便利性的产品。现需要制作苏打饼干包装，要求画面具有创意，符合公司的定位与要求。

任务要求

（1）包装要求使用橘黄色，与饼干颜色相搭配。

（2）文字要求使用简洁的字体，配合整体的包装风格，使包装更具特色。

（3）设计要求简洁大气，图文搭配、编排合理，视觉效果强烈。

（4）以真实、简洁的方式向观者传达产品信息。

（5）设计规格为234 mm（宽）×268 mm（高），分辨率为300 dpi。

任务展示

图片素材所在位置：学习资源中的"项目11\素材\制作苏打饼干包装\01～03"。

文字素材所在位置：学习资源中的"项目11\素材\制作苏打饼干包装\ 文字文档.txt"。

设计作品所在位置：学习资源中的"项目11\效果\制作苏打饼干包装.ai"，效果如图11-21所示。

图11-21

任务要点

使用"置入"命令添加产品图片，使用"投影"命令为产品图片添加阴影效果，使用矩形工具、渐变工具、"变换"面板、镜像工具、添加锚点工具和直接选择工具制作包装平面展开图，使用文字工具、倾斜工具和填充工具添加产品名称，使用文字工具、"字符"面板、矩形工具和直线段工具制作营养成分表并添加其他信息。

项目实践 1　制作爆米花包装

项目背景

味之源股份有限公司是一家以茶叶、休闲零食等食品的分装与销售为主的公司。现公司推出新款爆米花，要求为其制作包装，用于传达爆米花口感酥脆、健康美味的特点。要求画面丰富，能够快速地吸引消费者。

项目要求

（1）包装应具有吸引力和创新性，以吸引消费者的注意力。

（2）使用亮丽的颜色和有趣的图案，以增加趣味性。

（3）设计要求简洁大气，图文搭配、编排合理，视觉效果强烈。

（4）以真实、简洁的方式向消费者传达产品信息，以突出产品的特点和品牌形象。

（5）设计规格为258 mm（宽）×348 mm（高），分辨率为300 dpi。

项目展示

图片素材所在位置：学习资源中的"项目11\素材\制作爆米花包装\01～07"。

文字素材所在位置：学习资源中的"项目11\素材\制作爆米花包装\文字文档.txt"。

设计作品所在位置：学习资源中的"项目11\效果\ 制作爆米花包装\爆米花包装平面展示图.ai、爆米花立体展示图.psd"，效果如图11-22所示。

图11-22

项目要点

使用"置入"命令添加产品图片，使用多边形工具、矩形工具、剪切蒙版制作包装底图，使用椭圆工具、矩形工具、"路径查找器"面板、文字工具制作商标和装饰图形，使用文字工具、"字符"面板和"变换"面板制作产品名称。

项目实践 2　制作香酥斋手提袋

项目背景

香酥斋食品有限公司是一家以生产蛋糕、面包为主的全国连锁食品企业，一直致力于传承和发扬陕西地区的烘焙文化，为消费者提供高品质、具有地方特色的烘焙产品。现需要制作一款店面专用的打包手提袋，要求手提袋除了携带方便外，还能达到推销产品和刺激消费者购买的效果。

项目要求

（1）包装要采用特殊的制作工艺，使其在外观上更加精美、独特。

（2）文字简洁直观，配合整体的设计风格。

（3）设计主题突出，色彩鲜明，让人舒适。

（4）包装要达到宣传产品和树立企业形象的目的。

（5）设计规格为665 mm（宽）×350 mm（高），分辨率为300 dpi。

项目展示

图片素材所在位置：学习资源中的"项目11\素材\制作香酥斋手提袋\01"。

文字素材所在位置：学习资源中的"项目11\素材\制作香酥斋手提袋\文字文档.txt"。

设计作品所在位置：学习资源中的"项目11\效果\制作香酥斋手提袋\香酥斋手提袋平面展示图.ai、香酥斋手提袋立体展示图.psd"，效果如图11-23所示。

图11-23

项目要点

用参考线分割页面，使用矩形工具、直接选择工具制作包装平面展开图，使用文字工具、"字符"面板、"变换"面板添加产品名称，使用"打开"命令添加素材图片。

课后习题 1　制作大米包装

习题背景

稻香米业是一家专注于提供高品质、健康谷物产品的公司，致力于为消费者提供优质的谷物。现需要制作大米包装，要求画面清新有创意，符合公司的定位与市场需求。

习题要求

（1）包装使用卡通绘图，给人活泼感和亲近感。

（2）画面排版主次分明，增强画面的趣味性和美感。

（3）整体色彩体现出新鲜的特点，给人健康、充满活力的印象。

（4）整体设计简单大方，易使人产生购买欲望。

（5）设计规格为396 mm（宽）×700 mm（高），分辨率为300 dpi。

习题展示

图片素材所在位置：学习资源中的"项目11\素材\制作大米包装\01～06"。

文字素材所在位置：学习资源中的"项目11\素材\制作大米包装\文字文档.txt"。

设计作品所在位置：学习资源中的"项目11\效果\制作大米包装\大米包装立体展示图.ai"，效果如图11-24所示。

习题要点

　　使用矩形工具、渐变工具、"颜色"面板绘制包装底图，使用文字工具、"字符"面板添加产品名称，使用直线段工具、钢笔工具、椭圆工具、圆角矩形工具、"透明度"面板绘制装饰图形，使用文字工具、"字符"面板、矩形网格工具添加营养成分表和其他包装信息，使用圆角矩形工具、"置入"命令和剪切蒙版制作图片蒙版效果。

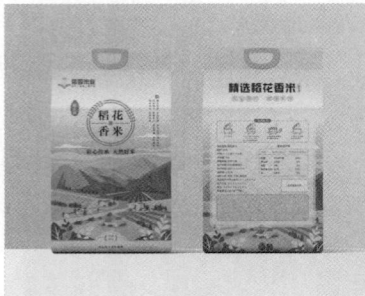

图11-24

课后习题2 　制作坚果食品包装

习题背景

　　榛选坚果股份有限公司是一家以坚果、果干、茶叶等食品的研发、分装及销售为主的产业链平台型企业。公司现阶段推出一款新品，需要为其设计一款包装，主要目的是通过包装设计突出产品健康、美味的特点，吸引消费者购买。包装需要传达的信息包括品牌名称、产品名称、主要卖点、营养信息和联系方式等。

习题要求

　　（1）密封袋款式，体现产品特色的同时起到保护产品的作用。

　　（2）将产品图片放在画面主要位置，突出主题。

　　（3）使用与产品相关的自然色调，体现健康和高品质的感觉。

　　（4）整体设计简洁明了，能够第一时间给消费者传递有用的信息。

　　（5）设计规格为285 mm（宽）×210 mm（高），分辨率为300 dpi。

习题展示

　　图片素材所在位置：学习资源中的"项目11\素材\制作坚果食品包装\01、02"。

　　文字素材所在位置：学习资源中的"项目11\素材\制作坚果食品包装\文字文档.txt"。

　　设计作品所在位置：学习资源中的"项目11\效果\制作坚果食品包装\坚果食品包装立体展示图.ai"，效果如图11-25所示。

图11-25

习题要点

　　使用"变换"命令、"扩展外观"命令、"投影"命令制作包装平面展示图，使用文字工具、直线段工具、"描边"面板添加产品名称，使用椭圆工具、"置入"命令、"路径查找器"面板、剪切蒙版制作图片剪切蒙版效果，使用文字工具、"字符"面板、矩形工具和"变换"面板添加营养成分表和其他包装信息，使用"导出"命令、"封套扭曲"子菜单中的命令和"透明度"面板制作包装立体展示图。